"十二五"国家重点出版规划项目

/现代激光技术及应用丛书/

高平均功率光纤激光相干合成

刘泽金　周朴　许晓军　王小林　马阎星　著

国防工业出版社

·北京·

内 容 简 介

本书对高平均功率光纤激光相干合成进行了系统阐述和分析。全书共分为10章,首先介绍光纤激光的发展历史、现状以及光纤激光相干合成方法,然后从单纤和合成两个方面进行重点剖析,包括高功率光纤激光非线性效应产生机理与抑制方法、高功率光纤激光热致模式不稳定、相干合成光束质量评价与系统分析、单元光束控制技术、阵列光束控制技术、相干合成阵列光束的大气传输与补偿,最后介绍光纤激光相干合成技术的应用。

本书写作历时近5年,在写作过程中不断补充相关领域的最新进展,兼备基础性和前沿性,适合激光技术领域的科技工作者、教师和研究生阅读。

图书在版编目(CIP)数据

高平均功率光纤激光相干合成/刘泽金等著. —北京:国防工业出版社,2016.11 (现代激光技术及应用)
ISBN 978-7-118-11186-6

Ⅰ. ①高⋯ Ⅱ. ①刘⋯ Ⅲ. ①光纤器件—激光器—相干光—研究 Ⅳ. ①TN248

中国版本图书馆 CIP 数据核字(2016)第 298956 号

※

*国防工业出版社*出版发行
(北京市海淀区紫竹院南路23号 邮政编码100048)
北京嘉恒彩色印刷有限责任公司印刷
新华书店经售

*

开本 710×1000 1/16 印张 17 字数 332 千字
2016 年 11 月第 1 版第 1 次印刷 印数 1—2500 册 定价 78.00 元

(本书如有印装错误,我社负责调换)

国防书店:(010)88540777 发行邮购:(010)88540776
发行传真:(010)88540755 发行业务:(010)88540717

丛书学术委员会 （按姓氏拼音排序）

主　任	金国藩	周炳琨		
副主任	范滇元	龚知本	姜文汉	吕跃广
	桑凤亭	王立军	徐滨士	许祖彦
	赵伊君	周寿桓		
委　员	何文忠	李儒新	刘泽金	唐　淳
	王清月	王英俭	张雨东	赵　卫

丛书编辑委员会 （按姓氏拼音排序）

主　任	周寿桓			
副主任	何文忠	李儒新	刘泽金	王清月
	王英俭	虞　钢	张雨东	赵　卫
委　员	陈卫标	冯国英	高春清	郭　弘
	陆启生	马　晶	沈德元	谭峭峰
	邢海鹰	阎吉祥	曾志男	张　凯
	赵长明			

序

世界上第一台激光器于1960年诞生在美国，紧接着我国也于1961年研制出第一台国产激光器。激光的重要特性（亮度高、方向性强、单色性好、相干性好）决定了它五十多年来在技术与应用方面迅猛发展，并与多个学科相结合形成多个应用技术领域，比如光电技术、激光医疗与光子生物学、激光制造技术、激光检测与计量技术、激光全息技术、激光光谱分析技术、非线性光学、超快激光学、激光化学、量子光学、激光雷达、激光制导、激光同位素分离、激光可控核聚变、激光武器等。这些交叉技术与新的学科的出现，大大推动了传统产业和新兴产业的发展。可以说，激光技术是20世纪最具革命性的科技成果之一。我国也非常重视激光技术的发展，在《国家中长期科学与技术发展规划纲要（2006—2020年）》中，激光技术被列为八大前沿技术之一。

近些年来，我国在激光技术理论创新和学科发展方面取得了很多进展，在激光技术相关前沿领域取得了丰硕的科研成果，在激光技术应用方面取得了长足的进步。为了更好地推动激光技术的进一步发展，促进激光技术的应用，国防工业出版社策划并组织编写了这套丛书。策划伊始，定位即非常明确，要"凝聚原创成果，体现国家水平"。为此，专门组织成立了丛书的编辑委员会。为确保丛书的学术质量，又成立了丛书的学术委员会。这两个委员会的成员有所交叉，一部分人是几十年在激光技术领域从事研究与教学的老专家，一部分人是长期在一线从事激光技术与应用研究的中年专家。编辑委员会成员以丛书各分册的第一作者为主。周寿桓院士为编辑委员会主任，我们两位被聘为学术委员会主任。为达到丛书的出版目的，2012年2月23日两个委员会一起在成都召开了工作会议，绝大部分委员都参加了会议。会上大家进行了充分讨论，确定丛书书目、丛书特色、丛书架构、内容选取、作者选定、写作与出版计划等等，丛书的编写工作从那时就正式地开展起来了。

历时四年至今日，丛书已大部分编写完成。其间两个委员会做了大量的工作，又召开了多次会议，对部分书目及作者进行了调整，组织两个委员会的委员对编写大纲和书稿进行了多次审查，聘请专家对每一本书稿进行了审稿。

总体来说，丛书达到了预期的目的。丛书先后被评为"十二五"国家重点出版规划项目和国家出版基金项目。丛书本身具有鲜明特色：①丛书在内容上分三个部分，激光器、激光传输与控制、激光技术的应用，整体内容的选取侧重高功率高能激光技术及其应用；②丛书的写法注重了系统性，为方便读者阅读，采用了理论—技术—应用的编写体系；③丛书的成书基础好，是相关专家研究成果的总结和提炼，包括国家的各类基金项目，如 973 项目、863 项目、国家自然科学基金项目、国防重点工程和预研项目等，书中介绍的很多理论成果、仪器设备、技术应用获得了国家发明奖和国家科技进步奖等众多奖项；④丛书作者均来自国内具有代表性的从事激光技术研究的科研院所和高等院校，包括国家、中科院、教育部的重点实验室以及创新团队等，这些单位承担了我国激光技术研究领域的绝大部分重大的科研项目，取得了丰硕的成果，有的成果创造了多项国际纪录，有的属国际首创，发表了大量高水平的具有国际影响力的学术论文，代表了国内激光技术研究的最高水平，特别是这些作者本身大都从事研究工作几十年，积累了丰富的研究经验，丛书中不仅有科研成果的凝练升华，还有着大量作者科研工作的方法、思路和心得体会。

综上所述，相信丛书的出版会对今后激光技术的研究和应用产生积极的重要作用。

感谢丛书两个委员会的各位委员、各位作者对丛书出版所做的奉献，同时也感谢多位院士在丛书策划、立项、审稿过程中给予的支持和帮助！

丛书起点高、内容新、覆盖面广、写作要求严，编写及组织工作难度大，作为丛书的学术委员会主任，很高兴看到丛书的出版，欣然写下这段文字，是为序，亦为总的前言。

2015 年 3 月

前言

进入21世纪以来,高功率光纤激光技术得到了迅速发展,其在高能激光系统中的巨大应用潜力被各国军方和科研人员一致看好。受限于泵浦源亮度、热效应、非线性效应等因素的影响,单束光纤激光的输出功率受限,对多束激光进行光束合成是实现更高功率输出的必由之路,这一点已经成为业内人士的共识。光纤激光器固有的紧凑结构也非常适合于构建激光阵列。光束合成主要可以分为非相干合成和相干合成两大类。截至目前:美国海军、德国MBDA公司和莱茵金属公司等单位已经分别通过几何并束这一非相干合成的方式构建了高能光纤激光试验系统;美国洛克希德·马丁公司和德国夫琅禾费研究所分别通过光谱合成这一非相干合成的方式实现了3万瓦和万瓦级高功率输出;中国国防科学技术大学、中国科学院上海光学精密机械研究所、美国空军研究实验室、美国麻省理工学院和美国诺格公司也已实现光纤激光相干合成数千瓦级高功率输出。

据不完全统计,目前国际上已有10多个国家的40多个研究单位开展了相关研究,在光纤激光相干合成领域发表的科技论文已经超过了1000篇。美国定向能协会2010年出版的 *Introduction to High Power Fiber Lasers*(2013年5月再版)、美国McGraw-Hill出版社2011年出版的 *High Power Laser Handbook* 中均设置了专门的章节对相干合成加以介绍。2013年,Wiley出版集团出版了 *Coherent Laser Beam Combining* 一书,由目前国际上从事相关研究的具有代表性的15家研究单位撰写独立章节,介绍各自单位的研究方法和最新成果。在国内,越来越多的青年科技人员和研究生加入到相干合成这一前沿研究领域。然而,他们往往需要广泛调研和阅读数百篇学术论文,才能完成由"新手"到"入门"的角色转换,缺乏一本系统介绍相干合成的基本原理、实现方式、研究现状和发展动态的书籍。

应国防工业出版社"现代激光技术及应用丛书"编辑委员会主任周寿桓院士的邀请，我们于2012年启动了本书的写作计划。由于光纤激光相干合成属当前激光技术领域的一个热点课题，从启动写作计划到目前这4年多的时间内，大量的创新思想和令人振奋的研究成果不断涌现，使本书的写作多次反复，几易其稿，唯恐有所疏漏。

第1章为本书的第一部分，从大功率光纤激光的发展现状出发，通过分析计算单束激光的输出功率极限，得出光束合成是获得更高功率输出的必由之路这一基本结论，并对常见的光束合成方法进行归纳总结和分类介绍，分析出相干合成技术的技术特点和优势。第2章和第3章为本书的第二部分，介绍激光相干合成的发展历史和实现方法。第4章和第5章为本书的第三部分，介绍限制参与相干合成的单束激光功率提升的物理因素及解决方案。第6章~第8章为本书的第四部分，分别从系统分析、单束激光控制和阵列激光控制方法三个方面详细介绍基于主动相位控制的光纤激光相干合成技术。第9章和第10章为本书的第五部分，分别介绍合成光束的大气传输与闭环控制、光纤激光光束合成技术的应用。希望本书的出版能起到抛砖引玉的作用，启发和引导读者在这一领域深入研究，不断涌现新的高水平研究成果，使我国在这一领域的研究始终走在国际前列。

国防科学技术大学光电科学与工程学院长期开展光纤激光相干合成研究工作，本书参考了该学院课题组肖瑞、陈子伦、周朴、曹涧秋、王小林、冷进勇、李霄、马阎星、肖虎、韩凯、粟荣涛、王文亮、陶汝茂、张汉伟、马鹏飞、王雄等学位论文中的部分内容。该学院的王小林、马阎星、粟荣涛、陶汝茂还全程参加了本书的撰写工作。本书引用了国内外同行的部分研究成果，正文中均对出处进行了标注，在此对原作者一并致谢！衷心感谢国防工业出版社对本书出版的支持与帮助。由于笔者才疏学浅，如有不妥之处，敬请读者批评指正。

作者
2016年5月

目录

第1章 绪论

- 1.1 大功率光纤激光的发展历程 ·· 001
  - 1.1.1 宽谱掺镱光纤激光器 ·· 002
  - 1.1.2 窄线宽掺镱光纤激光器 ·· 005
  - 1.1.3 其他类型大功率光纤激光器 ·· 008
- 1.2 光纤激光器的输出功率极限 ·· 009
  - 1.2.1 理论模型 ·· 010
  - 1.2.2 数值计算 ·· 011
- 1.3 光纤激光光束合成的方法 ·· 016
  - 1.3.1 几何并束 ·· 017
  - 1.3.2 功率合成 ·· 018
  - 1.3.3 偏振合成 ·· 019
  - 1.3.4 时序合成 ·· 019
  - 1.3.5 光谱合成 ·· 020
  - 1.3.6 相干合成 ·· 021
- 参考文献 ·· 023

第2章 激光相干合成的历史和现状

- 2.1 气体激光相干合成 ·· 032
- 2.2 化学激光相干合成 ·· 034
- 2.3 半导体激光相干合成 ·· 036
- 2.4 固体激光相干合成 ·· 037
- 参考文献 ·· 041

第3章 光纤激光相干合成方法

- 3.1 外腔法相干合成 ·· 047
  - 3.1.1 自傅里叶变换腔 ·· 048

IX

  3.1.2 傅里叶变换自成像腔 ·· 050
  3.1.3 单模光纤滤波环形腔 ·· 051
3.2 自组织相干合成 ··· 053
  3.2.1 倏逝波耦合 ·· 053
  3.2.2 干涉仪结构 ·· 057
  3.2.3 自组织互注入式 ·· 058
3.3 Sagnac 腔法 ·· 059
3.4 相位共轭法 ··· 060
3.5 外差法 ··· 061
3.6 抖动法 ··· 063
3.7 优化算法 ·· 068
3.8 条纹提取法 ··· 073
3.9 不同相位控制方法的比较 ·· 074
参考文献 ··· 076

第4章 高功率光纤激光非线性效应产生机理与抑制方法

4.1 光纤中非线性产生的基本原理 ······································· 084
4.2 受激布里渊散射 ·· 085
  4.2.1 受激布里渊散射的产生机理 ···································· 085
  4.2.2 传能光纤中的受激布里渊散射理论模型 ······················· 087
  4.2.3 增益光纤中的受激布里渊散射理论模型 ······················· 088
  4.2.4 光纤放大器中受激布里渊散射的抑制方法 ···················· 090
4.3 受激拉曼散射 ··· 099
  4.3.1 受激拉曼散射的产生机理 ······································ 099
  4.3.2 受激拉曼散射的抑制方法 ······································ 101
  4.3.3 前向拉曼兼容光纤激光器 ······································ 102
4.4 自相位调制 ··· 105
  4.4.1 自相位调制的产生机理 ··· 105
  4.4.2 自相位调制的补偿 ··· 107
参考文献 ··· 110

第5章 高功率光纤激光热致模式不稳定

5.1 热致模式不稳定的概念及物理机理 ································· 114
  5.1.1 热致模式不稳定的概念 ··· 114

5.1.2　热致模式不稳定的物理机理 ·· 115
　5.2　热致模式不稳定的理论模型 ··· 117
　　　5.2.1　热致模式不稳定理论模型简介 ·· 117
　　　5.2.2　热致模式不稳定理论模型推导 ·· 119
　5.3　热致模式不稳定的研究方法及特点 ··· 125
　　　5.3.1　热致模式不稳定试验研究方法 ·· 125
　　　5.3.2　热致模式不稳定的典型特点 ··· 128
　5.4　热致模式不稳定的抑制技术 ··· 134
　　　5.4.1　抑制高阶模 ··· 134
　　　5.4.2　减小量子亏损 ··· 137
　　　5.4.3　增强增益饱和 ··· 137
　　　5.4.4　其他方法 ··· 138
　参考文献 ·· 140

第6章　相干合成光束质量评价与系统分析

　6.1　基本理论模型 ·· 144
　　　6.1.1　相干合成的基本结构 ·· 144
　　　6.1.2　相干合成的数学模型 ·· 145
　　　6.1.3　相干合成的影响因素 ·· 147
　6.2　光束评价标准 ·· 148
　　　6.2.1　M^2 因子 ··· 149
　　　6.2.2　Strehl 比 ··· 150
　　　6.2.3　BQ ··· 151
　　　6.2.4　BPF ··· 151
　6.3　影响因素分析 ·· 153
　　　6.3.1　阵列光束数目 ··· 153
　　　6.3.2　占空比 ·· 154
　　　6.3.3　偏振态 ·· 155
　　　6.3.4　相位误差 ··· 155
　　　6.3.5　倾斜波前 ··· 156
　参考文献 ·· 157

第7章　单元光束控制技术

　7.1　光程控制技术 ·· 160

		7.1.1 匹配被动光纤长度法	160
		7.1.2 空间光路调节法	161
		7.1.3 光纤延迟线法	162
		7.1.4 光纤拉伸/相位延迟法	163
		7.1.5 各种光程控制方法的比较	164

7.2 倾斜控制技术 ·········· 164
7.2.1 倾斜控制器件及其原理 ·········· 165
7.2.2 倾斜控制实现方案简介 ·········· 168

7.3 偏振控制技术 ·········· 171
7.3.1 偏振控制的基本原理 ·········· 172
7.3.2 偏振控制实现方案简介 ·········· 172

参考文献 ·········· 174

第8章 阵列光束控制技术

8.1 孔径填充技术 ·········· 176
8.1.1 光纤激光准直器 ·········· 177
8.1.2 分孔径相干合成 ·········· 177
8.1.3 共孔径相干合成 ·········· 182

8.2 锁相控制技术 ·········· 185
8.2.1 光纤放大器的相位噪声特性 ·········· 186
8.2.2 锁相控制方法 ·········· 189
8.2.3 脉冲激光锁相控制方法 ·········· 200
8.2.4 大阵元激光相干合成中的相位控制 ·········· 203

参考文献 ·········· 205

第9章 相干合成阵列光束的大气传输与补偿

9.1 大气光学效应简介 ·········· 209
9.1.1 大气湍流 ·········· 209
9.1.2 热晕 ·········· 211

9.2 大气湍流对阵列光束相干合成的影响 ·········· 211
9.2.1 阵列光束相干合成的大气传输模型 ·········· 211
9.2.2 大气湍流对合成光束传输的影响 ·········· 216

9.3 大气湍流的补偿——目标在回路相干合成技术 ·········· 217
9.3.1 目标在回路相干合成技术理论分析 ·········· 217

  9.3.2 目标在回路相干合成技术试验研究 ·· 222
9.4 热晕对阵列光束相干合成的影响 ·· 226
参考文献 ·· 229

第10章 应用扩展

10.1 新型激光光源的相干合成 ·· 232
  10.1.1 变频激光的相干合成 ·· 232
  10.1.2 拉曼激光的相干合成 ·· 233
  10.1.3 其他类型激光的相干合成 ··· 233
10.2 超短脉冲激光的相干合成 ·· 234
10.3 特殊光束产生及其他应用 ·· 235
  10.3.1 涡旋光束 ·· 235
  10.3.2 径向/角向偏振空心光束 ··· 236
  10.3.3 光纤激光雷达 ·· 237
10.4 光纤激光相控阵 ··· 238
参考文献 ·· 239

第1章

绪 论

光纤激光器是指以光纤为增益介质的激光器[1-5]。通过在光纤基质材料中掺杂不同元素的稀土离子,如镱(Yb)、铒(Er)、铥(Tm)、钬(Ho)、钕(Nd)等,可以获得相应波段的激光输出[6,7]。与其他类型的激光器相比,光纤激光器具有转换效率高、结构紧凑、热管理方便、光束质量优良等突出优势,在工业、国防等领域有广泛的应用前景,近年来成为了高能激光技术领域的研究热点。随着大模场面积双包层掺杂光纤制造工艺和高亮度泵浦源技术的发展,光纤激光器的输出功率以惊人的速度迅速提高,目前,单模光纤激光器的输出功率已经突破万瓦级[8,9]。但由于非线性效应、热损伤及泵浦源亮度等因素的影响,单根光纤激光输出功率存在极限[10-14]。以目前输出功率最高的掺镱光纤激光器为例,理论研究结果表明,其宽谱、严格单模输出时的极限功率在万瓦级[12],单频、严格单模输出时的极限功率在千瓦级[13]。由此,单根光纤激光器不能满足百千瓦(以上)级高功率输出的应用要求[15,16],对多束光纤激光进行光束合成是获得更高功率输出的可行途径。

1.1 大功率光纤激光的发展历程

光纤激光器的分类方法有很多:按照掺杂离子的类型划分,可以分为掺镱光纤激光器、掺铒光纤激光器、掺铥光纤激光器、掺钬光纤激光器等;按照运行体制划分,可以分为连续波光纤激光器和脉冲光纤激光器;按照输出光谱的宽度划分,可以分为宽谱光纤激光器和窄线宽光纤激光器等;按照光纤基质材料划分,可以分为石英基光纤激光器、磷酸盐光纤激光器、氟化物光纤激光器等。由于镱离子在石英玻璃基质中具有溶解度高、能级结构简单、吸收和发射带较宽等物理特性,石英基掺镱光纤激光器相对于其他类型光纤激光器更易实现高功率、高效率的激光输出[17,18]。相关文献表明,自1999年之后,光纤激光器的最高输出功率纪录均由石英基掺镱光纤激光器创造[6]。相对石英基光纤激光器而言,磷酸盐光纤激光器和氟化物光纤激光器输出功率不高,目前主要用于产生低噪声单频光纤激光器[19,20]和特殊波长中红外光纤激光器[21]。本节重点介绍石英基掺镱光纤激光器的发展现状。由于不同光束合成系统对激光线宽的要求不同(后面将详细介绍),下面分宽谱掺镱光纤激光器和窄线宽掺镱光纤激光器两大类型予以介绍。

1.1.1 宽谱掺镱光纤激光器

目前,学术界对宽谱和窄线宽光纤激光器的界定并没有统一的标准,从公开发表的文献看,大致可以将谱线宽度大于30GHz(对应0.1nm @ 1μm)的激光器划为宽谱光纤激光器。由于掺镱光纤发射带较宽,采用常规方法获得的激光一般都是宽谱激光。

虽然光纤激光器与半导体激光器(LD)几乎出现在同一时间,但由于将低亮度的半导体激光高效率地耦合到直径几微米的纤芯内较为困难,光纤激光器在很长时间内只能用单模半导体激光泵浦,产生激光的功率较低,限制在毫瓦级。1988年,Snitzer等发明了双包层光纤[22],使掺杂光纤可以用高功率的多模激光进行泵浦,由此光纤激光器输出功率得到了明显的提升。典型的双包层光纤激光结构包括纤芯、内包层和外包层三部分,如图1-1所示[6]。外包层通常由低折射率聚合物构成,同时起到了涂覆层的作用。外包层折射率低于内包层,因此泵浦光可以在内包层中传输。由于内包层的直径和数值孔径可远大于纤芯,可以高效率地耦合进更高功率的泵浦光,泵浦光在内包层里经全反射后进入掺稀土离子的纤芯并被吸收,实现激光的产生或放大。

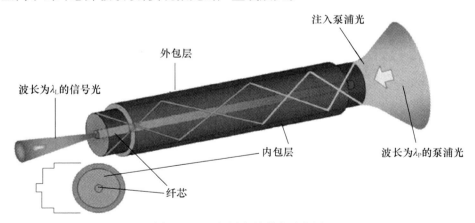

图1-1 双包层光纤激光示意图

包层泵浦技术的出现使光纤激光器输出功率实现了由毫瓦级到瓦量级的提升。1994年,Pask等首次实现了掺镱光纤的包层泵浦,得到了0.5W的1040nm激光输出,斜率效率为80%[23]。1997年,Muendel利用916nm的LD泵浦双包层掺镱光纤,获得了 35.5W 的 1100nm 激光输出,激光器效率为 64%[24]。1999年,Dominic 等利用双端泵浦方案,实现了 110W 的单模连续激光输出,使光纤激光器的输出功率突破了百瓦,引起了广泛关注[25]。随着高功率 LD 和双包层光纤制造工艺的进一步发展,掺镱光纤激光器的输出功率获得了迅速提升。1999—2005 年间,引领光纤激光器发展方向的是英国南安普敦大学光子研究中心及其合作的英国 SPI 公司、德国耶拿大学应用物理研究所等欧洲研究单位[26-28]。2004 年,南安普敦大学的 Jeong 等实现了世界上第一个千瓦级光纤激光输出[26]。他们利用 975nm LD 双端泵浦纤芯直径 43μm 的双包层掺镱光纤,产生了 1.01kW 的 1090nm 激光输出,斜率效率为 80%,输出激光的 M^2 因子为3.4。同年,Jeong 等对激光器参数进行了优化并增加泵浦光功率,使激光器的输出功率提高到了 1.36kW,斜率效率为 83%[27]。

尽管获得了千瓦级的高功率输出,但上述研究都是基于空间结构(图 1-2)而非全光纤结构实现的。该方法的优点是技术相对简单,易于实现。但是同时存在很多缺点,如光纤端面容易损伤、机械稳定精度要求高、可靠性和环境适应性较差等,不适合对稳定性要求较高的应用场合。此外,受限于泵浦源亮度等因素的限制,采用空间结构的光纤激光器输出功率并没有得到显著提升,10 年来,最大输出功率仅从 1.36kW 提高到 3kW[29,30]。

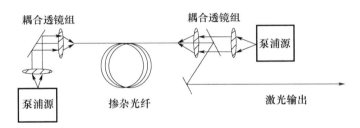

图 1-2 空间结构光纤激光器示意图

真正让高功率光纤激光器走向实用的是美国 IPG Photonics 公司倡导的全光纤结构高功率光纤激光器。以光纤光栅为谐振腔镜,构成光纤化激光谐振腔,通过泵浦光纤合束器或其他方式实现高功率泵浦光到双包层光纤的光纤化耦合,从而实现高功率光纤激光器的全光纤化。全光纤的理念提高了系统的可靠性和环境适应性,让光纤激光器走上了实用化的发展之路。全光纤激光器的系统结构具有典型的模块化特征,如图 1-3 所示。系统主要由泵浦源、泵浦合束器、光纤光栅、掺杂光纤和输出准直器组成。光纤光栅对与掺杂光纤形成激光谐振腔,若干束泵浦激光通过多模光纤注入泵浦合束器,泵浦合束器通过波导结构设计实现模场匹配,将泵浦激光注入掺杂光纤的内包层,实现激光振荡输出,并通过输出准直器将激光导入自由空间。

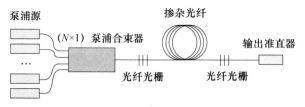

图1-3 全光纤激光器示意图

受限于构建谐振腔的光纤布拉格光栅的承受功率以及泵浦激光器的功率，要获得更高功率的激光输出，通常采用主振荡器功率加放大（Master Oscillator Power Amplifier，MOPA）的结构[31-33]，如图1-4所示。MOPA结构激光器主要由主振荡器和放大器两个模块组成，其间根据主振荡器和回光功率大小决定是否使用隔离器。通过级联放大器将低功率种子激光器的输出放大，一方面降低了对光纤光栅功率承受能力的要求，缓解了种子激光器内的热负荷等问题，提高了系统稳定性，另一方面具有更高的功率提升能力。相关数据表明，3kW以上的光纤激光器大都为MOPA结构。

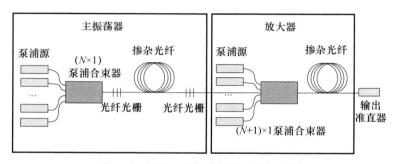

图1-4 MOPA结构光纤激光器示意图

近10年以来，全光纤结构光纤激光器的输出功率继续迅速提升。目前，美国的IPG Photonics公司、德国的Rofin公司、芬兰的CoreLase公司等均已推出了千瓦级光纤激光器产品[34-37]。

级联泵浦技术的应用也是促使光纤激光功率迅速提升的重要原因。在2007年之前，LD的泵浦能力是光纤激光输出功率的重要决定因素。而LD的泵浦能力在很大程度上取决于半导体工艺，IPG Photonics公司的Shkurikin曾经指出，受限于泵浦源亮度，采用LD直接泵浦的光纤激光器输出功率将一直停留在千瓦量级（作者注：此判断是6年前做出的，有欠妥之处；近年来，LD的亮度得到了显著提升，目前公开报道的采用LD直接泵浦的光纤激光器输出功率已经突破3kW）[38]。另外，增益光纤内的热负荷也会限制其功率提升。光纤内热负荷的一个主要来源是激光过程中的量子亏损，以976nm LD泵浦掺镱光纤产生1080nm激光输出为例,对应的量子亏损约为 10%,即有 10% 的泵浦光转换为增益光纤内的热负荷。除此之外,无辐射跃迁和光纤的本征吸收将导致热负荷进一步增加。

2008 年,IPG Photonics 公司的单纤单模输出功率从 3kW 跃升至 6kW,核心在于使用了级联泵浦技术,即光纤激光泵浦光纤激光的方式[39,40]。激光器的泵浦波长为 1018nm,由 975nm 半导体激光器泵浦掺镱光纤产生,亮度为常规半导体激光器亮度的 100 倍以上。级联泵浦的另一个优势是可降低光纤内的热负荷。第二次泵浦时的泵浦光与发射激光波长更为接近,降低了激光产生过程中的量子亏损。第二次泵浦时的泵浦光和输出激光波长分别为 1018nm 和 1070nm,对应的量子亏损为 5%,约为 976nm 激光直接泵浦时的 1/2。量子亏损的降低可有效缓解增益光纤内的热负荷,降低热管理的压力并提高激光器的效率。此外,相关研究表明,级联泵浦还可以大大降低光子暗化速率,提高增益光纤的使用寿命[41]。级联泵浦的优势促使了光纤激光器的进一步飞速发展,使 IPG Photonics 公司成为当时世界上唯一能研制 3kW 以上功率单模光纤激光器的单位。2009 年,该公司研制出了 9.6kW 的单模光纤激光器[8],2010 年,又将其输出功率提升到 10.5kW[9]。2013 年,IPG Photonics 公司在激光与光电子学国际会议(CLEO 会议)上报道了单纤单模光纤激光器实现了 20kW 输出[42],但迄今未见详细技术方案。

国内高功率光纤激光器研究起步相对较晚。2001 年,在王之江院士的倡导下,中国科学院上海光学精密机械研究所(简称中国科学院上海光机所)最早开展了高功率光纤激光器的理论和试验研究,2002—2004 年,光纤激光器的输出功率实现了 5W 到 444W 的飞速提高。与此同时,多家单位也相继开展了高功率光纤激光器的研究,并取得了突破性进展。在"十一五"初期,中国科学院上海光学精密机械研究所、清华大学、华北光电技术研究所、兵器装备研究院等多家单位均成功实现千瓦级输出。但上述千瓦级光纤激光器无一例外地基于空间结构而非全光纤结构。"十一五"后期以来,国内研究单位相继开展了全光纤结构光纤激光器的研究工作。截至目前,中国科学院上海光学精密机械研究所、中国科学院西安光学精密机械研究所、清华大学、华北光电技术研究所、兵器装备研究院、国防科学技术大学等多家单位都已成功实现了单纤千瓦级输出[43-49]。

1.1.2 窄线宽掺镱光纤激光器

通常将谱宽小于或在 0.1nm 量级的光源统称为窄线宽光源,而以其为信号光的光纤放大器则称为窄线宽光纤放大器。在窄线宽光纤放大器中,如果信号光中仅含有一个纵模(即单一频率),则称这种放大器为单频光纤放大器。如果信号光中含有多种单频成分,则称为多单频光纤放大器,一般情况下也可归类于窄线宽光纤放大器。

在单频放大器系统中,单频种子源多为分布反馈激光器(DFB)或分布布拉格反射激光器(DBR)[50,51],线宽均能达到千赫量级,但输出功率一般在几十毫瓦量级,远不能满足高功率的应用需求。采用 MOPA 结构的多级放大方式可实现单频信号光功率的放大。然而在各级放大器中,由于传输功率高、作用距离长,受激布里渊散射(SBS)效应很容易发生。在某种意义上,单频光纤放大器的发展过程也就是不断突破 SBS 限制的过程。

最早关于单频光纤放大器的报道出现于 1994 年,G. A. Ball 等使用 2.5cm 的掺铒短腔光栅光纤激光器作为单频种子,使用 19m 单模掺铒光纤作为放大器的增益光纤,得到了 60mW 单频放大光输出[52]。1999 年,I. Zawischa 等将单频光纤放大器的输出功率从几十毫瓦提升至瓦量级。试验中,放大器在泵浦功率为 26.8W 时获得了 5.5W 的放大光输出[53]。此后,SBS 的出现限制了输出功率的进一步提升。相比于 Ball 的试验结果,此时输出功率的提升主要归功于双包层掺杂光纤的出现及泵浦 LD 功率的提升。2001 年,S. Höfei 和 A. Liem 等将放大器的增益介质换成长度为 9m、纤芯直径为 30μm 的大芯径双包层掺镱光纤,泵浦源采用了带尾纤输出的 915nm LD,可提供的最大泵浦功率为 100W。在种子功率为 0.5W、泵浦功率为 100W 时,得到了 20.1W 的单频放大光输出[54]。2003 年,A. Liem 等首次得到了百瓦量级的单频放大光输出,试验中发现放大器输出功率为 108W 时,后向功率开始出现非线性增长,表明发生了 SBS 效应,限制了功率的进一步提升[55]。2005 年,Y. Jeong 和 J. Nilsson 等搭建了 MOPA 结构四级级联单频光纤放大系统,采用掺镱 DFB 激光器作为种子源,主放大器的增益光纤是长度为 6.5m 的大芯径双包层保偏掺镱光纤,其纤芯直径为 25μm,D 型内包层直径为 380μm,试验中放大器最终得到 264W 的单频激光输出[56]。在主放大器中并没有观察到 SBS,输出功率只受限于泵浦功率,仍有进一步提升的空间。2007 年,Y. Jeong 等采用同一放大系统,在进一步提高泵浦功率的条件下,得到了 402W 的单频线偏振激光输出,在主放大器中仍然没有观察到 SBS,输出功率仍然仅受限于泵浦功率。随后,他们使用 9m 纤芯和内包层直径分别为 43μm 和 650μm 的双包层非保偏掺镱光纤作为主放大器的增益光纤,最终得到 511W 的单频放大光输出[57]。同年,美国康宁公司也实现单频光纤放大器 500W 级功率输出[58]。上述研究成果均采用空间结构实现。自 2008 年以来,研究人员将研究重点转移到全光纤结构单频光纤放大器上来,并且也突破了 300W 量级[59-70]。表 1-1 给出了单频光纤放大器代表性研究成果。

表 1-1 单频光纤放大器代表性研究成果一览

时间/年	单位	结构	功率/W	种子线宽/kHz	M^2	文献
2003	德国耶拿大学	空间	108	2~3	1.1	[55]
2005	英国南安普敦大学	空间	264	60	1.1	[56]

(续)

时间/年	单位	结构	功率/W	种子线宽/kHz	M^2	文献
2007	英国南安普敦大学	空间	511	60	1.6	[57]
2007	美国康宁公司	空间	502	3	1.4	[58]
2008	英国OFS公司	全光纤	194	25	1.2	[59]
2010	中国科学院上海光学精密机械研究所	空间	128	20	近单模	[60]
2011	美国空军研究实验室	空间	494	10	1.3	[61]
2011	美国空军研究实验室	全光纤	203	100	N.A.	[62]
2012	德国汉诺威激光中心	全光纤	300	1	1.15	[63]
2012	中国国防科学技术大学	全光纤	310	20	1.3	[64]
2012	德国汉诺威激光中心	空间	246	1	N.A.	[65]
2013	中国科学院上海光学精密机械研究所	全光纤	170	1	1.02	[66]
2013	中国国防科学技术大学	全光纤	332	20	1.3	[67]
2013	美国空军研究实验室	空间	811	<5	1.2	[68]
2015	美国空军研究实验室	空间	400	<5	1.2	[69]

近年来,研究人员通过相位调制等方式对激光线宽进行一定程度的展宽,由原来的单频激光变为窄线宽激光,从而有效抑制了SBS效应,提高了放大器的输出功率。2009年,美国Nufern公司实现了商品化的千瓦级全光纤结构光纤放大器,激光线宽约为7GHz,后又经优化将线宽压缩至3GHz[71];2010年,德国耶拿大学利用空间结构的掺镱光子晶体光纤放大器实现了1.2kW功率输出,激光线宽小于80pm[72],同年美国IPG Photonics公司为Northrop Grumman公司提供了一台输出功率达1.4kW的光纤放大器,激光线宽约为25GHz[73]。2011年,美国Fibertek公司实现了空间结构窄线宽光纤激光器千瓦级功率输出,种子激光的线宽小于500MHz,光束质量M^2因子小于1.4[74]。2012年,美国空军研究实验室利用空间结构的掺镱光子晶体光纤放大器实现了990W功率输出[75],种子激光的线宽为300MHz,光束质量M^2因子为1.3。2014年,美国空军研究实验室实现了全光纤结构光纤放大器千瓦级功率输出,种子激光的线宽为3GHz,输出功率为1.17kW,光束质量M^2因子为1.2[76];同年,美国洛克希德·马丁公司的K. Brar等实现了线宽12GHz、功率1kW的窄线宽线偏振光纤激光输出,光束质量M^2因子为1.08,消光比16dB[77]。在2016年国防光学工程学会(SPIE)组织的西部光子学学术会议上,美国空军研究实验室、麻省理工学院、IPG Photonics公司等单位相继报道了千瓦级窄线宽光纤激光的最新进展,IPG Photonics公司可实现40nm范围内任意中心波长窄线宽光纤激光输出功率大于1.5kW[78],美国空军研究实验室1034nm短波窄线宽光纤激光输出功率业已突破千瓦。除了对单频激光进行展宽,利用窄带滤波器从宽谱放大的自发辐射(ASE)光源中滤出窄线宽激光并对其

进行高功率放大也被认为是一种可行的方案[80]。

在国内,北京理工大学基于空间结构分别于2006年和2007年获得6.65W和16.5W的1064nm单频激光输出[81]。2009年,中国科学院上海光学精密机械研究所漆云凤等实现了空间结构的128W单频光纤激光输出[60],试验中,通过施加纵向的温度分布成功地实现了对SBS效应的抑制。在全光纤结构方面,2009年,中国电子科技集团公司(简称电科集团)46所段云锋等采用全光纤结构两级级联光纤放大系统,实现了16.09W、中心波长1053nm的稳定窄线宽激光输出,种子光的谱线为0.078nm[82]。2013年,中国科学院上海光学精密机械研究所张磊等实现了单频单模线偏激光器170W输出[66]。2014年,电科集团11所报道了输出功率为780W的随机偏振窄线宽光纤放大器,种子激光线宽约为2.9GHz[83]。2015年,中国工程物理研究院实现了线宽82GHz、输出功率2.9kW的随机偏振光纤激光输出,由于发生了模式不稳定效应,激光器输出功率大于2kW时已不是单模输出[84];中国科学院上海光学精密机械研究所报道了线宽20GHz、输出功率1.75kW的随机偏振光纤激光输出,M^2约为1.77[85];天津大学报道了3dB线宽75GHz、输出功率2.05kW的随机偏振光纤激光输出,M^2约为1.4[86]。笔者课题组自2009年来开展了全光纤结构高功率窄线宽光纤放大器的理论与试验研究[64,67,87-89],先后实现了单频非保偏/保偏光纤激光310W和330W功率输出[64,67];在窄线宽激光方面,2011年初实现了334W功率输出[87],在此后的5年内,先后实现了666W、1.4kW(线偏)和1.89kW(线偏)输出[87-89]。

需要指出的是,通过线宽展宽等方式,窄线宽光纤激光的SBS阈值不断提高,输出功率也随之不断提高。但与此同时,近年来新发现的模式不稳定效应已经成为窄线宽光纤激光输出功率提升的另一个重要限制因素,详见本书第5章。

1.1.3 其他类型大功率光纤激光器

前面主要介绍了宽谱和窄线宽石英基掺镱光纤激光器的研究历史与现状。受限于镱离子的能级结构,石英基掺镱光纤激光仅能实现0.98~1.2μm波段的激光输出。掺铒光纤激光器(或铒镱共掺光纤)、掺铥光纤激光器和掺钬光纤激光器分别能实现1.5~1.62μm、1.7~2.0μm、2.1~2.2μm波段的激光输出。近年来,随着泵浦源和掺杂光纤性能的提升,上述三种类型的光纤激光器也取得了飞速发展。

在宽谱光纤激光器方面,2007年,英国南安普敦大学的Jeong等利用铒镱共掺光纤实现1.5μm波段光纤激光297W功率输出,这是目前该波段光纤激光的最高输出功率[90]。铒镱共掺可以提高光纤对980nm波段泵浦光的吸收能力,有利于高功率输出,但镱离子的存在容易诱发自激、自脉冲等现象[91],限制了激光器功率的提升。铒离子在1480nm附近存在一个吸收峰,近年来,随着该波段半导体激光器性能的提升,国际上掀起了一股高功率掺铒光纤激光器的研究热潮[92-98]。2011 年,美国陆军研究实验室的 Jun Zhang 报道了一台输出功率达 88W、中心波长为 1570nm 的掺铒光纤激光器,采用中心波长为 1530nm 的半导体激光器泵浦掺铒光纤,系统斜率效率达到了 69%[94];2013 年,俄罗斯科学院的 Kotov 等利用 976nm 半导体激光器直接泵浦掺铒光纤,实现了 75W 功率输出,转换效率为 40%[97];2014 年,半导体激光器直接泵浦的掺铒光纤激光器输出功率突破了百瓦级[98]。

在掺铥光纤激光器方面:2007 年,IPG Photonics 公司 M. Meleshkevich 等利用掺铒光纤激光器泵浦掺铥光纤,实现了 415W 功率输出[99];2010 年,美国 Q-Peak 公司 Ehrenreich 等搭建了一台 MOPA 结构的全光纤掺铥光纤放大器,利用一级放大的方式,在国际上首次实现了 2μm 激光千瓦级功率输出[100]。在掺钬光纤激光器方面:2007 年,澳大利亚悉尼大学 S. D. Jackson 等实现了 80W 功率输出[101];2013 年,美国 Nufern 公司 Hemming 等实现了 140W 功率输出[102],并于同年将掺钬光纤激光器输出功突提升至 400W[103]。

在单频光纤激光器方面,早在 2005 年,英国南安普敦大学的 Jeong 等就利用铒镱共掺光纤实现了 1.5μm 波段单频光纤激光 151W 功率输出[104]。更为引人注目的成果是 2009 年单频掺铥光纤放大器的输出功率突破 600W,当时在单频光纤放大器领域首次实现了对掺镱光纤的超越[105]。该放大器采用四级 MOPA 放大结构,将线宽小于 5MHz、中心波长为 2040nm、输出功率约为 3mW 单频种子放大到 608W,其中最后一级放大器中掺铥光纤长度为 3.1m,其纤芯和内包层直径分别为 25μm 和 400μm,通过将光纤直径弯曲至 10cm,使之工作在基模状态,最终得到了近衍射极限的光束质量($M^2 \approx 1.05$)。上述高功率单频铒镱共掺光纤放大器和掺铥光纤放大器均为空间结构。在国内,北京航空航天大学和华南理工大学等单位开展了 1.5μm 波段单频光纤激光及其功率放大的试验研究[86,87]。特别值得指出的是,近年来,我国在全光纤结构单频掺铥光纤放大器方面的研究取得了飞速发展,输出功率已经突破 300W,居于国际领先水平[108,109]。

1.2 光纤激光器的输出功率极限

目前,单束单模掺镱光纤激光输出功率已经突破万瓦级,窄线宽光纤激光的输出功率也已经突破千瓦。但是受限于热效应、光功率损伤、受激拉曼散射和泵浦光亮度等因素的影响,单束激光的输出功率不可能无限提升。国外已经开展对光纤激光的输出功率极限的理论分析。2008 年,美国利弗莫尔实验室的 Dawson 等根据当时光纤和半导体激光器的制造工艺水平,建立了单束激光输出功率极限的数学模型,通过分析热破裂、纤芯融化、热透镜效应、光功率损伤、泵浦光亮度和非线性效应对掺镱光纤激光功率提升的限制,得到单束激光的输出极限输出功率为 36.6kW[10]。2010 年,Dawson 等更新了模型,通过进一步的分析计算,得出掺镱和掺铒光纤激光宽谱输出的极限功率分别为 36.85kW 和 36.2kW[12]。

文献[10,12]的分析是建立在光纤模场直径能够任意增加这一假设上,没有充分考虑光纤制造工艺实现这一假设的难度。而且 36.6kW 的极限功率是在光纤纤芯直径大于 90μm 时获得的[10],若按照常规光纤的制造工艺水平,取纤芯数值孔径为 0.05,则归一化截止频率为 12.9,可支持的光纤模式有 80 多个,输出激光的光束质量不好。为更加准确地考察单模光纤激光的输出功率,下面以单模光纤为例进行计算。

1.2.1 理论模型

大功率光纤激光的输出功率提升主要受限于热效应、光效应、非线性效应和泵浦亮度。热效应主要包括热破裂、纤芯融化、热透镜效应。热破裂是指激光功率转化为热之后造成光纤表面材料的受热损伤和破裂;纤芯融化是指光纤内热量储存起来,导致光纤纤芯的融化受损;热透镜效应是指光纤内的折射率随温度变化,使光向折射率高的方向传播而形成的,其作用效果相当于在光纤内部产生了一个"透镜"。光效应主要是指光功率对光纤端面的损伤。非线性效应主要包括受激拉曼散射和受激布里渊散射,对于宽谱光纤激光,非线性效应主要来自于受激拉曼散射,单频光纤激光则主要受限于受激布里渊散射。泵浦亮度直接关系到能够耦合进入光纤内包层的泵浦光功率,是决定光纤激光输出功率的重要因素。目前的掺镱和掺铒光纤激光通常使用中心波长为 976nm 和 793nm 的 LD 作为泵浦源。在热破裂、纤芯融化、热透镜效应、受激拉曼散射、光效应和泵浦亮度等因素限制下,光纤可输出的最大功率分别为[10]

$$P_1 = \frac{4\eta_{\text{laser}} \pi R_m L}{\eta_{\text{heat}} \left(1 - \dfrac{a^2}{b^2}\right)} \tag{1-1}$$

$$P_2 = \frac{4\eta_{\text{laser}} \pi k (T_m - T_c) L}{\eta_{\text{heat}} \left[1 + \dfrac{2k}{bh} + 2\ln\left(\dfrac{b}{a}\right)\right]} \tag{1-2}$$

$$P_3 = \frac{\eta_{\text{laser}} \pi k \lambda^2 L}{2\eta_{\text{heat}} \dfrac{dn}{dT} a^2} \tag{1-3}$$

$$P_4 \approx \frac{16\pi a^2 \Gamma^2 \ln(G)}{g_R L} \tag{1-4}$$

$$P_5 = \Gamma^2 \pi a^2 I_{\text{damage}} \tag{1-5}$$

$$P_6 = \eta_{\text{laser}} I_{\text{pump}} \pi^2 (Na)^2 \frac{\alpha_{\text{core}}}{A} La^2 \tag{1-6}$$

式中：a 为纤芯半径；b 为包层半径；L 为光纤的长度；其余各参数的含义及其取值见表 1-2。在上述基本方程的基础上，考虑光纤的单模截止条件：

$$V = \frac{2\pi a \mathrm{NA}}{\lambda} < 2.405 \qquad (1-7)$$

式中：NA 为纤芯的数值孔径。以式(1-7)为限定条件，结合基本方程式(1-1)~式(1-6)，即可计算光纤激光的极限功率。

表 1-2 模型中所用参数的含义和取值

参数名称	符号	掺镱石英玻璃	掺铥石英玻璃	单位
石英断裂模数	R_m	2640	2640	W/m
石英导热系数	k	1.38	1.38	W/(m·K)
光纤冷却对流系数	h	10^4	10^4	W/(m²·K)
石英融化温度	T_m	1983	1983	K
石英中折射率随温度的变化	dn/dT	11.8×10^{-6}	11.8×10^{-6}	1/K
峰值拉曼增益系数	g_R	10^{-13}	10^{-13}	m/W
激光的小信号泵浦吸收	C	20	20	dB
假定的激光增益	G	10	10	—
模场半径与纤芯半径之比	Γ	0.8	0.8	—
光损伤极限	I_{damage}	35	35	W/μm²
冷却温度	T_c	300	300	K
泵浦亮度极限	I_{pump}	0.1	0.018	W/(μm²·Sr)
在泵浦波长处纤芯的峰值吸收	α_{core}	250	450	dB/m
泵浦光转换为激光的比例	η_{laser}	0.84	0.7	—
纤芯中泵浦光转换为热的比例	η_{heat}	0.1	0.3	—
纤芯的数值孔径	NA	0.45	0.45	—
激光波长	λ	1.078	2.040	μm

需要指出的是，在千瓦级（以上）高功率光纤激光系统中，一般采用大模场面积掺杂光纤，它可以支持多个模式，以利于实现更高功率输出。近年来，研究人员发现大模场面积掺杂光纤中容易产生一种新的物理现象——模式不稳定效应，该效应也会限制光纤激光输出功率。在 2016 年 SPIE 组织的西部光子学学术会议上，德国耶拿大学认为这是除泵浦亮度、非线性效应等以外又一限制光纤激光功率提升的物理因素。由于发现和认知得相对较晚，目前尚未有公认的模型，有效抑制的方案也不多，本节暂不予以讨论。本书第 5 章将详细分析模式不稳定效应。

1.2.2 数值计算

1. LD 泵浦时的功率极限

首先以 LD 泵浦的石英基掺镱和石英基掺铥光纤为研究对象，结合当前光纤制造和 LD 工艺水平,分别计算在不同光纤长度和纤芯直径下,掺镱和掺铒光纤单模输出的极限功率。

图 1-5 给出了在不同长度和芯径下掺镱及掺铒光纤激光输出的受限因素,其中粗实线为受限因素的边界线,细实线为等功率线。从图 1-5 中可以看出,对于掺镱和掺铒光纤激光器,当光纤纤芯直径在 0~160μm,长度在 0~80m 时,两者的极限功率主要受限于泵浦亮度、热透镜效应和受激拉曼散射。对于芯径小(掺镱光纤芯径小于 60μm,掺铒光纤芯径小于 90μm)、长度短(掺镱光纤长度小于 20m,掺铒光纤长度小于 40m)的掺杂光纤,激光输出的极限功率主要受限于泵浦亮度。当光纤芯径增大时,极限功率主要受限于热透镜效应;而当使用更长的光纤时,极限功率主要受限于受激拉曼散射效应。图 1-5 还给出了极限功率为 1kW、10kW、20kW 和 30kW 时,对应的掺镱和掺铒光纤的长度、纤芯直径和此时的受限因素。对于长度在 10m 左右、纤芯直径在 40μm 左右的掺镱和掺铒光纤,前者的极限功率约为 10kW,后者的极限功率约为 1kW,两者都受限于泵浦亮度。前面提及的 Y. Jeong 等的研究中,掺镱光纤在纤芯直径为 40μm、长度为 12m 时能够实现 1.36kW 的激光输出,增加泵浦亮度后激光输出功率有望进一步提高;P. F. Moulton 等使用纤芯直径为 35μm、长度为 7m 的掺铒光纤实现 885W 的激光输出,最大输出功率仅受限于泵浦亮度[100]。这些试验结果与理论分析基本吻合。

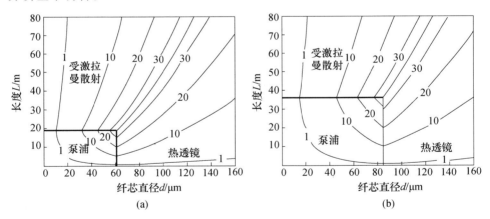

图 1-5 不同长度和纤芯直径下掺镱及掺铒光纤激光输出的受限因素(LD 泵浦)
(a)掺镱光纤激光;(b)掺铒光纤激光。

根据图 1-5 中的受限因素和受限区域,计算不同纤芯直径下掺铒和掺镱光纤激光输出的极限功率,如图 1-6 所示。由图 1-6 可知,在一定范围内,无论是掺镱还是掺铒光纤,纤芯的直径越大,它们的极限功率就越高。当掺镱光纤纤芯的直径达 61μm 时,激光输出的极限功率为 36.4kW,继续增加纤芯直径,极限功率保持不变。同样,当掺铒光纤纤芯直径达 84μm 时,激光输出的极限功率为 36.1kW,继续增加纤芯直径时,其极限功率保持不变。

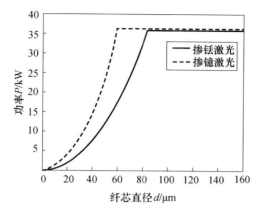

图 1-6　不同纤芯直径下掺镱和掺铒光纤激光输出的极限功率(LD 泵浦)

当纤芯直径达到 61μm 或者 84μm 时,若要保证激光的单模传输,则必须要求纤芯的数值孔径分别为 0.014 和 0.019,以目前的制造工艺,这对常规光纤是难以实现的,目前公开报道的常规光纤纤芯数值孔径最小只能到 0.04。在此情形下,若掺镱光纤激光的中心波长为 1.08μm,为了满足光纤激光的单模条件,光纤纤芯直径必须小于 20.6μm。这在本质上限制了单模掺镱光纤激光极限功率的提升。图 1-7 为单模掺镱光纤激光在不同纤芯数值孔径下的极限功率。随着纤芯数值孔径的减少,单模光纤激光的极限功率迅速增加。当纤芯数值孔径为 0.04 时,它的极限功率为 4.2kW。当采用特殊结构的光纤,降低纤芯的数值孔径时,单模光纤激光的极限功率有望进一步提高。

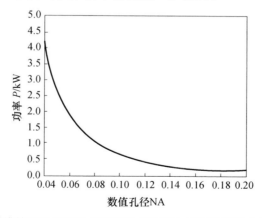

图 1-7　单模掺镱光纤激光在不同纤芯数值孔径下的极限功率(LD 泵浦)

对于波长为 2.04μm 的掺铥光纤激光,为了满足激光的单模传输条件,在现有技术条件下(NA≥0.04),光纤的纤芯直径可达39μm。这意味着与单模掺镱光纤激光相比,单模掺铒光纤激光的极限功率会更高。图1-8所示为单模掺铒光纤激光在不同纤芯数值孔径下的极限功率。当纤芯数值孔径为0.04时,单模掺铒光纤激光的极限功率为7.8kW。在本节计算中,限制单模掺铒光纤激光功率水平提升最主要的原因是泵浦亮度。因此高功率、高光束质量的泵浦源是提高单模掺铒光纤激光功率的关键。

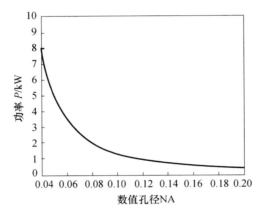

图1-8 单模掺铒光纤激光在不同纤芯数值孔径下的极限功率(LD泵浦)

2. 级联泵浦时的功率极限

当泵浦机制改变为级联泵浦时,光纤基质的参数基本不变,泵浦源的亮度有两个量级的提升[38-41]。据此计算不同纤芯直径下掺镱光纤激光输出的极限功率,如图1-9所示。当掺镱光纤纤芯的直径达63.4μm时,激光输出的极限功率为70.7kW[11],继续增加纤芯直径时,极限功率保持不变。

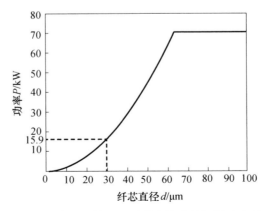

图1-9 不同纤芯直径下掺镱光纤激光输出的极限功率(级联泵浦)

图1-10为级联泵浦条件下单模掺镱光纤激光在不同纤芯数值孔径下的极

限功率。由图可知,随着纤芯数值孔径的减小,单模光纤激光的极限功率随之增加。当纤芯数值孔径为 0.03 时,它的极限功率为 13.3kW。

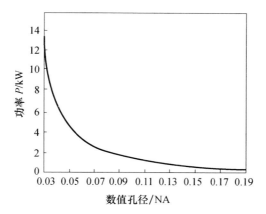

图 1-10　级联泵浦条件下单模掺镱光纤激光在不同纤芯数值孔径下的极限功率

综上,在理论上,级联泵浦能有效提升单模掺镱光纤激光的极限输出功率。对于其他类型的掺杂光纤也有类似的结论[12,110],本书不再赘述。

3. 单频激光的功率极限

对于单频光纤激光,最重要的影响因素是受激布里渊散射(SBS)效应,其产生的阈值公式为

$$P_{SBS} = 21 A_{eff} / (g_B L_{eff}) \tag{1-8}$$

式中:A_{eff} 为有效模场面积;L_{eff} 为有效作用长度;g_B 为增益系数。由式(1-8)可知,为有效抑制 SBS 效应,需要尽可能缩短掺杂光纤的长度,因此需采用高掺杂光纤。由于掺杂光纤对 1018nm 激光的吸收系数远小于半导体激光的吸收系数,单频激光一般采用半导体直接泵浦的方式。另外,磷酸盐基掺镱光纤的吸收系数要高于石英基掺镱光纤,因此可以用于产生单频激光。但当前磷酸基盐光纤工艺还不成熟,其承受功率较低、背景吸收较大。综合考虑式(1-1)~式(1-8)计算可得,石英基单频掺镱光纤激光输出功率与纤芯直径的关系如图 1-11 所示。

当纤芯直径约为 60μm 时,石英基单频光纤激光输出的极限功率为 1.8kW,继续增加纤芯直径时,输出功率保持不变。若要保持良好的光束质量,纤芯直径一般需控制在 30μm 以内,此时单频光纤激光的输出功率约为 500W。由图 1-11 可以看出,在理论上,磷酸盐光纤是获得单频光纤激光的更好选择:当纤芯约为 40μm 时,输出功率可达 2.02kW;当纤芯约为 30μm 时,输出功率超过 1.5kW。

以上计算结果表明,严格单模宽谱激光的输出功率极限约为 13kW,严格单模单频激光的输出功率极限约为 1.5kW。这样的输出功率不能满足百千瓦级

(以上)应用场合的需求,因此,对多束光纤激光进行光束合成是获得更高功率激光的必由之路。

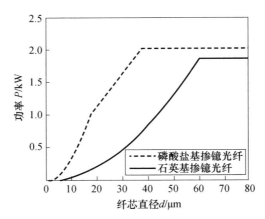

图 1-11　石英基单频掺镱光纤激光输出功率与纤芯直径的关系

1.3　光纤激光光束合成的方法

自 1999 年俄罗斯 Kozlov 等报道 2 路光纤激光光束合成的试验结果(毫瓦级)后[111],国际上已有 10 多个国家的有关单位开展了相关研究,提出的技术方案近 30 种[112]。根据输出激光光束之间的相位关系,光纤激光光束合成主要可以分为非相干合成和相干合成两大类,如图 1-12 所示。其中相干合成是本书主要研究对象,将在后面的章节中予以详细介绍。本节重点介绍非相干合成,并对非相干合成和相干合成进行简要对比分析。

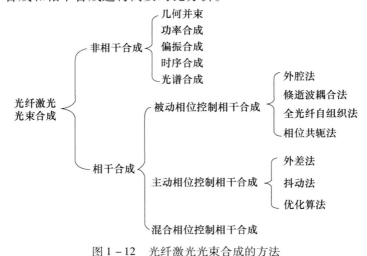

图 1-12　光纤激光光束合成的方法

1.3.1 几何并束

几何并束基本原理如图 1-13 所示[112]。这种光束合成方法对单元激光束的相位、谱宽和偏振态等基本没有任何要求，只需针对各光束设计独立的光束定向器并将它们定向至指定的目标。

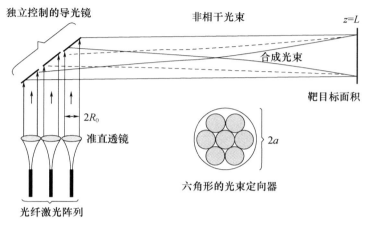

图 1-13 几何并束的基本原理

早在 2006 年，美国海军研究实验室 Sprangle 等就认为千瓦级商用光纤激光器普遍具有 10nm 量级的谱宽和随机偏振的特性，无法用于相干合成，并通过数值计算表明相干合成光束传输至 5km 目标靶面处能量集中度远不及非相干合成的效果，基于此提出了高功率光纤激光非相干合成用于定向能系统的构想与设计方案[113-115]。2008 年，Sprangle 等利用 4 路 IPG Photonics 公司千瓦级光纤激光器进行了几何并束试验，在中等强度大气湍流环境中传输到 1.2km 靶面处，获得了高于 90% 的传输效率[115]，正是这个试验开启了基于几何并束的高能光纤激光试验系统的研制序幕。目前，利用商用光纤激光器几何并束构建的高能光纤激光试验系统主要有四套，下面分别予以介绍。

1. 美国海军舰载激光武器系统(LaWS)

LaWS 由 6 台 IPG Photonics 公司生产的 5.5kW 级光纤激光器(该型号的激光器原本用于工业加工)组成，系统总功率为 33kW，单台激光器的光束质量 BQ 约为 5，激光器子系统电光效率约为 25%；光束定向器由 L-3 公司承研。雷神公司是 LaWS 的总承包商，负责将该系统与现有的密集阵武器系统(CIWS)集成。

2009 年 6 月，LaWS 在中国湖的海军航空武器站击毁 5 架无人机。2010 年 5 月，LaWS 在圣尼古拉斯岛击毁 4 架无人机，还开展了硬壳体充气艇材料的破坏试验(距离为 900m)。2011 年与 2012 年，相继开展了海面环境下基于动态平台的跟瞄、战斗识别和反无人机试验[116]。2013年4月,美国海军宣布计划将LaWS装载到一艘名为"庞塞"(USS Ponce)的两栖船坞运输船上,部署在中东/海湾地区[117,118]。整个装载工程于2013年8月正式启动,耗时1年时间,2014年8月正式完成。据报道,2014年9—11月,"庞塞"号上的LaWS完成了一系列综合试验,击中了装载在快速逼近的小船上的靶目标,成功击落了一架无人机。

2. 欧洲导弹集团(MBDA)德国公司的战术激光演示系统

MBDA德国公司几何并束的核心技术来源于公司研究人员Rudolf Protz等2008年在德国申请的专利[119]。从光源阵列射出的激光束经准直系统后,形成相互平行的准直光束,再聚焦发射到目标上,获得高密度的到靶功率。

2012年,MBDA德国公司分别对4台IPG Photonics公司生产的万瓦级光纤激光器进行几何并束,构建了40kW光纤激光演示系统,并进行了动态打靶试验[120]。该系统采用了一个大口径卡塞格林望远镜系统结构。4路光纤激光经快速倾斜镜后,入射到卡塞格林望远镜的次镜上,经次镜反射到主镜上发射输出。试验中,在短短几秒钟内燃毁了距离500m的迫击炮弹。

3. 德国莱茵金属公司的战术激光演示系统

2012年,德国莱茵金属公司分别对5台IPG Photonics公司生产的万瓦级光纤激光器进行了几何并束,构建了50kW光纤激光演示系统,并进行了动态打靶试验[121]。首先信标激光照射目标,然后从目标反射的激光被各个激光武器模块的光束定向器接收,通过光束定向器的跟踪系统分析接收的目标反射光,将多个高能激光束发射到目标上。在位于瑞士的澳克森布登靶场进行的试验中,演示系统烧穿了1km外15mm厚的钢梁,击落了2km外若干架处于俯冲状态的无人机。下一步德国莱茵金属公司将开发60kW功率的高能激光系统样机,并验证激光武器与自动炮协同作战的可行性[122]。2015年,该公司将系统输出功率提升至80kW[123]。

4. 以色列"铁束"高能光纤激光系统

2014年2月,以色列拉斐尔先进防务公司在新加坡航展上展出了"铁束"系统,系统光源部分采用了2台万瓦级光纤激光器。该系统集成在军用卡车上,并已经开展了100多次试验,成功实现了对迫击炮和榴弹炮的动态跟踪瞄准,击毁了数架无人机[124]。该激光系统的研制得到了以色列国防部的资助,拉斐尔先进防务公司计划下一步将系统功率提升至百千瓦级。

1.3.2 功率合成

功率合成是指将多根中等功率的单模光纤激光通过功率合束器合成到一根多模光纤中。功率合束器是功率合成方案的核心器件,它是将多束光纤剥去涂覆层,然后以一定方式排列在一起,在高温中加热使之熔化,同时向相反方向拉伸光纤束,光纤加热区域熔融成为熔锥光纤束,从锥腰切断后,将锥区输出端与一根输出光纤熔接。

早在 2008 年,IPG Photonics 公司就利用功率合成的方式实现了 50kW 功率输出。虽然功率得到了大幅提升,但是输出激光的光束质量大幅退化,M^2 因子约为 33[125]。2013 年,IPG Photonics 公司又利用功率合成的方式成功实现了 100kW 的多模激光输出,并已形成产品出售[126,127]。

除了 IPG Photonics 公司,丹麦、德国、以色列等国相关课题组均开展了功率合成技术研究。2011 年,丹麦 NKT 公司 D. Noordegraaf 用 7×1 合束器对 7 路激光进行功率合成,实现了 2.5kW 功率输出[128]。其中 7 根输入光纤的纤芯和包层分别为 17μm、125μm,纤芯数值孔径为 0.06,输出光纤的纤芯和包层分别为 100μm、660μm,数值孔径为 0.22,在 600W 输出功率下测得光纤参数积(BPP)为 2.22mm·mrad(对应的 M^2 为 6.5)。2012 年,美国 JDSU 公司采用 7 个 600W 激光模块与 7×1 功率合束器相连,实现了 1080nm 波长激光的功率合成,系统总输出功率达 4kW,合成后的光纤参数积为 2.5mm·mrad[128]。德国 Rofin 公司利用 4 路千瓦级光纤激光光束合成,获得了近 5kW 的激光功率输出,光束质量 M^2 约为 5[129]。以色列应用物理实验室研制出 3×1 功率合束器,并实现了 3 路千瓦级光纤激光的功率合成,输出总功率大于 3kW,光束质量 M^2 约为 3.5[130]。2014 年,德国耶拿大学研制出 7×1 合束器,并对 7 路激光进行功率合成,实现了 5.7kW 功率输出[131],光束质量 M^2 约为 4.6。

目前,德国 Rofin 公司已经将该项技术产业化,基于 4 路千瓦级光纤激光功率合束的 5kW 光纤激光器和基于 7 路千瓦级光纤激光功率合束的 10kW 级多模光纤激光器已经形成产品[132]。美国 OFS 公司研制的功率合束器产品也可支持千瓦级功率输出[133]。

1.3.3 偏振合成

偏振合成的基本原理是将 2 束线偏振光束通过偏振合束器合成为 1 束,其原理如图 1-14 所示。光束 1 和光束 2 是 2 束线偏振光束,通过偏振合束器(PBC)进行合成,合成后的光束为非偏振光。由于该方案的拓展应用性能有限,不被认为是一种获得大功率的有效途径。但若能对 2 束光的相位加以控制,合成后的光束还是偏振光,则可以实现合成路数的拓展[134],相关技术将在本书第 6 章中予以详细论述。

1.3.4 时序合成

时序合成是中国科学院理化技术研究所提出的原创方案,其结构示意图如

图 1-15 所示。多个不同时间序列的脉冲通过合束装置合为 1 束,输出激光包含多个时序的脉冲,通过提高脉冲序列占空比的方式来提高激光的平均功率[135,136]。目前公开报道的试验结果表明,采用该方案已经实现千瓦级高平均功率输出,合成效率大于 98%,与单元光束相比,合成后的光束质量得到了很好的保持。

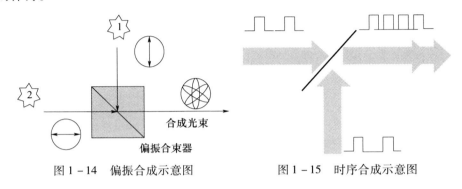

图 1-14 偏振合成示意图　　图 1-15 时序合成示意图

1.3.5 光谱合成

光谱合成的基本原理如图 1-16 所示[137],它利用色散元件使不同入射方向的单元激光束在空间重叠,其中色散元件是光谱合成的核心元件,目前主要有偏振无关反射式电介质光栅、体布拉格光栅和干涉滤波片等。

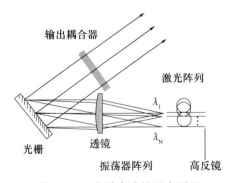

图 1-16 光谱合成的基本原理

开展光谱合成试验研究的单位主要有美国 Aculight 公司(现为洛克希德·马丁公司下属子公司)、佛罗里达中央大学、麻省理工学院、密歇根大学和德国耶拿大学等。其中 Aculight 公司、佛罗里达中央大学和耶拿大学均拥有自研耐高功率色散元件的能力,它们的研究最具有代表性。

早在 2007 年,Aculight 公司 Loftus 就实现了 3 路光纤激光光谱合成,输出功率达 522W[137]。近年来,在美国高能激光项目(RELI 项目)的支持下[138],该公司的光谱合成技术又获得了飞速发展。2013年,Aculight公司将12路窄线宽线偏振激光器合成1束功率为3.1kW、光束质量$M^2=1.35$的激光输出[139]。该系统中,单路激光功率为280W,光束质量$M^2<1.1$,线宽为3GHz。12个激光光谱分为三组,每组3个波长,波长为1051~1069nm,光谱合成的效率达97%,整个系统的电光效率大于39%。在总功率大于3kW的情况下,光谱合成系统连续稳定工作时间达到10min。2014年3月,该公司宣称基于多路光纤激光光谱合成实现了30kW功率输出[140]。

2008年,佛罗里达中央大学实现5路百瓦量级光纤激光光谱合成,输出功率为770W,合成后的光束质量$M^2=1.16$,合成效率为91.7%[141]。在2014年初的SPIE西部光子学会议上,该单位报道了2路千瓦级光纤放大器光谱合成[142]。2010年,该单位还在国际上首次开展了$2\mu m$掺铥光纤激光光谱合成试验[143],2015年,它们又报道了百瓦级掺铥光谱合成[144]。

2008年底,德国夫琅禾费研究所实现4路大功率光子晶体光纤激光光谱合成,输出功率超过2kW,合成后的光束质量$M^2<2$[145]。2011年,实现4路大功率光子晶体光纤激光光谱合成,输出功率超过8kW,合成效率大于99%,合成后的光束质量$M^2\approx 4.3$[146]。

在我国,四川大学、华中科技大学、中国工程物理研究院、国防科学技术大学和空军工程大学等单位开展了光谱合成技术研究[84,147-150]。2015年,中国工程物理研究院采用国产多层介质膜衍射光栅实现了5路千瓦级光纤激光的光谱合成,输出功率达5.07kW,光束质量$M^2<3$,合成效率达到91.2%。

1.3.6 相干合成

与几何并束、光谱合成等光束合成方案不同,相干合成系统中各单元(孔径)激光器输出光束的相位存在固定的关系,即达到锁相输出。光纤激光器固有的紧凑结构非常适合于构建激光阵列,因此近年来光纤激光相干合成技术成为激光技术领域前沿研究热点[151-156]。美国麻省理工学院实现了4路500W级连续光纤放大器相干合成,输出功率达4kW[152];德国耶拿大学实现了4路飞秒激光相干合成,输出平均功率为230W,峰值功率达22GW,脉冲能量为5.7mJ[153]。韩国[154]、俄罗斯[155]启动了基于相干合成的大型激光装置研究计划,法国、德国、美国、英国、日本等13个顶级研究机构还联合启动了脉冲光纤激光相干合成联合研究项目[156]。

相干合成光纤激光阵列构成的高能激光系统与传统单孔径高能光纤激光系统以及其他光束合成方法相比,在系统成本、热管理以及光束控制等方面具备明显优势:

(1)在系统成本方面,高能激光系统一般采用增大光束发射孔径的方式减小光束发散角,增加目标靶面能量集中度,但系统加工成本与孔径的 2.76 次方成正比,系统孔径的增大受到加工工艺、制造成本、有效载荷体积和质量等因素的限制[157,158]。相干合成光纤激光阵列输出孔径采用若干个小孔径拼接而成,大口径镜面带来的高成本由此而降低。

(2) 在热管理方面,介质的热效应造成的热透镜效应会使输出激光波面发生畸变[159],导致激光相干性下降。输出功率的提升,对热管理系统的要求也随之提升。例如,IPG Photonics 公司生产的百瓦级光纤激光器产品基本都需要风冷,而一旦到了千瓦量级或者更高功率,就必须对其进行水冷。相干合成光纤激光阵列采用了模块化的结构,不追求单路激光输出的高功率,由此分散了热效应,减轻了单链路的工作负担,也减轻了热管理的负担。

(3) 在光束控制方面,如果基于光纤激光相干合成的激光相控阵能够研制成功,有可能使光束控制摆脱传统的机电传动方式,实现灵巧、轻便、快速的光束控制,并具有精度高、无惯性、响应速度快等特点,还可以应用在通信、激光雷达等领域[160-162]。理论研究表明,若每一子孔径具备校正倾斜像差的能力,则相干合成光纤激光阵列就基本可以校正湍流大气造成的激光相干性破坏,使阵列激光远场能量集中度得到明显提高[163-165]。

与其他光束合成方法相比,相干合成技术也有独到的优势。例如,与光谱合成技术相比[166-169],虽然光谱合成技术降低了对合成单元的要求,使系统构建免除了复杂的相位控制部件,并且有更好的系统稳定性,但多路中心波长不同的高功率、窄线宽光纤激光器的研制将带来新的难度和高成本。在实际应用场合,为了提高目标靶面能量集中度,单口径发射往往需要增大光束发射孔径,减小光束发散角。相干合成光纤激光阵列输出孔径可以采用若干个小孔径拼接,大口径镜面带来的高成本由此而降低,并且小孔径拼接成的阵列还具备全电扫描、偏转和部分湍流补偿的潜力[163-165]。虽然光谱合成获得的多波长激光在大气传输光强闪烁等方面有一定的优势[170],但这对于能量输运型应用场合意义不大。因此,从发射系统和光束传输角度来说,相干合成系统有其独到优势。

另外,由 1.3.1 节可知,国外已经基于几何并束的方式构建了多套高能光纤激光试验系统,对相干合成技术的实用性提出了巨大挑战。虽然在一些典型的大气环境中非相干合成高能光纤激光系统也能实现较高的到靶功率密度[116,120,121],但根据大气传输理论[171]的计算结果[172-174]表明,在湍流强度较弱的情形下,相干合成光束在目标靶面上的能量集中度都明显高于非相干合成的情形;尽管相干合成的效果会随着湍流强度的增加而减弱,但无论在怎样的传输环境中,非相干合成的传输效率都不会高于相干合成。美国空军理工学院 Zandt 等也得出相同的结论[175]。

综上,相干合成技术不仅是解决单根单模光纤激光输出功率极限的有效方式,而且与传统单口径高能激光系统以及其他光束合成方法相比,相干合成光纤激光阵列构成的高能激光系统在系统成本、热管理、光束控制等方面都具有显著优势,极有可能是未来百千瓦高平均功率、高光束质量激光的实现方式,具有重要的研究价值。

参考文献

[1] Nillsion J, Payne D V. High – power fiber lasers[J]. Science, 2011, 332: 921 – 922.

[2] Oleg G Okhonikov. Fiber Lasers[M]. Weinheim:Wiley, 2012.

[3] Jauregui C, Limpert J, Tünnermann A. High – power fibre lasers[J]. Nature photonics, 2013, 7(11): 861 – 867.

[4] Galvanauskas A. High power fiber lasers [J]. Optics & Photonics News ,2004, 15 (7): 42 – 47.

[5] Shi W, Fang Q, Zhu X, et al. Fiber lasers and their applications [J]. Applied optics, 2014, 53(28): 6554 – 6568.

[6] Richardson D J, Nilsson J, Clarkson W A. High – power fiber lasers: current status and future perspectives [J]. J. Opt. Soc. Am. B, 2010, 27: 63 – 92.

[7] Zervas M N, Codemard C A. High power fiber lasers: a review[J]. IEEE Journal of Selected Topics in Quantum Electronics, 2014, 20(5): 219 – 241.

[8] Stiles E. New developments in IPG fiber laser technology [C] // Proceeding of the 5th International Workshop on Fiber Lasers, Dresdon,2009.

[9] IPG photonics successfully tests world's first 10 kilowatt single – mode production laser [EB/OL]. (2009 – 06 – 15)[2016 – 11 – 07]. http://www.laserfocusword.com/artides/oiq/2009/06/ipg – photonics – successfully – hatml.

[10] Dawson J W, Messerly M J, Beach R J, et al. Analysis of the scalability of diffraction – limited fiber lasers and amplifiers [J]. Opt. Express, 2008, 16: 13420.

[11] Zhu Jiajian, Zhou Pu, Ma Yanxing, et al. Power scaling analysis of tandem – pumped Yb – doped fiber laser and amplifiers [J]. Opt. Express, 2011, 19: 18645.

[12] Dawson J W, Messerly M J, Heebner J E, et al. Power scaling analysis of fiber lasers and amplifiers based on non – silica materials [J]. Proc. SPIE, 2010, 7686: 768611.

[13] Zhu Jiajian, Zhou Pu, Wang Xiaolin, et al. Analysis of Maximum Extractable Power of Single – Frequency Yb^{3+} – Doped Phosphate Fiber Sources [J]. IEEE Journal of Quantum Electronics, 2012, 48: 480.

[14] Ke W W, Wang X J, Bao X F, et al. Thermally induced mode distortion and its limit to power scaling of fiber lasers[J]. Optics express, 2013, 21(12): 14272 – 14281.

[15] 梅遂生. 向100kW进军的固体激光器[J]. 激光与光电子学进展, 2008, 45: 16.

[16] 任国光,黄裕年. 二极管抽运固体激光器迈向100kW[J]. 激光与红外,2006, 35: 617.

[17] Pask H, Carman R, Hanna D, et al. Ytterbium – doped silica fiber lasers – versatile sources for the 1 – 1.2μm region [J]. IEEE J. Sel. Top. Quantum Electron. ,1995, 1: 2 – 13.

[18] Paschotta R, Nilsson J, Tropper A, et al. Yttrerbium – doped fiber amplifiers [J]. IEEE J. Sel. Top. Quantum Electron. , 1997, 33: 1049 – 1056.

[19] Schülzgen A, Li L, Zhu X, et al. Microstructured active phosphate glass fibers for fiber lasers[J]. J. Lightw. Technol., 2009, 27,(11):1734-1740.

[20] Xu S H, Yang Z M, Zhang W N, et al. 400 mW ultrashort cavity low-noise single-frequency Yb^{3+}-doped phosphate fiber laser[J]. Opt. Lett., 2011, 36: 3708.

[21] Stuart D Jackson. Towards high-power mid-infrared emission from a fibre laser[J]. Nature Photonics, 2012, 6: 423-431.

[22] Snitzer E, Po H, Hakimi F, et al. Double-clad offset core Nd fiber laser[C]// Optical Fiber Communication Conf., 1988, 5: 533-536.

[23] Pask H, Hanna D. Operation of cladding-pumped Yb^{3+}-doped silica fiber lasers in 1μm region [J]. Electron. Lett., 1994, 30(11):863-865.

[24] Muendel M. High-power fiber laser studies at the Polaroid Corporation[J]. Proc. of SPIE, 1998, 3264: 21-29.

[25] Dominic V, MacCormack S, Waarts R, et al. 110 W fiber laser[J]. Electron. Lett., 1999, 35(14): 1158-1160.

[26] Jeong Y, Sahu J, Payne D, et al. Ytterbium-doped large-core fibre laser with 1kW of continuous-wave output power[J]. Electron. Lett., 2004, 40: 470-472.

[27] Jeong Y, Sahu J, Payne D, et al. Ytterbium-doped large-core fiber laser with 1.36kW continuous-wave output power[J]. Opt. Express, 2004, 12(25): 6088-6092.

[28] Bonati G, Voelckel H, Gabler T, et al. 1.53kW from a single Yb-doped photonic crystal fiber laser [C]. Proc. of SPIE, 2005, 5709.

[29] Jeong Y, Boyland A J, Sahu J K, et al. Multi-kilowatt single-mode Ytterbium-doped large-core fiber laser[J]. J. Opt. Soc. Korea, 2013, 4: 416.

[30] Becker F, Neumann B, Winkelmann L, et al. Multi-kW cw fiber oscillator pumped by wavelength stabilized fiber coupled diode lasers[J]. Proc. SPIE, 2013, 8601:860131.

[31] Yan P, Yin S, He J, et al. 1.1kW Ytterbium Monolithic Fiber Laser With Assembled End-Pump Scheme to Couple High Brightness Single Emitters[J]. IEEE Photon. Technol. Lett., 2011, 23(11):697-699.

[32] Gapontsev V, Gapontsev D, Platonov N, et al. 2kW CW ytterbium fiber laser with record diffraction-limited brightness[C]. OSA/CLEO, 2005.

[33] Fan Y, He B, Zhou J, et al. Thermal effects in kilowatt all-fiber MOPA[J]. Optics Express, 2011,19 (16): 15162-15172.

[34] IPG Photonics. IPG's High Power CW Fiber Lasers [EB/OL]. [2016-11-21]. http://www.ipgphotonics.com/group/view/8/Lasers/High_Power_CW_Fiber_Lasers.

[35] CoreLase. LASE Phenomenal quality for industrial use [EB/OL]. [2016-11-21]. http://www.corelase.fi/products/x-lase/.

[36] SPI Laser. redPOWER? CW Fiber Lasers[EB/OL]. [2016-11-21]. http://www.spilasers.com/industrial-fiber-lasers/redpower/.

[37] Yu Hongbo, Kliner, Dahv A V, et al. 1.2kW single-mode fiber laser based on 100W high-brightness pump diodes[J]. Proc. SPIE, 2012, 8237: 82370G.

[38] Jeff Hecht. 光纤激光器的输出功率日益提升. [EB/OL](2010-07-23)[2016-11-21]. http://www.laserfocusworld.com.cn/Detc.asp?id=25.

[39] Minelly J, Laming R, Townsend J, et al. High-gain fibre power amplifier tandem-pumped by a 3W multi-stripe diode [C]// in Optical Fiber Communications Conference, 1992, 32-33.

[40] Wirth C, Schmidt O, Kliner A, et al. High power tandem pumped fiber amplifier with an output power of 2.9kW[J]. Opt. Lett., 2011, 36: 3061-3063.

[41] Codemard C, Sahu J, Nilsson J. Tandem Cladding-Pumping for Control of Excess [J]. IEEE J. Quantum Electron., 2010, 46(12):1860-1869.

[42] Bill Shiner. The Impact of Fiber Laser Technology on the World Wide Material Processing Market[C]. CLEO, 2013, AF2J.1.

[43] 王雪娇,肖起榕,闫平,等. 国产光纤实现直接抽运全光纤化3000W级激光输出[J]. 物理学报, 2015,64:164205.

[44] 代守军,何兵,周军,等. 1.5kW近单模全光纤激光器[J]. 中国激光,2013,40(7):0702001.

[45] 段开椋,赵卫,赵保银. 1000W 全光纤激光器[J]. 中国激光,2009(12):3219.

[46] Fang Q, Shi W, Qin Y, et al. 2.5kW monolithic continuous wave (CW) near diffraction-limited fiber laser at 1080nm[J]. Laser Phys. Lett., 2014, 11:105102.

[47] 张利明,周寿桓,赵鸿,等. 1kW 单模全光纤激光器实验研究[J]. 红外与激光工程,2012,41(11): 2927-2930.

[48] Hailong Yu, Hanwei Zhang, Haibin Lv, et al. 3.15kW direct diode-pumped near diffraction-limited all-fiber-integrated fiber laser[J]. Appl. Opt., 2015, 54:4556-4560.

[49] Dapeng Y, Libo L, Xiaoxu L, et al. Solutions of kW Continuous-wave All-fiber Laser, Journal of Physics: Conference Series[J]. IOP Publishing, 2011, 276,(1): 012008.

[50] Xu S H, Yang Z M, Liu T, et al. An efficient compact 300mW narrow-linewidth single frequency fiber laser at 1.5μm[J]. Opt. Exp., 2010,18(2):1249-1254.

[51] Hofmann P, Voigtlander C, Nolte S, et al. 550mW output power from a narrow linewidth all-phosphate fiber laser[J]. Journal of Lightwave Technology, 2013,31(5): 756.

[52] Ball G A, Holton C E, Hull-Allen G, et al. 60mW 1.5μm single-frequency low-noise fiber laser MOPA[J]. IEEE Photonics Technology Letter, 1994, 6(2):192-194.

[53] Zawischa I, Plamann K, Fallnich C, et al. All-solid-state neodymium-based single-frequency master-oscillator fiber power-amplifier system emitting 5.5W of radiation at 1064nm[J]. Opt. Lett, 1999, 24 (7):469-471.

[54] Höfer S, Liem A, Limpert J, et al. Single-frequency aster-oscillator fiber power amplifier system emitting 20W of power[J]. Opt. Lett., 2001, 26(17):1326-1328.

[55] Liem A, Limpert J, Zellmer H, et al. 100W single-frequency master-oscillator fiber power amplifier[J]. Opt. Lett., 2003, 28(17):1537-1539.

[56] Jeong Y, Nilsson J, Sahu J K, et al. Single-frequency, single-mode, plane-polarized ytterbium-doped fiber master oscillator power amplifier source with 264W of output power[J]. Opt. Lett., 2005, 30 (5):459-461.

[57] Jeong Y, Nilsson J, Sahu J K, et al. Power scaling of single-frequency ytterbium-doped fiber master-oscillator power-amplifier sources up to 500W[J]. IEEE J. Sel. Top. Quantum Electron., 2007, 13 (3):546-551.

[58] Gray S, Liu A, Walton D T, et al. 502 Watt, single transverse mode, narrow linewidth, bidirectionally pumped Yb-doped fiber amplifier[J]. Opt. Express,2007, 15: 17044-17050.

[59] Mermelstein M D, Brar K, Andrejco M J, et al. All-fiber 194W single-frequency single-mode Yb-doped master-oscillator power-amplifier[J]. Proc. of SPIE, 2008, 6873:68730L.

[60] 漆云凤,刘驰,周军,等. 128W 单频线偏振光纤放大器特性研究[J]. 物理学报,2010,59:3942.

[61] Robin C, Dajani I, Chiragh F. Experimental studies of segmented acoustically tailored photonic crystal fiber amplifier with 494W single frequency output[J]. Proc. of SPIE, 2011, 7914: 79140B-1-79140B-8.

[62] Zeringue C, Vergien C, Dajani I. Pump-limited, 203W, single-frequency monolithic fiber amplifier based on laser gain competition[J]. Opt. Lett, 2011, 36(5): 618-620.

[63] Theeg T, Sayinc H, Neumann J, et al. All-fiber counter-propagation pumped single frequency amplifier stage with 300-W output power[J]. IEEE Photon. Technol. Lett. 2012, 24: 1864-1867.

[64] Wang X L, Zhou P, Xiao H, et al. 310W single-frequency all-fiber laser in master oscillator power amplification configuration[J]. Laser Phys. Lett., 2012, 9: 591-595.

[65] Malte Karow, Chandrajit Basu, Dietmar Kracht. TEM00 mode content of a two stage singlefrequency Yb-doped PCF MOPA with 246 W of output power[J]. Opt. Express, 2012, 20: 5319-5324.

[66] Zhang L, Cui S, Liu C, et al. 170 W, single-frequency, single-mode, linearly-polarized, Yb-doped all-fiber amplifier[J]. Opt. Express, 2013, 21: 5456-5462.

[67] Ma P F, Zhou P, Ma Y, et al. Single frequency 332 W, linearly polarized Yb-doped all-fiber amplifier with near diffraction-limited beam quality[J]. Appl. Opt., 2013, 52: 4854.

[68] Robin C, Dajani I, Pulford B. Modal instability suppressing, single-frequency PCF amplifier with 811W output power[J]. Opt. Lett., 2014, 39: 666-669.

[69] Pulford B, Ehrenreich T, Holten R, et al. 400W near diffraction-limited single-frequency all-solid photonic bandgap fiber amplifier[J]. Optics Letters, 2015, 40(10): 2297-2300.

[70] Ward B G. Maximizing power output from continuous-wave single-frequency fiber amplifiers[J]. Optics letters, 2015, 40(4): 542-545.

[71] Nufern. NukW: Kilowatt laser amplifier platform [EB/OL]. (2009-12)[2016-11-12] http://www.nufern.com/kilowatt-amp.php.

[72] Wirth C, Schreiber T, Rekas M, et al. High-Power linear-polarized narrow linewidth photonic crystal fiber amplifier [C]. Proc. of SPIE, 2010, 7580: 75801H.

[73] Goodno G D, McNaught S J, Rothenberg J E, et al. Active phase and polarization locking of a 1.4kW fiber amplifier [J]. Opt. Lett., 2010, 35: 1542.

[74] Engin D, Lu W, Akbulut M, et al. 1kW CW Yb-fiber-amplifier with <0.5GHz linewidth and near-diffraction limited beam-quality, for coherent combining application [J]. Proc. SPIE, 2011, 7914, 791407.

[75] Robin C, Dajani I, Zeringue C, et al. Gain-tailored SBS suppressing photonic crystal fibers for high power applications [C]. Proc. of SPIE, 2012, 8237: 82371D.

[76] Flores A, Robin C, Lanari A, et al. Pseudo-random binary sequence phase modulation for narrow linewidth, kilowatt, monolithic fiber amplifiers [J]. Opt. Express, 2014, 22(15): 17735-17744.

[77] Brar K, Leuchs M S, Henric J, et al. Threshold power and fiber degradation induced modal instabilities in high power fiber amplifiers based on large mode area fibers [J]. Proc. of SPIE 2014, 8961: 8961R.

[78] To be published, Proceeding of SPIEPhtonics West, Conference 9728, 2016.

[79] Nader A Naderi, Iyad Dajani, Angel Flores. High-efficiency, kilowatt 1034nm all-fiber amplifier at 11 pm linewidth[J]. Optics Letters, 2016, 41(5): 1018-1021.

[80] Schmidt O, Rekas M, Wirth C, et al. High power narrow-band fiber-based ASE source[J]. Optics express, 2011, 19(5): 4421-4427.

[81] 孙鑫鹏, 赵长明, 杨苏辉, 等. 16.1 W 输出1064nm连续单频光纤放大器的实验研究[J]. 北京理工大学学报, 2007, 27(6): 532-535.

[82] 段云锋,张鹏,黄榜才,等. 全光纤结构的两级分布式窄线宽双包层光纤放大器[J]. 中国激光, 2009, 36(3):640-642.

[83] 张利明,周寿桓,赵鸿,等. 780W 全光纤窄线宽光纤激光器[J]. 物理学报,2014,63(13):134205.

[84] Huang Z, Liang X, Li C, et al. Spectral broadening in high-power Yb-doped fiber lasers employing narrow-linewidth multilongitudinal-mode oscillators[J]. Appl. Opt. , 2016,55(2):297-302.

[85] Qi Y F. 1.75kW CW Narrow Linewidth Yb-doped all-fiber Amplifiers for Beam Combining Application [C]//CLEO: Applications and Technology. Optical Society of America, 2015.

[86] Xu Yang, Fang Qiang, Qin Yuguo, et al. 2kW narrow spectral width monolithic continous wave in a near-diffraction-limited fiber laser[J]. Applied Optics, 2015, 54(32): 9419-9421.

[87] 杜文博,肖虎,王小林,等. 主振荡功率放大结构窄线宽全光纤激光器334W高功率输出[J]. 强激光与粒子束, 2011, 23(8):1996-1997.

[88] Tao R, Ma P, Wang X, et al. 1.4kW all-fiber Narrow-linewidth polarization-maintained fiber amplifier[J]. Proc. SPIT,2015,9255:9255508.

[89] Ma Pengfei, Tao Rumao, Su Rongtao, et al. 1.89kW all-fiberized and polarizationmaintained amplifiers with narrow linewidth and near-diffraction-limited beam quality[J]. Optics Express. , 2016, 24: 4187-4195.

[90] Jeong Y, Yoo S, Codemard C A, et al. Erbium:ytterbium codoped large-core fiber laser with 297 W continuous-wave output power[J]. IEEE J. Sel. Top. Quantum Electron. ,2007, 13: 573-579.

[91] Sobon G, Siwinska D, Kaczmarek P, et al. Erbium-Ytterbium doped fiber amplifier with suppressed Yb-ASE and improved efficiency [J]. Proc. of SPIE, 2012, 8702: 87020J.

[92] Jebali M, Maran J, LaRochelle S, et al. Highly efficient in-band cladding-pumped 1593nm all-fiber erbium-doped fiber laser [C]. CLEO, 2012, JTh1I.

[93] Dubinskii M, Zhang J, Ter-Mikirtychev V, et al. Highly scalable, resonantly cladding-pumped, Er-doped fiber laser with record efficiency [J]. Opt. Lett. , 2009, 34:1507-1509.

[94] Zhang J, Fromzel V, Dubinskii M, et al. Resonantly cladding-pumped Yb-free Er-doped LMA fiber laser with record high power and efficiency [J]. Opt. Express, 2011, 19(6): 5574-5578.

[95] Dubinskii Mark, Zhang Jun, Kudryashov lgor, et al. Single-frequency,Yb-free, resonantly cladding-pumped large mode area Er fiber amplifier for power scaling [J]. App. Phy. Lett. ,2008, 93: 031111.

[96] Lim E, Alam S, Richardson D,et al. Optimizing the pumping configuration for the power scaling of in-band pumped erbium doped fiber amplifiers [J]. Opt. Express. 2012, 20(13): 13886-13895.

[97] Kotov L V, Likhachev M E, Bubnov M M, et al. 75W 40% efficiency single-mode all-fiber erbium-doped fiber laser cladding pumped at 976nm[J]. Opt. Lett. , 2013, 38(13): 2230-2232.

[98] Kotov L V, Likhachev M E, Bubnov M M, et al. Yb-free Er-doped all-fiber amplifier cladding-pumped at 976nm with output power in excess of 100W [C]//SPIE LASE. International Society for Optics and Photonics, 2014: 89610X-89610X-6.

[99] Meleshkevich M, Platonov N, Gapontsev D V, et al. 415W singlemode CW thulium fiber laser in all-fiber format[C] // in Proceedings of the European Conference on Lasers and Electro-Optics (2007), post-deadline paper CP-2-3-THU.

[100] Ehrenreich T, Leveille R, Moulton P F, et al. 1-kW, all-glass Tm:fiber laser[C]// in Fiber Lasers Ⅶ: Technology, Systems, and Applications (2010) (Session 16: Late breaking news).

[101] Jackson S D, Sabella A, Hemming A, et al. High-power 83 W holmium-doped silica fiber laser operating with high beam quality[J]. Opt. Lett. ,2007, 32(3): 241-243.

[102] Hemming Alexander, Bennetts Shayne, Simakov Nikita, et al. High power operation of cladding pumped holmium – doped silica fibre lasers[J]. Opt. Express, 2013, 21(4): 4560 – 4566.

[103] Hemming A, Simakov N, Davidson A, et al. A monolithic cladding pumped holmium – doped fibre laser [C]//CLEO: Science and Innovations. Optical Society of America, 2013: CW1M. 1.

[104] Jeong Y, Sahu J K, Soh D B S, et al. High – power tunable single – frequency single – mode erbium: ytterbium codoped large – core fiber master – oscillator power amplifier source[J]. Opt. Lett. , 2005, 30 (22): 2997 – 2999.

[105] Goodno G D, Book L D, Rothenberg J E. Low – phase – noise, single – frequency, single – mode 608W thulium fiber amplifier[J]. Opt. Lett. , 2009, 34(8): 1204 – 1206.

[106] 魏兴春,欧攀,张春熹,等. 单频单偏振窄线宽光纤激光器及其放大研究[J]. 激光技术,2010,34.

[107] 杨昌盛,徐善辉,李灿,等. 1.5μm 波段连续单频光纤激光器的研究进展[J]. 中国科学:化学, 2013,42,11: 1407 – 1417.

[108] Liu J, Shi H, Liu K, et al. 210W single – frequency, single – polarization, thulium – doped all – fiber MOPA[J]. Optics Express, 2014, 22(11): 13572 – 13578.

[109] Wang X, Jin X, Wu W, et al. 310W Single Frequency Tm – Doped All – Fiber MOPA[J]. Photonics Technology Letters, IEEE, 2015, 27(6): 677 – 680.

[110] Zhu Y, Zhou P, Zhang H, et al. Analysis of the power scaling of resonantly pumped Tm – doped silica fiber lasers[C]//ISPDI 2013 – Fifth International Symposium on Photoelectronic Detection and Imaging [J]. International Society for Optics and Photonics, 2013: 89040R – 89040R – 8.

[111] Kozlov V A, Cordero J H, Morse T F. All – fiber coherent beam combining of fiber lasers[J]. Opt. Lett. , 1999, 24(24): 1814 – 1816.

[112] Fan T Y. Laser beam combining for high – power, high – radiance sources[J]. IEEE J. Select. Top. Quantum Electron. , 2005, 11: 567 – 577.

[113] Sprangle, et al. BEAM COMBINING: High – power fiber – laser beams are combined incoherently[EB/OL]. (2008 – 07 – 21)[2016 – 11 – 01]. http://www.laserfocusworld.com/articles/331428.

[114] Sprangle P, Hafizi B, Ting A, et al. High – power lasers for directed – energy applications[J]. Appl. Opt. , 2015, 54 (31).

[115] Sprangle P, Ting A, Penano J, et al. Incoherent combining and atmosphere propagation of high – power fiber lasers for Directed – Energy applications [J]. IEEE J. Quantum Electron, 2009, 45(2): 138 – 148.

[116] Pawlak R J, Recent Developments and Near Term Directions for Navy Laser Weapons System (LaWS) Testbed[J]. Proc. of SPIE, 2012, 8547: 854705.

[117] Peach M. US Navy's laser weapon 'ready for summer deployment'[EB/OL]. (2014 – 04 – 10)[2016 – 11 – 21]. http://optics.org/news/5/4/16.

[118] Peach M. US Navy ship – mounted 30kW laser weapon tested in Persian Gulf[EB/OL]. (2014 – 12 – 10)[2016 – 11 – 21]. http://optics.org/news/5/12/18.

[119] Rudolf Protz, et al. Tactical radiating device for directed energy: US, 8199405[P]. 2012 – 12 – 06.

[120] Bernd Mohring, Stephan Dietrich, Leonardo Tassini, et al. High – energy laser activities at MBDA Germany[C]. Proc. of SPIE, 2013, 8733, 873304.

[121] Ludewigt K, Riesbeck T, Schünemann B, et al. Overview of the Laser Activities at Rheinmetall Waffe Munition[C]. Proc. of SPIE, 2012, 8547, 854704.

[122] Ludewigt K, Riesbeck T, Graf A, et al. 50kW Laser Weapon Demonstrator of Rheinmetall Waffe Munition

[J]. Proc. of SPIE, 2013, 8898: 88980N.

[123] DSEI 2015: Rheinmetall shows off navalised laser mount. IHS Jane's Defense weekly.

[124] Allan Katz. 'Iron Beam' enhances U. S., allies' security[EB/OL]. (2016 – 05 – 10)[2016 – 11 – 21]. http://www.nwitimes.com/news/opinion/columnists/guest – commentary/allan – katz – iron – beam – enhances – u – s – allies – security/article_8e6eab3d – bc28 – 5714 – 8d98 – 0b5e2854b508. html.

[125] Injeyan H, Goodno G D. High power laser handbook[M]. New York: McGraw – Hill Professional, 2011.

[126] IPG Photonics. IPG set to ship 100 kW laser[EB/OL]. (2012 – 11 – 01)[2016 – 11 – 21]. optics. org/news/3/10/44.

[127] Muendel M H, Farrow R, Liao K H, et al. Fused fiber pump and signal combiners for a 4 – kW ytterbium fiber laser [C]. Proc. of SPIE, 2011, 7914: 791431.

[128] Noordegraaf D, Maack M D, Skovgaard P M W, et al. All – fiber 7x1 signal combiner for incoherent laser beam combining[J]. Proc. of SPIE, 2011, 7914: 79142L.

[129] Ruppik S, Becker F, Grundmann F P, et al. Ulrich Hefter High Power Disk and Fiber Lasers – A Performance Comparison [J]. Proc. of SPIE, 2012, 8235: 82350V.

[130] Shamir Y, Zuitlin R, Sintov Y, et al. 3kW – level incoherent and coherent mode combining via all – fiber fused Y – couplers[C]. Frontiers in Optics. OSA, 2012.

[131] Plötner M, de Vries O, Schreiber T, et al. High power incoherent beam combining by an all – glass 7:1 fiber coupler with high beam quality[C]// AdvancedSolid State Lasers. Shanghai: Optical Society of America, 2014: ATh2A. 17.

[132] CoreLase. H – LASE – Freedom in system design [EB/OL]. [2016 – 11 – 21]. http://www. corelase. fi/products/h – lase.

[133] OFS. Beam Combiner [EB/OL]. (2015 – 02)[2016 – 11 – 21]. http://www. photonics. com/Product. aspx? PRID = 57107.

[134] 廖延彪. 偏振光学[M]. 北京:清华大学出版社,2003.

[135] Xu Jian, Gao Hongwei, Xu Yiting, et al. A hybrid incoherent sequence combining of pulsed lasers based on refraction – displacement – pulsed – combining and polarization beam combining[J]. Optics Communications, 2013, 297: 85 – 88.

[136] Xu Jian, Gao Hongwei, Peng Qinjun, et al. High – Efficient Beam Combining of Polarized High Power Lasers by Time Multiplexing Technique[J]. IEEE Photonics Technology Letters, 2014, 26:3.

[137] Loftus T H, Liu A, Hoffman P R, et al. 522W average power, spectrally beam – combined fiber laser with near – diffraction – limited beam quality [J]. Opt. Lett., 2007, 32(4): 349 – 351.

[138] John Keller Aculight gets long – delayed contract for a 60 – kilowatt laser[EB/D] (2014 – 03 – 03) [2016 – 11 – 07]. www. militaryaerospace. com/articles/2014/03/aculight – 60kW – laser. html.

[139] Eric Honea, Afzal Robert S, Matthias Savage – Leuchs, et al. Spectrally beam combined fiber lasers for high power, efficiency, and brightness[J]. Proc. of SPIE, 2013, 8601:860115.

[140] Lockheed tests new 30kW ATHENA laser weapon system[EB/OL]. (2014 – 05 – 04)[2016 – 11 – 21]. http://www. army – technology. com/news/newslockheed – tests – new – 30kw – athena – laser – weapon – system – 4524845.

[141] Oleksiy Andrusyak, Vadim Smirnov, George Venus, et al. Spectral Combining and Coherent Coupling of Lasers by Volume Bragg Gratings[J]. IEEE J. Sel. Top. Topics Quantum Electron, 2009, 15:344 – 353.

[142] Drachenberg D R, Andrusyak O, Venus G, et al. Thermal tuning of volume Bragg gratings for spectral beam combining of high – power fiber lasers [J]. Applied optics, 2014, 53(6): 1242 – 1246.

[143] Sims R A, Willis C C, Kadwani P, et al. Spectral beam combining of 2μm Tm fiber laser systems [J]. Optics Communications, 2011, 284(7): 1988-1991.

[144] Shah L, Sims R A, Kadwani P, et al. High-power spectral beam combining of linearly polarized Tm: fiber lasers[J]. Applied Optics, 2015, 54(4): 757-762.

[145] Wirth C, Schmidt O, Tsybin I, et al. 2kW incoherent beam combining of four narrow-linewidth photonic crystal fiber amplifiers[J]. Optics express, 2009, 17(3): 1178-1183.

[146] Wirth W, Jung M, Ludewigt K, et al. High average power spectral beam combining of four fiber amplifiers to 8.2kW[J]. Opt Lett. 2011, 36, 3118-3120.

[147] 张艳,张彬,祝颂军. 谱合成光束特性的模拟分析[J]. 物理学报, 2007, 56(8): 4590-4595.

[148] 占生宝,赵尚弘,倪受春,等. 基于反射体布拉格光栅谱组束的设计[J]. 强激光与粒子束, 2011, 23:4.

[149] 蒲世兵,姜宗福,许晓军. 基于体布拉格光栅的光谱合成的数值分析[J]. 强激光与粒子束, 2008, 20(5): 721-724.

[150] 刘国华,刘德明. 光纤激光器频谱组束的理论研究[J]. 强激光与粒子束, 2007, 19(5): 723-727.

[151] Brignon A, et al. Coherent Laser Beam Combining[M]. Weinheim: Wiley-VCH, 2013.

[152] Yu C X, Augst S J, Redmond S M, et al. Coherent combining of a 4kW, eight-element fiber amplifier array[J]. Opt. Lett., 2011, 36: 2686-2688.

[153] Arno Klenke, Steffen Hädrich, Tino Eidam. 22 GW peak-power fiber chirped-pulse amplification system [J]. Opt. Lett., 2014, 39: 6875-6878.

[154] Hong J K, Sangwoo P, Seongwoo C, et al. Conceptual design of the Kumgang laser: a high-power coherent beam combination laser using SC-SBS-PCMs towards a Dream laser[J]. High Power Laser Science and Engineering, 2015, 3: e1.

[155] Bagayev S N, Trunov V I, Pestryakov E V, et al. Optimisation of wide-band parametric amplification stages of a femtosecond laser system with coherent combining of fields[J]. Quantum Electronics, 2014, 44: 415-425.

[156] Brocklesby W S, Nilsson J, Schreiber T, et al. ICAN as a new laser paradigm for high energy, high average power femtosecond pulses[J]. Eur. Phys. J. Special Topics, 2014, 223: 1189-1195.

[157] Meinel A B. Cost scaling laws applicable to very large optical telescope [C]. Proc. of SPIE, 1979, 172: 51-56.

[158] Shellan J B. Phased-array performance degradation due to mirror misfigures, piston errors, jitter, and polarization errors [J]. J. Opt. Soc. Am. A, 1985, 2: 555-567.

[159] Penano J, Sprangle P, Ting A, et al. Optical quality of high-power laser beams in lenses[J]. J. Opt. Soc. Am. B, 2009, 26, 3: 503-510.

[160] McManamon P F. Agile nonmechanical beam steering [J]. Optics & Photonics News, 2006, 17(3): 24-29.

[161] McManamon P F, Dorschner T A, Corkum D L, et al. Optical phased array technology [J]. Proc. IEEE, 1996, 84(2): 268-298.

[162] Wang X, Zheng Y, Shen F, et al. Theoretical analysis of tuning coherent laser array for several applications[J]. JOSA A, 2012, 29(5): 702-710.

[163] Lachinova S L, Vorontsov M A. Laser beam projection with adaptive array of fiber collimators. II. Analysis of atmospheric compensation efficiency [J]. J. Opt. Soc. Am. A, 2008, 25, 1960-1973.

[164] Vorontsov M A, Weyrauch T, Beresnev L A, et al. Adaptive array of phase-locked fiber collimators: analysis and experimental demonstration [J]. IEEE J. Sel. Top. Quantum Electron, 2009, 15(2): 269-280.

[165] Filimonov G A, Vorontsovc M A, Lachinova S L. Performance analysis of a coherent tiled fiber-array beam director with near-field phase locking and programmable control of tip/tilt and piston phases [J]. Proc. of SPIE, 2014, 8971:897109.

[166] Spectral vs. Coherent Beam Combining: How Do They Compare [EB/OL]. (2006-01-01) [2016-11-21]. http://www.nasatech.com/Briefs/Jan06/5654_200.html.

[167] Encyclopedia of Laser Physics and Technology: Comparison of coherent and spectral beam combining [EB/OL]. http://www.rp-photonics.com/beam_combining.html.

[168] Fan T Y, Sanchez A. Coherent (phased array) and wavelength (spectral) beam combining compared [C]. Proc. of SPIE, 2005, 5709: 157-164.

[169] Lowenthal. Spectral vs. coherent beam combining: How do they compare? [EB/OL]. (2006-01-01) [2016-11-07] http://www.techbriefs.com/index.php?option=com_staticxt&staticfile=/Briefs/Jan06/5654_200.html.

[170] Kiasaleh K. Scintillation index of a multiwavelength beam in turbulent atmosphere [J]. J. Opt. Soc. Am. A, 2004, 21: 1452-1454.

[171] Wang S C H, Plonus M A. Optical beam propagation for a partially coherent source in the turbulent atmosphere [J]. J. Opt. Soc. Am., 1979, 69(9): 1297-1304.

[172] Cai Y, Chen Y, Eyyuboglu H T, et al. Propagation of laser array beams in a turbulent atmosphere [J]. App. Phy. B, 2007, 88: 467-475.

[173] 季小玲,李晓庆. 湍流对离轴列阵高斯光束相干与非相干合成的影响[J]. 物理学报, 2008, 57(12): 7674-7679.

[174] Zhou P, Liu Z, Xu X, et al. Comparative study on the propagation performance of coherently combined and incoherently combined beams [J]. Opt. Commun., 2009, 282: 1640-1647.

[175] Noah R, Van Zandt, et al. Comparision of coherent and incoherent laser beam combination for tactical engagements [J]. Opt. Eng, 2012, 51: 104301.

第 2 章 激光相干合成的历史和现状

第 1 章的分析表明,相干合成是获得百千瓦(以上)级高功率光纤激光的重要技术方案。但相干合成不是光纤激光的"专利",仔细研究激光技术的发展历史不难发现,相干合成的发展历史和激光器本身的历史几乎一样长,而且涉及气体激光器、化学激光器、半导体激光器、固态激光器等各种类型。本章介绍除光纤激光之外各类型激光相干合成的研究历史和现状。

2.1 气体激光相干合成

早在 1964 年,美国 Bell 实验室 Enloe、Rodda 等就实现了两路单频 He-Ne 激光器的相干合成[1,2],系统结构和实验结果如图 2-1 所示。进入 20 世纪 70 年代,随着高能 CO_2 激光器的迅猛发展及其在工业、军事等领域应用潜力的不断展现,美国、苏联等国家的研究人员开展了大量 CO_2 激光相干合成的理论与实验研究。

1971 年,美国国家航空研究实验室 Buczek 等利用激光能量注入首次实现了对 60W CO_2 激光的相位控制[3]。1984 年,Youmans 利用倏逝波耦合的方法实现了两路波导 CO_2 激光的锁相输出,输出功率为瓦量级[4]。1986 年,Newman 等实现了三路波导 CO_2 激光的锁相输出,输出功率达到了 50W[5]。随着 DF、COIL 等类型的化学激光器异军突起[6],美国研究人员的研究热情很快转移到化学激光相干合成领域。

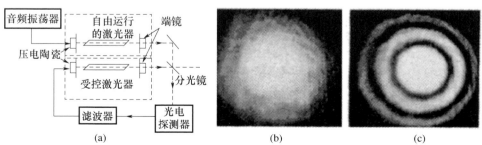

图 2-1 两路 He-Ne 激光相干合成系统结构与实验结果
(a)系统结构;(b)开环远场光斑;(c)闭环远场光斑。

苏联在 CO_2 激光相干合成研究领域的研究成果无疑最为突出，为此 SPIE 专门出版了题名为 Selected Papers：High-power multibeam lasers and their phase locking 的专辑，选录并翻译苏联在 CO_2 激光相干合成领域的经典文章。从 20 世纪 70 年代开始，苏联的研究人员就对大数目、高功率 CO_2 激光相干合成开展了研究[7-16]。1986 年，Antyukhov 等利用 Talbot 外腔能量相互注入的方式实现了 61 路激光相干合成，合成效率为 15%，输出功率在千瓦级[7-10]。1990 年，Golubentsev 利用腔内空间滤波的方式实现了二维 36 路激光阵列的锁相输出[11]。1993 年，Vasil'tsov 等利用腔内空间滤波的方式实现了 85 路激光相干合成，在输出功率为 500W 时合成效率达到了 40%[12,13]。Bahanov 等利用腔内空间滤波的方式实现了 55 路激光相干合成，输出功率为 7kW，合成效率约为 12%[14,15]，图 2-2 是该激光系统的外观。

图 2-2　7kW 功率输出激光系统的外观

除此之外，法国、英国、加拿大、澳大利亚以及我国的研究人员也在 CO_2 激光相干合成领域开展了大量卓有成效的工作[17-24]。1991 年，法国 Bourdet 等利用倏逝波耦合的方法实现了 9 路激光相干合成，输出功率为 160W[17]；1992 年，英国 Abramski 等利用倏逝波耦合的方法实现了 5 路激光相干合成，输出功率为 125W[18]，该研究组还利用 Talbot 外腔能量相互注入的方式实现了 7 路激光相干合成，输出功率为 100W，合成效率为 10%[19,20]。虽然光纤激光器已成为材料处理与加工领域的"明星"，但 CO_2 激光器在处理聚合物和有机材料等非金属材料方面有更好的效果，CO_2 激光器及其相干合成技术仍为工业部门和科研人员所关注[24]。

2.2 化学激光相干合成

美国 Aerospace 公司在 1969 年成功研制了第一台连续波 HF(Hydrogen-Fluorin)激光器,并在研制初期获得了 10kW 的功率输出[25,26]。与此同时,人们开始对高功率 HF/DF(Deuterium-Fluorin)激光器(>10 MW)的功率提取问题进行了研究。研究结果表明,要获得更高的功率输出,必须对激光器进行特殊设计,如将功率有效地分布在多条谱线上,但各条谱线波阵面的相位难以保持一致,由此人们提出利用自适应技术及传感元件来控制不同谱线的相位。Aerospace 公司 Wang 等提出了利用主振荡器和子振荡器阵列(MOSOA)实现相位控制和光束合成的方法[27],并设计了利用外差法进行 HF 激光器相位控制的伺服系统[28],如图 2-3 所示。

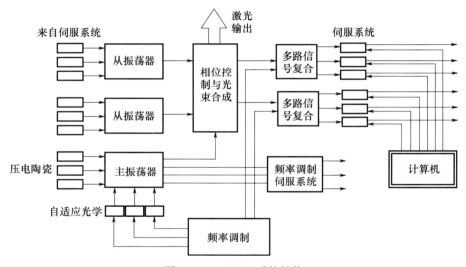

图 2-3 MOSOA 系统结构

MOSOA 系统的提出正好处于自适应光学技术发展的初期[29],能够实施光束相位控制的能动器件在控制精度、响应速度各方面的性能以及自动控制技术都不成熟,因此 MOSOA 系统停留在概念研究阶段。直至 1983 年,Aerospace 公司 Bernard 等才利用爬山法实现了多谱线 HF 激光的相位控制[30]。光路自动调节、能动器件等因素仍是制约该方案发展的技术瓶颈,Wang 后来更多地投入能动器件的研究领域[31]。

随着化学激光器性能的不断提升,美国军方也不断加大投资和研发力度,在相干合成方面,原 TRW 公司根据美国战略防御计划组织(SDIO)的天基激光武器(SBL)项目,提出利用非线性光学相位共轭技术补偿相位畸变,同时匹配各束激光之间的相位,并提出了研制激光器相控阵系统(PALS)的计划[32]。美国海军研究实验室与马里兰大学的研究人员合作,利用非线性光学相位共轭技术实现了单谱线 HF 激光、多谱线 HF 激光和 MOPA 结构多谱线 HF 放大模块的相位控制[33-35]。Aerospace 的 Bernard 等在空军武器实验室的资助下进行了 2 路 MOPA 结构 HF 放大器相干合成[36],系统没有使用相位控制器件,而是利用白光干涉技术保证两放大链路的光程差为零,获得了总功率为 12W 的 HF 激光锁相输出。Bernard 还利用激光能量相互耦合实现了激光器阵列锁相输出[37,38]。图 2-4 所示为能量耦合的光束合成实验系统结构,两个多谱线 HF 激光器通过一个分束镜将各自输出功率的 20% 耦合进另一个激光器的谐振腔内,以实现两个激光器的相位锁定。两束多谱线 HF 激光干涉能够获得 97% 的条纹可见度。

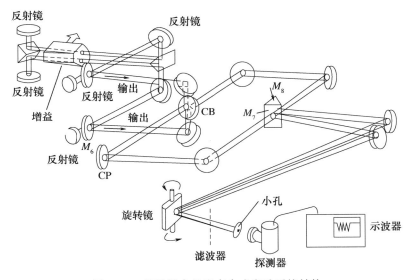

图 2-4 能量耦合的光束合成实验系统结构

与此同时,原 TRW 公司化学激光的研制水平不断飞跃,1989 年,该公司高功率 HF 激光 Alpha 出光成功。1990 年,该公司联合海军研究实验室向战略防御计划组织(SDIO)递交了先进相控阵高能激光项目(APACHE)的报告,提出了利用相干合成 HF 激光阵列构建天基激光武器的构想[39]。然而好景不长,世纪之交,化学激光在高能激光器领域的地位发生了变化。由于连续波高功率化学激光器无一例外地都运转在低腔压下,在现有的技术水平下,需要复杂而庞大的压力恢复系统将废气排到大气中去,庞大的系统体积使人们对化学激光器的实用性产生了质疑。随着 SBL 计划中止[40]、MTHEL 计划搁浅[41]和 TRW 被 Northrop Grumman 公司收购[42],化学激光器的研究转入低潮,涉及 COIL(Chemical Oxygen Iodine Laser)激光器的 ABL 项目进度也不断延迟[43],化学激光相干合成逐渐淡出人们的研究视野。

2.3 半导体激光相干合成

半导体激光器是指以半导体材料为工作物质的激光器,它具有体积小、寿命长、结构简单、可与集成电路单片集成等优点。早在1970年,美国Bell通信实验室的Ripper等就观察到了2路GaAs激光通过倏逝波耦合产生锁相输出的实验现象[44]。1975年,IBM公司的Rutz等利用倏逝波耦合实现了3路GaAs激光相干合成,输出功率达到了5W[45,46]。1978年Scifres等实现了5路GaAs激光锁相输出[47]。

进入20世纪80年代,半导体激光阵列相干合成技术进入了研究高潮期,倏逝波耦合、Talbot外腔耦合以及二元光学等技术的广泛应用使半导体激光阵列得到了快速的发展[48-58]。1994年,Sanders等利用Talbot外腔耦合获得了144路二维半导体激光锁相输出,激光功率为1.4W[59]。

由于半导体激光的自身特性,激光的相位可以由电流或电压直接控制[60,61],无须辅助的相位控制器件。基于主动相位控制的半导体放大器阵列相干合成也逐渐引起了人们的关注。SDI公司的Osinski等实现了4路半导体放大器相干合成,输出平均功率为5W[61]。原麦道公司的No和Levy等实现了100路、400路和900路半导体放大器相干合成[62-65],其中900路半导体放大器相干合成时总输出功率为36W,系统结构如图2-5所示。值得说明的是,半导体放大器相干合成中控制的一般是静态相位畸变,系统在初始化完成后,各路放大器的相位在几天内都不会发生变化[65]。

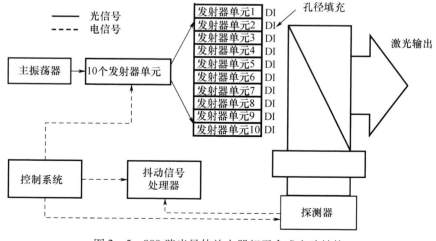

图2-5 900路半导体放大器相干合成实验结构

尽管单管半导体激光器在输出功率和光束质量等方面与其他类型的高能激光器相比没有优势,但是由于半导体激光器低成本、高效率、全固态、高可靠性等优势,它的应用前景还是被普遍看好。半导体激光相干合成的计划至今仍在进行中,美国国防部高级研究计划局(DARPA)启动了 COCHISE(Coherently - Combined High Power Single - mode Emitters)和 ADHELS(Architecture for Diode High Energy Laser Systems)等项目[66-68],旨在通过大功率、高效率的半导体激光阵列相干合成产生 100kW 量级的高亮度激光。当前开展半导体激光相干合成的单位主要有美国加州理工学院[69,70]、麻省理工学院[71-74]、橡树岭国家实验室[75-77]、克莱姆森大学[78-80]、Corcoran 工程公司[81]和法国国家科学研究院[82,83]等。

2007 年,加州理工学院 Liang 等开展了半导体激光相位控制研究,并实现了 2 路激光相干合成[69]。2010 年,橡树岭国家实验室 Liu 等利用双光栅外腔结构同时实现相干合成和谱线压窄[76];法国国家科学研究院 Paboeuf 等利用达曼光栅实现了 10 路半导体激光相干合成[82]。2011 年,麻省理工学院 Redmond 等实现了 218 路半导体放大器相干合成,输出功率近 40W,实验系统结构如图 2-6 所示[73]。

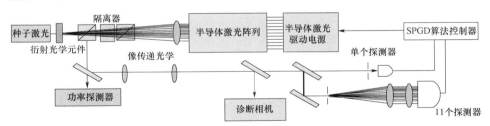

图 2-6 218 路半导体放大器相干合成实验结构

2012 年,克莱姆森大学 Zhao 等提出斜角光栅半导体阵列激光结构,利用布拉格衍射同时实现模式控制和半导体激光相干合成[78];同年,麻省理工学院 Creedon 等实现了 47 路瓦量级半导体放大器相干合成,输出功率达 40W,合成效率为 87%[74]。2014 年,Corcoran 等实现了 35 路半导体激光相干合成[83]。

2.4 固体激光相干合成

半导体激光泵浦全固态激光器是 20 世纪 80 年代末期出现的新型激光器,它集半导体激光器和固体激光器的优势于一体,具有体积小、效率高、可靠性高、运转灵便等优点。全固态激光器主要类型有棒状激光器(Rod Laser)、板条激光器(Slab Laser)、薄片激光器(Thin Disk Laser)和光纤激光器(Fiber Laser)等。随着半导体激光技术的日臻完善和半导体激光器件性能的大幅提高,各种结构的激光器均取得了显著进展。与此同时,相干合成技术作为解决全固态高功率激光的核心科学问题——"三高"(高功率、高光束质量和高转换效率)的可行途径也受到了研究人员的广泛关注。

早在1986年,原TRW公司的Valley、HRL实验室的Rockwell等就利用受激布里渊散射相位共轭的方式实现了对固体激光的相位控制和相干输出[84,85]。1992年,日本科学家Oka等利用倏逝波耦合的方法实现了4路半导体泵浦的Nd:YAG激光的相干合成,输出功率为1.2W,实验系统结构与相干合成光束远场光斑图样如图2-7所示[86],这也是关于全固态激光相干合成的首次实验报道。

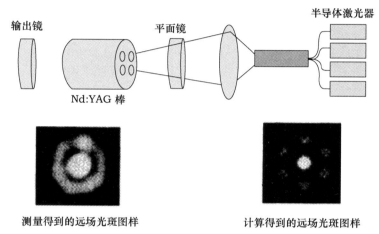

图2-7 4路半导体泵浦Nd:YAG激光相干合成实验系统结构与实验结果

2000年,Kono等利用Talbot腔实现了9路Nd:YAG激光的相干合成,输出功率为360mW,主瓣宽度为非相干合成情形下的16%[87]。2002年,Sabourdy等利用维纳-迈克尔逊腔实现了2路Nd:YVO$_4$激光锁相输出[88]。2004年,Zhou等利用自成像腔实现了二维4路Nd:YVO$_4$激光锁相输出,输出功率为500mW[89]。另外,HRL实验室的Sumida等利用受激布里渊散射相位共轭的方式实现了8路闪光灯泵浦的Cr:Nd:GSGG放大器长脉冲激光相干合成,输出激光重复频率为1.25Hz,单脉冲能量为8.2J[90]。以色列Ishaaya等实现了25路闪光灯泵浦Nd:YAG脉冲激光相干合成输出,单脉冲能量为1.5mJ[91]。2012年,韩国启动了基于受激布里渊散射相位共轭4路固体激光相干合成的项目[92],项目名称为Kumgang laser,项目为期4年,于2015年完成,最终实现了4kW平均功率输出,重复频率10kHz,合成后单脉冲能量0.4mJ,脉宽约8.5ns,图2-8给出了Kumgang laser项目系统结构示意图。2013年,日本Hirosawa等利用Talbot腔实现了15路Nd:YVO$_4$激光锁相输出[93]。

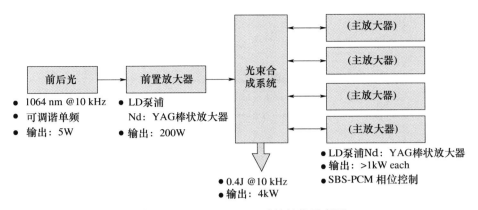

图 2-8 Kumgang laser 系统结构示意图

从 20 世纪 90 年代开始,光纤激光器的出现使相干合成技术获得了突飞猛进的发展。其原因除了光纤激光器本身独特的优势和百千瓦高功率输出的使用需求,光纤通信商业推广过程中配套产生的几种器件(光纤熔锥耦合器、多芯光纤、带尾纤的相位调制器与声光移频器等)也起到了至关重要的作用。光纤熔锥耦合器、多芯光纤使基于激光能量注入耦合和倏逝波耦合的被动相位控制十分便利[94,95],带尾纤的相位调制器与声光移频器使主动相位控制能够具备兆赫量级的控制带宽,可以用于控制大功率条件下的相位起伏,实现锁相输出[96,97]。2006 年,Northrop Grumman 公司研究人员以光纤激光作为种子源,利用 $LiNbO_3$ 相位调制器进行主动相位控制实现了 2 路万瓦级板条放大器的相干合成,输出功率为 19kW[98]。2008 年,通过技术改进实现了 2 路万瓦级板条放大器相干合成,输出功率达到 30kW[99]。截至 2009 年 3 月,Northrop Grumman 公司研究人员以光纤激光作为种子源,利用 $LiNbO_3$ 相位调制器进行主动相位控制实现了 4 路和 7 路万瓦级板条放大器的相干合成,输出功率为 63kW 和 105.5kW[100-103]。7 路万瓦级相干合成的试验系统结构示意图和试验结果分别如图 2-9 和图 2-10 所示,其中图 2-10(a)是 7 路激光近场光强分布,图 2-10(b)是相干合成后的远场光斑。这是世界上首台百千瓦级固体激光系统,在相干合成乃至高能激光发展史上都具有里程碑式的重要意义。

在国内,中国工程物理研究院、中国科学院上海光机所、中国科学院理化所、国防科学技术大学和军械士官学校等单位开展了固体激光相干合成技术研究[104-110]。2005 年,中国科学院理化所 Peng 等实现了 2 路瓦级固体激光相干合成[107];2012 年,国防科学技术大学报道了 2 路固体激光相干合成试验结果,输出功率达百瓦级[108];2013 年,军械士官学校报道了 6 路固体激光相干合成试验结果,合成效率达 95.6%[109];2014 年,中国工程物理研究院报道了 4 路百瓦级固体激光相干合成实验结果,总输出功率超过 800W[104],图 2-11 给出了 4

路激光阵列的近场强度分布和相干合成后的远场光斑。

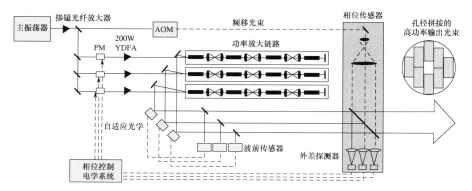

图 2-9　7 路万瓦级相干合成的试验系统结构

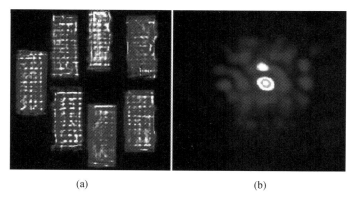

(a)　　　　　　　　　　　　(b)

图 2-10　7 路万瓦级相干合成的试验结果

(a)7 路激光近场光强分布；(b)相干合成后的远场光斑。

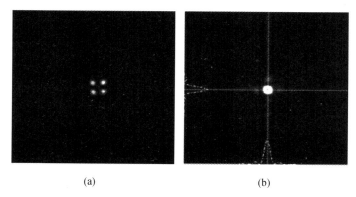

(a)　　　　　　　　　　　　(b)

图 2-11　4 路百瓦级相干合成的试验结果

(a)4 路激光阵列的近场强度分布；(b)相干合成后的远场光斑。

参考文献

[1] Enloe L H, Rodda J L. Laser Phase-Locked Loop [J]. Proc. of IEEE, 1965, 53:165-166.

[2] Stover H L, Steier W H. Locking of laser oscillators by light injection [J]. Appl. Phys. Lett., 1966, 8(4): 91-93.

[3] Buczek C J, Freiberg R J. Hybrid injection locking of higher power CO_2 lasers [J]. IEEE J. Quantum Electron, 1972, 8(7): 641-650.

[4] Youmans D G. Phase locking of adjacent channel leaky waveguide CO_2 lasers [J]. Appl. Phys. Lett., 1984, 44(4):365-367.

[5] Newman L A, Hart R A, Kennedy J T, et al. High power coupled CO_2 waveguide laser array [J]. Appl. Phys. Lett., 1986, 48(25):1701-1703.

[6] 庄琦, 桑凤亭, 周大正. 短波长化学激光 [M]. 北京:科学出版社, 1997.

[7] Antyukhov V V, Glova A F, Kachurin O R, et al. Effective phase locking of an array of lasers [J]. JETP Lett., 1986, 44:78-80.

[8] Glova A F. Phase locking of optically coupled lasers [J]. Quantum. Electronics, 2003, 33(4): 283-306.

[9] Kachurin R, Lebedev F V, Napartovich A P. Properties of an array of phase-locked CO_2 lasers [J]. Sov. J. Quantum Electron., 1988, 18(9): 1128-1131.

[10] Glova A F. CO_2 lasers excited with a capacitive ac discharge [J]. Laser Physics, 2000, 10(5): 975-993.

[11] Golubentsev A A, Kachurin O P, Lebedev F V. Use of a spatial filter for phase locking of a laser array [J]. Sov. J. Quantum. Electron, 1990, 20(8): 934-937.

[12] Vasil'tsov V V, Zelenov Y V, Kurushin Y A, et al. Synchronization of high-power CO_2 lasers [C]. Proc. of SPIE, 1993, 2109: 107.

[13] Vasil'tsov V V, Golubev V S, Zelenov Y V, et al. Using diffraction optics for formationof single-lobe far-field beam intensity distribution in waveguide CO_2-lasers synchronized arrays [J]. Proc. of SPIE, 1993, 2109: 122-128.

[14] Bahanov I V, Glova A F, Lebedev E A. Output characteristics of the MKL-10 multichannel CO_2 laser [J]. Quantum Electron, 1993, 23(3): 184-185.

[15] Glova A F, Drobyazko S V, Likhanskii V V. Multi-beam CO_2 lasers and theirs applications [C] // Proc. International conference on advanced optoelectronics and lasers, Alushta, 2005.

[16] Glova A F, Lysikov A Y, Musena E I. Phase locking of 2D laser arrays by the spatial filter method [J]. Quantum Electronics, 2002, 32(3):277-278.

[17] Bourdet G L, Andre Y B, Müller R A, et al. 100 W RF excited phased array of self-focusing waveguide CO_2 lasers[C] // Digest of Conference on Lasers and Electro-Optics. San Diego, CA, 1991.

[18] Abramski K M, Colley A D, Baker H J, et al. Phase-locked CO_2 laser array using diagnoal coupling of waveguide channels [J]. Appl. Phys. Lett., 1990, 60(5): 530-532.

[19] Hornby A M, Baker H J, Colley A D, et al. Phase locking of linear arrays of CO_2 waveguide lasers by the waveguide confined Talbot effect[J]. Appl. Phys. Lett., 1993, 63(19): 2591-2593.

[20] Hornby A M, Baker H J, Hall D R. Combined array/slab waveguide CO_2 lasers [J]. Opt. Commun., 1994, 108: 97-103.

[21] Yelden E F, Seguin H J J, Capjack C E, et al. Phase-locking phenomena in a radial multislot CO_2 laser array [J]. J. Opt. Soc. Am. B, 1993, 10(8):1475-1482.

[22] Schröder K, Müller A, Schuöcker D. Phase locking of CO_2 lasers by the use of diffraction effects [J]. Appl. Opt., 1995, 34(26): 8252-8259.

[23] Weingartner W, Schröder K, Schuöcker D. Active length control of two phase locked CO_2 lasers with a digital signal processor [J]. Review of scientific instruments, 2000, 71(9):3298-3305.

[24] Xu Y, Li Y, Feng T, et al. Phase-locking principle of axisymmetric structural CO_2 laser and theoretical study of the influences of parameters-changes on phase-locking [J]. J. Opt. Soc. Am. B, 2008, 25(8):1303-1311.

[25] Spencer D J, Jacobs T A, Mirels H, et al. Continuous-wave chemical laser [J]. International Journal of Chemical Kinetics, 1969, 1(5):493-494.

[26] Spencer D J, Mirels H, Jacobs T A, et al. Continuous-wave chemical laser: US 3688215[P]. 1972.

[27] Wang C P. Master and slave oscillator array system for very large multiline lasers [J]. Appl. Opt., 1978, 17(1):83-86.

[28] Wang C P, Smith P L. Phase control of HF chemical lasers for coherent optical recombination [J]. Appl. Opt., 1979, 18(9):1322-1327.

[29] Hardy J W. Adptive optics: A new technology for the control of light [J]. Proc. of IEEE, 1978, 66(6):651-697.

[30] Coffer G, Bernard J M, Chodzko R A, et al. Experiments with active phase matching of parallel-amplified Multiline HF laser beams by a phase-locked Mach-Zehnder interferometer[J]. Appl. Opt., 1983, 22(1):142-148.

[31] Wang C P, Smith P L. Charged-large-array-flexible mirror [J]. Appl. Opt., 1985, 24(12):1838-1843.

[32] Schnurr A D, Meisenholder S, Litvak M, et al. Phased Array Laser System (PALS) [R]. Redondo Beach, 1986.

[33] Duignan M T, Feldman B J, Whitney W T. Stimulated Brillouin scattering and phase conjugation of hydrogen fluoride laser radiation [J]. Opt. Lett., 1987, 12(2):111-113.

[34] Whitney W T, Duignan M T, Feldman B J. Stimulated Brillouin scattering and phase conjugation of multiline hydrogen fluoride laser radiation [J]. J. Opt. Soc. Am. B, 1990, 7(11):2160-2168.

[35] Whitney W T, Duignan M T, Feldman B J. Stimulated Brillouin scattering phase conjugation of an amplified hydrogen fluoride laser beam [J]. Appl. Opt., 1992, 31(6):699-703.

[36] Bernard J M, Chodzko R A, Coffer J G. Master oscillator with power amplifiers: performance of a two-element cw HF phased laser array [J]. Appl. Opt., 1989, 28(21):4543-4547.

[37] Bernard J M, Chodzko R A, Mirels H. Mutual coherence of two coupled multiline continuous-wave HF lasers [J]. Opt. Lett., 1987, 12(11):897-899.

[38] Bernard J M, Chodzko R A, Mirels H. Coupled multiline CW HF Lasers: Experimental performance [J]. AIAA Journal, 1988, 26(11):1369-1372.

[39] Koop G, Bendow B, Dee D, et al. Advanced Phased Array Chemical High Energy (APACHE) laser Program [R]. Washington, 1990.

[40] 任国光. 评述美国天基激光计划的重大调整[J]. 激光与红外,2003,33(3):163-166.

[41] 任国光,黄吉金. 美国高能激光技术 2005 年主要进展[J]. 激光与光电子学进展,2006,43(6):3-9.

[42] Northrop Grumman Corporation [EB/OL]. (2009 - 12)[2016 - 11 - 21]. http://www.st.northropgrumman.com.

[43] 任国光. 高能激光武器的现状与发展趋势[J]. 激光与光电子学进展, 2008, 45(9): 62 - 69.

[44] Ripper J E, Paoli T L. Optical coupling of adjacent stripe - geometry junction lasers [J]. Appl. Phys. Lett., 1970, 17(9): 371 - 373.

[45] Philipp - Rutz E M. Spatially coherent radiation from an array of GaAs lasers [J]. Appl. Phys. Lett., 1975, 26(8): 475 - 477.

[46] Philipp - Rutz E M. Single laser beam of spatial coherence from an array of GaAs lasers: Free - running mode [J]. Journal of Appl. Phys., 1975, 46(10): 4554 - 4556.

[47] Scifres D R, Burnham R D, Streifer W. Phase - locked semiconductor laser array [J]. Appl. Phys. Lett., 1978, 33(12): 1015 - 1017.

[48] Katz J, Margalit S, Yariv A. Diffraction coupled phase - locked semiconductor laser array [J]. Appl. Phys. Lett., 1983 42(7): 554 - 556.

[49] Butler J K, Ackley D E, Botez D. Coupled - mode analysis of phase - locked injection laser arrays [J]. Appl. Phys. Lett., 1984, 44(3): 293 - 295.

[50] Twu Y, Dienes A, Wang S, et al. High power coupled ridge waveguide semiconductor laser arrays [J]. Appl. Phys. Lett., 1984, 45(7): 709 - 711.

[51] Leger J R, Swanson G J, Holz M. Efficient side lobe supression of laser diode arrays [J]. Appl. Phys. Lett., 1987, 50(16): 1044 - 1046.

[52] Leger J R, Scott M L, Veldkamp W B. Coherent addition of AlGaAs lasers using microlenses and diffractive coupling [J]. Appl. Phys. Lett., 1988, 52(21): 1771 - 1773.

[53] Jansen M, Yang J J, Ou S S, et al. Diffraction - limited operation from monolithically integrated diode laser array and self - imaging (Talbot) cavity [J]. Appl. Phys. Lett., 1989, 55(19): 1949 - 1951.

[54] Hobimer J P, Myer D R, Brennan T M, et al. Integrated injection - locked high - power cw diode laser arrays [J]. Appl. Phys. Lett., 1989, 55(6): 531 - 533.

[55] Leger J R, Griswold M P. Binary - optics miniature Talbot cavities for laser beam combination [J]. Appl. Phys. Lett., 1990, 56(1): 4 - 6.

[56] Corcoran C J, Redike R H. Operation of five individual diode lasers as a coherent ensemble by fiber coupling into an external cavity [J]. Appl. Phys. Lett., 1991, 59(7): 759 - 761.

[57] Wang W, Nakagawa K, Sayama S. Coherent addition of injection - locked high - power AlGaAs diode lasers [J]. Opt. Lett., 1992, 17(22): 1593 - 1595.

[58] Buus J, Williams P J, Goodridge I, et al. Surface - emitting two - dimensional coherent semiconductor laser array [J]. Appl. Phys. Lett., 1989, 55(4): 331 - 333.

[59] Sanders S, Waarts R, Nam D, et al. High power coherent two - dimensional semiconductor laser array [J]. Appl. Phys. Lett., 1994, 64(12): 1478 - 1480.

[60] No K H, Blackwell R J, Herrick R W. Monolithic integration of an amplifier and a phase modulator fabricated in a GRINSCH - SQW structure by placing the junction below the quantum well [J]. IEEE Photo. Tech. Lett., 1993, 5(9): 990 - 993.

[61] Osinski J S, Mehuys D, Welch D F. Phased array of high - power, coherent, monolithic flared amplifier master oscillator power amplifiers [J]. Appl. Phys. Lett., 1995, 66(5): 556 - 558.

[62] No K H, Herrick R W, Leung C, et al. One Dimensional Scaling of 100 Ridge Waveguide Amplifiers [J]. IEEE Photo. Tech. Lett., 1994, 6(9): 1062 - 1064.

[63] No K H, Herrick R W, Leung C, et al. Two dimensional scaling of ridge waveguide amplifiers [C]. Proc. of SPIE, 1994, 2148: 80 –90.

[64] Krebs D, Herrick R, No K, et al. 22W coherent GaAlAs amplifier array with 400 emitters [J]. IEEE Photo. Tech. Lett. , 1991, 3(4): 292 –295.

[65] Levy J, Roh K. Coherent array of 900 semiconductor laser amplifiers[C]. Proc. of SPIE. 1995, 2382: 58 –69.

[66] Rudy P. The best defense is a bright diode laser [J]. Photonics Spectra, 2005, 12, 30 –33.

[67] Coherently – Combined High – Power Single – Mode Emitters (COCHISE) [EB/OL]. (2009 –12 –27) [2016 – 11 –21]. http://www.mtosymposium.org/2007/posters/Energy/48_Mangano_COCHISE.pdf. 2009] 12.

[68] Architecture for Diode High Energy Laser Systems (ADHELS) [EB/OL]. [2016 –12 –21]. http://www.mtosymposium.org/2007/posters/Energy/47_Mangano_ADHELS.pdf .

[69] Liang W, Yariv A, Kewitsch A, et al. Coherent combining of the output of two semiconductor lasers using optical phase – lock loops[J]. Opt. Lett. , 32(4): 370 –372(2007).

[70] Liang W, Satyan N, Aflatouni F, et al. Coherent beam combining with multilevel optical phase – locked loops [J]. J. Opt. Soc. Am. B, 2007, 24(12): 2930 –2939.

[71] Redmond S M, Creedon K J, Kansky J E, et al. Active coherent beam combining of diode lasers[J]. Opt. Lett. , 2011,36:999 –1001.

[72] Juan M, Augst S J, K C, et al. External cavity beam combining of 21 semiconductor lasers using SPGD[J]. Applied Optics, 2012,51(11):1724 –1728.

[73] Redmond S M, Creedon K J, Kansky J E, et al. Active coherent combination of > 200 semiconductor amplifiers using a SPGD algorithm[M]. Baltimore: CLEO, 2011.

[74] Creedon K J, Redmond S M, Smith G M, et al. High efficiency coherent beam combining of semiconductor optical amplifiers[J]. Opt Lett. , 2012, 37(23):5006 –5008.

[75] Liu B, Liu Y, Braiman Y. Coherent addition of high power laser diode array with a V – shape external Talbot cavity[J]. Opt. Express, 2008,16(25): 20935 –20942.

[76] Liu B, Liu Y, Braiman Y. Coherent beam combining of high power broad – area laser diode array with a closed – V – shape external Talbot cavity[J]. Opt. Express, 2010,18(7): 7361 –7368.

[77] Liu B, Braiman Y. Coherent beam combining of high power broadarea laser diode array with near diffraction limited beam quality and high power conversion Coherent beam combining of high power broadarea laser diode array with near diffraction limited beam quality and high power conversion efficiency [J]. Opt. Express, 2013, 21(25):5.

[78] Zhao Y, Zhu L. On – chip coherent combining of angled – grating diode lasers toward bar – scale single – mode lasers[J]. Opt. Express, 2012, 20 (6): 6375 –6384.

[79] Zhao Y, Zhu L. Improved Beam Quality of Coherently Combined Angled – Grating Broad – Area Lasers [J]. IEEE Photonics Journal, 2013, 5 (2): 1500307 –1500307.

[80] Zhao Y, Zhu L. Integrated coherent beam combining of a laser diode mini – bar[J]. Proc. of SPIE, 2014, 8965: 89650F –1.

[81] Paboeuf D, Vijayakumar D, Jensen O B, et al. Volume Bragg grating external cavities for the passive phase locking of high – brightness diode laser arrays: theoretical and experimental study[J]. J. Opt. Soc. Am. B, 2011, 28(5): 1289 –1299.

[82] Paboeuf D, Emaury F, de Rossi S, et al. Coherent beam superposition of ten diode lasers with a Dammann grating[J]. Opt. Lett. , 2010, 35(10): 1515 –1517.

[83] Corcoran C J, Frederic Durville. Passive coherent combination of a diode laser array with 35 elements[J].

Opt. Express, 2014, 2222: 8420 – 8425.

[84] Valley M, Lombardi G, Aprahamian R. Beam combination by stimulated Brillouin scattering [J]. J. Opt. Soc. Am. B, 1986, 3(10): 1492 – 1497.

[85] Rockwell D A, Giuliano C R. Coherent coupling of laser gain media using phase conjugation [J]. Opt. Lett., 1986, 11(3): 147 – 149.

[86] Oka M, Masuda H, Kaneda Y, et al. Laser – diode – pumped phase – locked Nd: YAG Laser Arrays [J]. IEEE J. Quantum Electron, 1992, 28(4): 1142 – 1147.

[87] Kono Y, Takeoka M, Uto K, et al. A coherent all – solid – state laser array using the Talbot effect in a three – mirror cavity [J]. IEEE J. Quantum Electron, 2000, 36(5):607 – 614.

[88] Sabourdy D, Kermene V, Desfarges – Berthelemot A, et al. Coherent combining of two Nd: YAG lasers in a Vernier – Michelson – type cavity [J]. Appl. Phys. B, 2002, 75: 503 – 507.

[89] Zhou Y, Liu L, Etson C, et al. Phase locking of a two – dimensional laser array by controlling the far – field pattern [J]. Appl. Phys. Lett., 2004, 84(16): 3025 – 3027.

[90] Sumida D S, Jones D C, Rockwell D A. An 8.2 J phase – conjugate solid – state laser coherently combining eight parallel amplifiers [J]. IEEE J. Quantum Electron, 1994, 30(11): 2617 – 2627.

[91] Shimshi L, Ishaaya A A, Eckhouse V, et al. Upscaling coherent addition of laser distributions[J]. Opt. Commun., 2007, 275:389 – 393.

[92] Hong Jin Kong, Sangwoo Park, Seongwoo Cha, et al. Current status of the development of the Kumgang laser [J]. Optical Material Express, 2014, 4, 2551 – 2558.

[93] Hirosawa Kenichi, Kittaka Seiichi, Oishi Yu, et al. Phase locking in a Nd:YVO$_4$ waveguide laser array using Talbot cavity[J]. Optics Express, 2013,12: 24952.

[94] Lyndin N M, Sychugov V A, Tikhomirov A E, et al. Laser system composed of several active elements connected by single – mode couplers [J]. Quantum Electron, 1994, 24: 1058.

[95] Cheo P K, Liu A, King G G. A high – brightness laser beam from phase – locked multicore Yb – doped fiber laser array [J]. Photonics Tech. Lett., 2001, 13(5), 439 – 441.

[96] Eospace. Electro – Optical integrated circuits (ICs) and components [EB/OL]. [2016 – 11 – 21]. http://www.eospace.com.

[97] Acousto – Optic components [EB/OL]. [2016 – 11 – 21]. http://www.brimrose.com.

[98] Goodno G D, Komine H, McNaught S J, et al. Coherent combination of high – power,zigzag slab lasers [J]. Opt. Lett., 2006, 31(9): 1247 – 1249.

[99] Northrop Grumman Space Technology [EB/OL]. (2008) [2016 – 11 – 21]. http://www.irconnect.com/noc/press/pages/news_releases.html? d =149444.

[100] Marmo J, Injeyan H, Komine H, et al. Joint High Power Solid State Laser program advancements Northrop Grumman[J]. Proc. of SPIE, 2009, 7195: 719507.

[101] McNaught S J, Asman C P, Injeyan H, et al. 100 – kW Coherently Combined Nd:YAG MOPA Laser Array [R]. California :Frontiers in Optics 2009, 2009.

[102] Marmo J, Injeyan H, Komine H, et al. Joint high power solid state laser program advancements at Northrop Grumman[J]. Proc. of SPIE, 2009, 719507.

[103] Mcnaught S J, Komine H, Weiss B, et al. 100kW coherently combined slab MOPAs[J]. Conference on Lasers and Electro – Optics/International Quantum Electronics Conference [C]. OSA Technical Digest, 2009.

[104] Hong Ya, Yidong Ye, Fei Tian, et al. Coherent combining of four slab laser amplifiers with high beam

[105] Huang Zhimeng, Tang Xuan, Zhang Dayong, et al. Phase locking of slab laser amplifiers via square wave dithering algorithm[J]. Applied Optics, 2014, 53: 2163.

[106] Li Bing, Dai Enwen, Yan Aimin, et al. Simulations of conjugate dammann grating based 2D coherent solid-state laser array combination[J]. Optics Communications, 2013, 290:126 – 131.

[107] Peng Qinjun, Sun Zhipei, Chen Yahui, et al. Efficient improvement of laser beam quality by coherent combining in an improved michelson cavity [J]. Optics Letters, 2005, 30(12): 1485 – 1487.

[108] Li Xiao, Dong Xiaolin, Hu Xiao, et al. Coherent beam combining of two slab laser amplifiers based on stochastic parallel gradient descent algorithm[J]. Chinese Optics Letters. 2011, 9(10): 101401.

[109] Cheng Y, Liu X, Wan Q, et al. Mutual injection phase locking coherent combination of solid state lasers based on corner cube[J]. Opt. Lett. ,2012, 38: 5150 – 5152.

[110] Cheng Yong, Liu Xu, Liu Yang, et al. Coherent characteristics of solid-state lasers with corner cubes [J]. Applied Optics, 2014, 53: 3267.

第3章 光纤激光相干合成方法

实现相干合成的关键步骤之一就是对激光的相位进行控制,使各路激光同相输出。根据相位控制的物理机制,主要分为被动相位控制和主动相位控制,这也是目前国际上相干合成方法的主要分类方法[1]。被动相位控制通过一定的能量耦合机制或者非线性相互作用实现各路激光相位起伏的自动补偿,达到相位锁定的目的,主要包括外腔法、自组织法、Sagnac 腔法和相位共轭法等;主动相位控制则利用相位检测和反馈伺服控制系统对各路激光的相位起伏进行补偿,从而实现激光阵列的同相相干输出,主要包括外差法、抖动法、优化算法和条纹提取法等。本章对上述相位控制方法进行详细介绍,3.1~3.4 节介绍被动相位控制方法,3.5~3.8 节介绍主动相位控制方法,3.9 节对两种方法进行比较。

3.1 外腔法相干合成

外腔法相干合成通过对激光器阵列输出总光场的横模进行选择来实现光束的相位锁定,从而实现光束的相干合成,如图 3-1 所示。外腔除了起到选模的作用,还要将一部分光反馈回增益介质中,以保证激光器能够正常运行。外腔法相干合成的核心是光场横模的选择,根据选择方法的不同,主要分为自傅里叶变换(Self-Fourier,S-F)腔相干合成、傅里叶变换自成像(Self-Imaging)腔相干合成和单模光纤滤波环形腔相干合成三种。

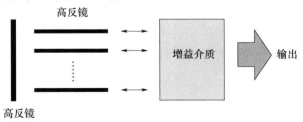

图 3-1 外腔法相干合成方案的结构简图

3.1.1 自傅里叶变换腔

自傅里叶变换是指函数的傅里叶变换就是原函数本身[2]。利用透镜对空间光场的傅里叶变换特性,通过合理安排阵列中激光器的位置以满足自再现函数的要求,使透镜焦平面处满足自傅里叶变换函数形式的光场能够优先振荡。若所选函数为实函数,即该函数各点的相位都相等,那么符合该函数的光场也是相干场,从而可以实现光纤激光器阵列的光束相干合成。

自傅里叶变换腔相干合成实验系统结构如图3－2所示[3,4]。外腔由一个傅里叶透镜和部分反射输出耦合镜组成,腔长为傅里叶透镜焦距的1/2,进入外腔的光纤激光数组的光场分布等于自身的傅里叶变换(即自傅里叶变换函数)。输出耦合镜将空间傅里叶变换后的光场回馈到入射平面,并有效地耦合到各个光纤激光器中,使激光器数组各单元光场发生耦合,实现锁相输出。

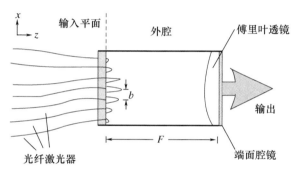

图3－2 自傅里叶变换腔相干合成实验系统结构示意图

根据自傅里叶变换函数的要求,光腔输入平面上的光场可以记为

$$E(x) = \sum_{-\infty}^{\infty} e^{-[(x-nb)/a]^2} e^{-(nb/c)^2} \quad (3-1)$$

式中:a 为单元光束的光斑半径;b 为相邻光束的间距,且 $b = (1 - \pi^2 a^4)^{1/2}$,$c = b/(\pi a)$。外腔长度 $F_L = f/2$,f 为透镜焦距且满足 $b = (f\lambda/2)^{1/2}$,λ 为激光波长。激光阵列的单元数 M 可以由经验公式 $M \sim 0.8(b/a)$ 来确定[3]。不难看出,式(3-1)描述的自傅里叶变换函数只有一个自由度 a,阵列的单元数 M、相邻光束的间距 b、阵列的尺寸 $D \sim Mb$ 都可以通过改变 a 来确定。自傅里叶变换腔相干合成激光阵列的功率扩展性可以用激光阵列的总功率与中心单元光束功率的比值来描述:

$$K = \frac{\int_{-\infty}^{\infty} E(x) E^*(x) \mathrm{d}x}{\int_{-\infty}^{\infty} E_0(x) E_0^*(x) \mathrm{d}x} = \sum_{-\infty}^{\infty} e^{\frac{-2b^2 n^2}{c^2}} \quad (3-2)$$

式中：$E_0(x) = e^{-(xa)^2}$ 为中心单元光束的光场分布。根据式（3-2）可以计算自傅里叶变换腔相干合成激光阵列的功率扩展性，结果如图3-3(a)所示。对结果进行线性拟合可知，激光阵列总功率 K 与激光单元数 M 之间可以用 $K \propto 0.4M$ 的关系近似描述。

自傅里叶变换腔相干合成激光阵列远场衍射极限环内的功率占激光阵列总功率的比值 P_{airy} 可以用下式计算：

$$P_{\text{ariy}} = \frac{\int_{-R}^{R} E(x) E^*(x) \mathrm{d}x}{\int_{-\infty}^{\infty} E(x) E^*(x) \mathrm{d}x} = \frac{\sum_{-\infty}^{\infty} e^{\frac{-2b^2n^2}{c^2}} \left\{ \mathrm{erf}\left[\frac{\sqrt{2}(R+nb)}{a}\right] - \mathrm{erf}\left[\frac{\sqrt{2}(-R+nb)}{a}\right] \right\}}{2\sum_{-\infty}^{\infty} e^{\frac{-2b^2n^2}{c^2}}}$$

（3-3）

式中：$R = 1.22 f\lambda/D$，R 为激光阵列尺寸 D 对应的衍射极限环的半径；$\mathrm{erf}[\ ]$ 为误差函数。根据式（3-3），P_{airy} 的大小与激光阵列单元数目 M 的关系如图3-3(b)所示。结合式（3-2）与式（3-3），随着自傅里叶变换腔内激光单元数目的增多，激光阵列远场衍射极限环内的功率 $P = P_{\text{ariy}} \times K$ 如图3-3(c)所示。上述计算结果表明，随着激光阵列单元数 M 的增大，激光阵列的总功率仅成 $0.4M$ 倍递增关系，且远场衍射极限环内的功率并未随着激光数目的增多而有所提高。因此，该方法的合成数目、功率扩展性有限。

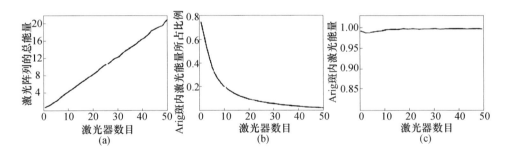

图3-3 自傅里叶变换腔相干合成激光阵列的功率扩展性
(a) 阵列总功率与单元数目的关系；(b) 阵列 Ariy 斑内功率份额与单元数目的关系；
(c) 阵列 Ariy 斑内功率与单元数目的关系。

自傅里叶变换腔相干合成由美国麻省理工学院 Corcoran 等提出，最早是应用于半导体激光合成领域。2005年，Corcoran 实现了7路光纤激光相干合成，激光总输出功率为0.4W，合成光束光斑图样的可见度为0.87。2008年，实现了7路更高功率激光相干合成，输出功率达到6W，合成光束光斑图样的可见度为0.84。尽管 S-F 外腔实现了7路激光相干合成输出，但相干合成输出功率为0.4W 时，参与合成的激光阵列总功率为2W；而当输出功率为6W 时，参与合成的激光阵列总功率为70W,合成效率普遍较低。

3.1.2 傅里叶变换自成像腔

在自傅里叶变换腔中,由于自再现函数为高斯函数和梳状函数,这给光纤激光器阵列输出端的排布定位和输出功率分布提出了很高要求,反馈能量损失大,且能量利用率相对较低。随后,研究人员提出了另一种类似的自成像腔结构,如图3-4所示[5]。整个腔体由双色耦合输入镜数组(M1、M2)、准直器数组(L1、L2)、傅里叶透镜(L3)和输出耦合镜(M3)组成。准直器数组和输出耦合镜分别放置在透镜的前焦面和后焦面上,激光数组输出光场在腔内一次往返正好产生自己的像。在输出耦合镜上放置空间滤波器进行模式选择,使激光器数组能够在同相模式下稳定工作。该方法是利用激发频率适应光程长度变化的自调节过程来实现的,在这种方法中,可以有大量的不同长度的光纤激光器输入一个共用的自成像共振腔中。在每一个激光器中,光纤长度和相位情况都取决于空间滤波器。

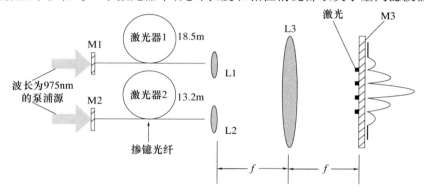

图3-4 自成像腔相干合成的基本原理

2004年,纽约城市大学Liu等最先利用自成像腔实现2路光纤激光相干合成[5]。2005年,他们通过两路光纤激光相干合成实现了脉宽约2μs调Q脉冲输出[6],并于2007年以同样的方法获得了脉宽1.5ns、脉冲能量为10μJ、峰值功率6.67kW的脉冲激光[7]。在国内,中国科学院物理所彭钦军等于2005年用自成像腔进行2路光纤激光相干合成,输出功率超过2W;各激光单独运行时斜率效率分别为36%和41%,锁相运行时斜率效率为34.6%[9]。2006—2008年,中国科学院上海光机所何兵等实现了2路、4路高功率激光相干合成[10,11],输出功率分别为113W和26W。在2路激光相干合成获得113W输出的实验中,各激光单独运行时斜率效率分别为47%和41%,锁相运行时斜率效率为38.5%,合成光束远场光斑如图3-5(a)所示,获得了高相干度的干涉条纹[10]。2007年,中国科学院西安光机所李剑峰、段开椋等利用自成像腔实现了2路光子晶体光纤激光器的相位锁定,获得95.8W相干功率输出[12]。各激光单独运行时斜率效率分别为 73% 和 68%，锁相运行时斜率效率为 63.8%，合成光束远场光斑如图 3-5(b)所示。由于空间滤波器引入的能量损耗，自成像腔中单元光束的效率会随着激光数目的增多而降低，公开报道的实验结果也出现了此现象，因此进一步扩展时需在数目和效率之间选择一个较好的平衡点。

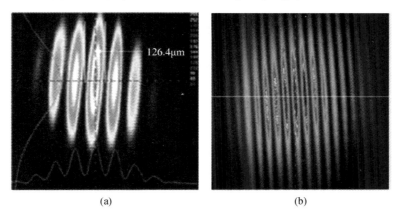

图 3-5 自成像腔高功率光纤激光相干合成实验结果
(a) 2 路光纤激光 113 W 输出；(b) 2 路光子晶体光纤激光 95.8 W 输出。

3.1.3 单模光纤滤波环形腔

单模光纤滤波环形腔的基本原理如图 3-6 所示[13]。对于由 N 路放大器组成的光纤激光数组，在数组输出端口处放置部分反射镜(BS)用以提取部分能量并将其反射至一个双凸会聚透镜；用于收集回馈光能量的单模光纤(FF)与各激光器的输出端面 P_2 分别位于该透镜的前后焦平面，构成一个傅里叶变换对。单模光纤对输出激光束的空间频谱进行滤波，将所需要的同相模的能量收集并放

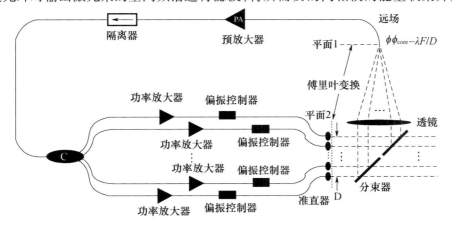

图 3-6 单模光纤滤波环形腔的基本原理

大后回馈至整个耦合数组,进而形成一个对同相模低损而其他空间模式高损的稳定锁相系统。本质上,透镜和反馈光纤组成了一个横模选择系统,只有在该系统中损耗最小的模式才能够在模式竞争中占据优势并最终起振,从而实现了光束的锁相输出。

2007年,法国Lhermite等利用单模光纤滤波环形腔首次实现了4路百毫瓦量级放大器相干合成[13]。随后,美国Northrop Grumman公司和Aculight公司的研究人员将该方案推广至高功率、大数目的相干合成实验。Aculight公司Loftus等利用单模光纤滤波环形腔实现了2路和4路大功率放大器相干合成,输出功率分别达到了426W和710W。在4路放大器相干合成实验中,当总输出功率为54 W时,合成光束远场光斑Strehl比为0.62,而当输出功率为710W时,Strehl比下降到0.36,实验结果如图3-7所示[14]。Northrop Grumman公司Shakir等实现了16路5W量级光纤放大器相干合成,输出功率达到了80W,当参与合成的激光数目小于6时,远场光斑中央主瓣内的能量是理想情形下的90%,而当16束激光均参与合成时,远场光斑中央主瓣内的能量是理想情形下的64%[15]。

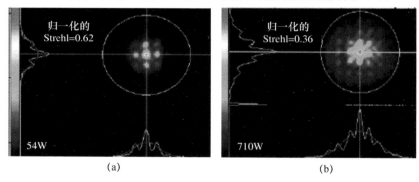

图3-7 单模光纤滤波环形腔大功率放大器相干合成
(a)4路54W输出;(b)4路710W输出。

2012年,中国科学院上海光机所薛宇豪等实现了4路高功率光纤放大器相干合成,输出功率达1062W,试验结果如图3-8所示,该结果为当前该种方案输出的最高功率[16]。

Shakir与Bochove分别建立了单模光纤滤波环形腔的理论模型,Shakir的模型与实验结果十分吻合,根据模型预测,当合成数目为20时,远场光斑中央主瓣内的能量是理想情形下的50%[15]。Bochove的模型表明远场光斑Strehl比随激光数目的增加而急剧降低,当合成光束数目为50时,远场光斑Strehl比不足0.2[17]。鉴于上述原因,近年来,研究人员对于该方案的研究侧重于全光纤结构、脉冲激光的产生等方面[18-22],而在功率提升方面的报道并不多见。

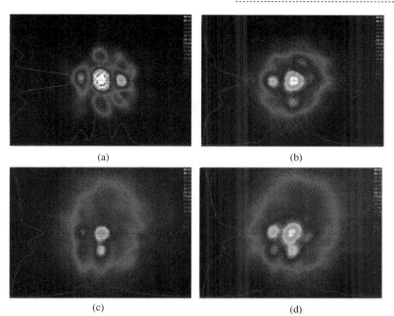

图 3-8　千瓦级单模光纤滤波环形腔大功率放大器相干合成试验结果
(a)100W;(b)500W;(c)800W;(d)1062W。

3.2　自组织相干合成

自组织相干合成就是通过激光器之间光场的相互耦合来实现光束的相干输出,主要有倏逝波耦合激光器阵列、干涉仪结构激光器阵列和相互注入式激光器阵列等三种方式。

3.2.1　倏逝波耦合

倏逝波耦合法相干合成的基本原理是各路激光束紧密排布,在传输的过程中各路激光通过倏逝波与相邻激光产生耦合,使各单元光束之间发生相互作用,最终实现锁相输出。倏逝波耦合相干合成主要有多芯光纤激光和输出端熔融拉锥耦合两大类,两种方案技术原理基本一致。

德国研究人员 Wrage 等最早提出多芯光纤激光器的概念[23],就是在一个公用的内包层中拉制多个掺杂的纤芯,如图 3-9(a)所示[24]。每个纤芯的直径、掺杂浓度等均相同,纤芯之间的距离较近。振荡激光倏逝波的耦合,使各纤芯受激发射的激光相互作用,达到同相位激光输出。输出端熔融拉锥耦合法的实现方案如图 3-9(b)所示[25],将多路光纤熔融拉锥,并在锥腰处切断。每一路掺杂光纤与光纤光栅熔接,光纤光栅作为输入镜,熔锥束端面作为输出镜,反射效率为4%。这种结构相干输出完全依靠系统本身的倏逝波耦合来实现。

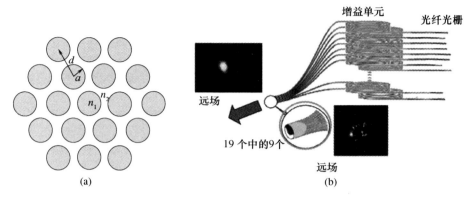

图3-9 倏逝波耦合相干合成示意图
(a)多芯光纤;(b)输出端熔融拉锥耦合。

根据耦合模理论,一个 M 芯的光纤将支持 M 种激光模式(称为超模)起振和传输,只有同相模(即所有纤芯中的光场相位分布一致的模式)才具有接近衍射极限的光束质量,一般采用 Talbot 腔等进行选模获得同相模输出,保证输出激光的光束质量。在多芯光纤中,由于发生耦合,总的电场分布可记为[26]

$$E^v(x,y,z) = \sum_m A_m(z) E_m(x,y) e^{(i\beta_m z)} \quad (3-4)$$

式中: $E_m(x,y) e^{(i\beta_m z)}$ 为第 m 个纤芯的导模; $E_m(x,y)$ 为单模光纤本征模场归一化的横向场分布函数; β_m 为对应的传输常数; $|A_m(z)|^2$ 为第 m 个纤芯中总的光功率; v 为多芯光纤模式本征模(超模)的模序数,每一个超模就是单个孤立导模不同相位锁定的线性组合。假设每个纤芯发射激光的模式仅仅耦合到与它相邻的纤芯中去,则根据模耦合理论,不同纤芯之间的耦合关系可用下面的耦合方程组描述:

$$\frac{dE_m(z)}{dz} = -i\beta_m A_m(z) e^{-i\beta_m z} + \sum_n k_{m,n} A_n(z) e^{-i\beta_n z} \quad (3-5)$$

式中: $k_{m,n}$ 为纤芯 m、n 之间的耦合系数,其计算表达式为

$$k_{m,n} = \frac{k_0^2}{2} \iint [n^2(x,y) - n_m^2(x,y)] \varepsilon_n(x,y) \varepsilon_m(x,y) dx dy \quad (3-6)$$

式中: $k_0 = 2\pi/\lambda$; $\varepsilon_m(x,y)$ 为只有第 m 个纤芯存在时的归一化电场分布。设纤芯半径 $a = 2.15\mu m$,数值孔径 NA = 0.2,纤芯之间的距离 $d = 6.5\mu m$。联立式(3-4)~式(3-6),利用时域有限差分(FDTD)法计算图3-10所示的三种多芯光纤同相模模场分布,结果如图3-11所示。

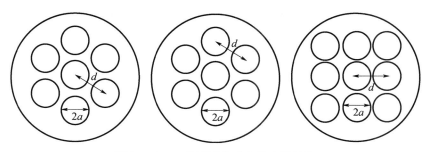

图 3-10　三种不同类型多芯光纤结构

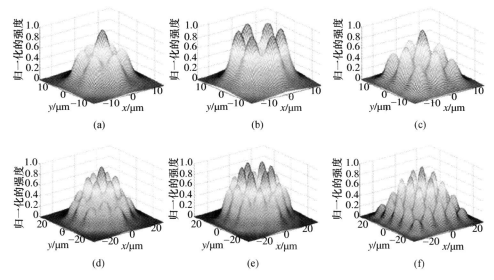

图 3-11　三种不同类型多芯光纤同相模模场分布
(a)类型 1，$M=7$；(b)类型 2，$M=6$；(c)类型 3，$M=9$；
(d)类型 1，$M=19$；(e)类型 2，$M=18$；(f)类型 3，$M=25$。

计算结果表明，多芯光纤同相模的光场中间纤芯的功率大于外侧纤芯的功率，PC Photonics 公司 19 芯光纤输出光束的近场分布也验证了这一结论。受限于非线性效应、热效应等因素的影响，单芯输出功率有限。假设单芯最大输出功率为 1，根据模场分布可以计算得出不同类型多芯光纤输出功率与纤芯数目的关系，如图 3-12(a)所示，而多芯光纤远场衍射极限环内的功率与纤芯数目的关系如图 3-12(b)所示。计算结果表明，对于一根具有 M 个纤芯的光纤，其输出光束远场衍射极限环内的功率 K 最多呈 $0.4M$ 倍的递增关系，即 60 芯的光纤输出功率极限是单芯的 15 倍左右。采用复杂的模式修整措施，通过局部改变多芯光纤内部材料使折射率重新分布，可以使同相模功率呈"平顶"分布，各纤芯输出功率一致，但这对多芯光纤的制造工艺提出了较为苛刻的要求。

对于输出端熔融拉锥耦合，HRL 实验室的 Minden 等制作了 7 单元和 19 单

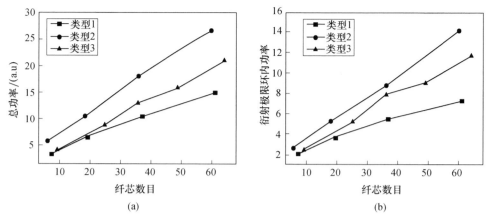

图 3-12 不同类型多芯激光器功率与纤芯数目的关系
(a)总功率;(b)衍射极限环内功率。

元耦合器,但 7 单元耦合器只有在 5 路以下激光以低功率运行时才能实现相位锁定相干合成输出,19 单元耦合器只有在 9 路以下激光以低功率运行时才能实现相位锁定相干合成输出,在瓦量级时则无法实现相位锁定。综上所述,以倏逝波耦合为基本原理的方案在功率定标放大或数目扩展方面的性能有限。

在实验研究方面,开展多芯光纤激光器研究的主要单位有美国 PC Photonics 公司[27]、美国空军研究实验室[28]、美国 Arizona 大学[29-31]、英国 QinetiQ 公司[32,33]、俄罗斯 Troitsk 新技术研究中心[34-37]、日本电气通信大学[38]和法国国家科研院[39]等。2001 年,PC Photonics 公司的 Cheo 等实现了 7 芯光纤激光锁相输出,功率超过 5W,激光器斜率效率为 65.2%,远场中央主瓣的功率占激光阵列总功率 80% 以上[40]。2004 年,Cheo 等又利用 7 芯光纤获得了功率超过 100W 激光输出[41]。同年,他们利用 Nufern 公司生产的 19 芯光纤对脉冲激光进行放大,获得了重频 5kHz、脉宽 200ns、脉冲能量 0.65mJ 的激光输出,阵列光束的 $M^2 \approx 1.5$[42]。2005 年,QinetiQ 公司 Michaille 等利用 Crystal fiber 公司 6 芯光子晶体光纤实现激光锁相输出,斜率效率为 64%[32],合成光束远场发散角小于衍射极限的 1.1 倍左右。2006 年,Michaille 等又利用 Crystal fiber 公司 18 芯光子晶体光纤实现锁相输出,激光平均功率为 65W,斜率效率为 46%,合成光束远场发散角是衍射极限的 1.2 倍左右[43]。2008 年,Michaille 等利用 6 芯光子晶体光纤实现了调 Q 脉冲激光相干合成,在脉冲重频为 10kHz 时,脉宽为 26ns,单脉冲能量达 2.2mJ[44]。2015 年,Ramirez 等实现了 7 芯光子晶体光纤激光相干合成,输出激光脉宽 860fs,重频 100kHz,单脉冲能量 8.9uJ[39]。输出端熔融拉锥耦合的研究较少,仅美国 HRL 实验室等为数不多的单位开展了研究[25,45,46]。

在理论方面,Huo 对多芯光纤激光锁相输出建立了完整的理论模型[47],计算结果表明,激光器的光—光效率将随着纤芯数目的增多而降低,如7芯光纤的光—光效率可达70%,而19芯光纤则只有50%。另外,Cheo等建立的耦合模理论也表明合成光束质量将随纤芯数目的增多、输出功率的提高而下降。英国南安普敦大学利用双芯光纤研究了相位锁定的物理机制[48,49]。截止目前,采用多芯光纤产生的激光输出平均功率未能突破百瓦级,近年来,多芯光纤主要应用于产生超短脉冲、超连续谱以及相干通信领域[50-56]。

3.2.2 干涉仪结构

干涉仪结构激光器阵列由输出耦合镜、耦合器和高反镜组成,如图3-13所示。所有的激光器共用一个输出端。通过输出端的反馈来实现光场之间的相互耦合,各激光器在耦合器光场中自动实现相位锁定。

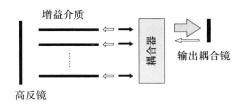

图3-13 干涉仪结构激光器阵列结构简图

在光纤激光中,一般都是采用一个或多个光纤耦合器构建,从而实现模块化,系统结构紧凑(图3-14)。与耦合器相连的其余光纤端不需要用于输出激光或反射激光的端面都磨成一定角度的斜面,以保证尽量不提供反馈。

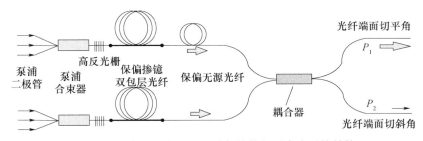

图3-14 全光纤自组织干涉仪结构相干合成系统结构

俄罗斯Lyndin等早在1994年就报道了自组织现象[57]。该方法的研究热潮始于20世纪末21世纪初[58]。2002—2004年,日本电气通信大学Shirakawa等利用Y型复合腔实现2、4、8路光纤激光的相干合成[59-61],合成效率分别为93.6%、95.6%和85%,其中8路激光相干合成实验方案原理如图3-15所示,输出功率为2.65W。2003年,法国Sabourdy等利用该方法实现了4路光纤激光的合成,输出功率为152mW,合成效率为95%[62]。笔者课题组研究了偏振态对于该技术方案合成效果的影响[63]。目前该方案的最高功率是美国 Vytran 公司 Baishi Wang 课题组实现的,他们于 2011 年获得了大于 100W 功率输出[64,65]。

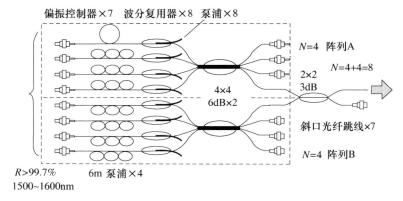

图 3-15　Y 型复合腔干涉仪结构相干合成方案原理

由于采用单一光纤端口输出,最终输出功率受限于单纤的功率极限。大量实验和理论分析结果表明,其合成效率随着合成数目的增多而下降,激光阵列远场亮度的提高倍数将在 12 倍左右发生饱和[66,67],也即该方案在理论上最多也只能获得 12 倍于单纤功率激光输出。2010 年,以色列 Fridman 等采用空间结构辅助能量注入的方式实现 25 路光纤激光自组织合成,但合成效果较差[68]。尽管此方案不是实现大功率激光输出的有效方式,但对于某些要求中等功率输出的场合,还是很容易体现它的优势。2010 年,Bloom 等利用此方案实现了 2 路量子级联激光器的相干合成[69]。2013 年,笔者课题组利用此方案实现了严格单模短波长 1018nm 掺镱光纤激光的相干合成[70]。

3.2.3　自组织互注入式

自组织互注入式激光器阵列是通过激光器之间光场的自组织互注入来实现光束的相干输出。该方案与干涉仪结构激光器阵列的不同之处在于:该阵列中每一个激光器具有独立的输出端口,因此,突破了干涉仪阵列单一输出端口对于光束功率的限制,具有更好的可扩展性,其结构如图 3-16 所示。

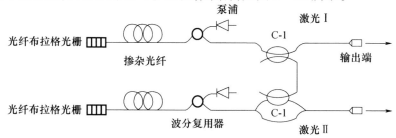

图 3-16　自组织互注入式相干合成方案原理

2005年,Kurtz 等提出将该方案用于固体激光器阵列的光束相干合成[71]。后来,笔者课题组将该方案用于光纤激光器阵列的光束相干合成[72-75],并对 2路、3 路和 4 路光纤激光器的光束相干合成进行了试验研究。图 3-17 为 4 路自组织互注入相干合成的试验结果。

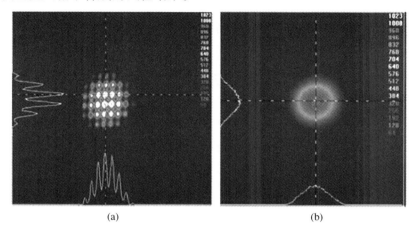

图 3-17　4 路自组织互注入式相干合成试验结果
(a)4 路激光自组织运行时远场光斑;(b)4 路激光自由运行时远场光斑。

3.3　Sagnac 腔法

Sagnac 腔法相干合成原理如图 3-18 所示[76],目前主要用于获得高峰值功率的飞秒脉冲激光。种子激光经过一个声光调制器降低脉冲激光的重频,并通过一对光栅将脉宽展开到亚纳秒量级。种子激光经过一个偏振分光镜分为 s 偏振光和 p 偏振光,两束激光分别沿逆时针和顺时针方向依次经过两个保偏光纤放大器。偏振分光镜和两个保偏光纤放大器构成一个环形腔,环形腔内插入 3 个半波片,对顺时针和逆时针传输的激光的偏振方向进行调节,使进入两路放大器的激光分别为 s 偏振光和 p 偏振光。两束激光分别经过两次放大,且放大过程中经过的路径相同,因此两者的相位保持一致,由偏振分光镜合为一束。隔离器和偏振分光镜之间插入 1 个半波片,使放大后的激光能够通过隔离器。最后,合成光束经过另一对光栅进行脉宽压缩,获得高峰值功率的超短脉冲输出。

2011 年,法国巴黎大学 Daniault 等提出该方法,获得了脉宽 250fs、重频 35MHz、平均功率 10W 的激光输出[76]。2012 年,他们利用这种方法将激光脉冲的平均/峰值功率提升到 60W/2GW[77]。该方法结构稳定,但是仅限于两路放大器的相干合成,不具备路数扩展能力。

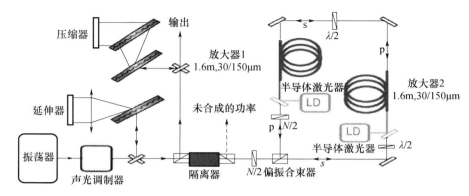

图 3-18 Sagnac 腔法相干合成原理

3.4 相位共轭法

相位共轭法光纤激光相干合成系统如图 3-19 所示。它利用受激布里渊或受激拉曼散射产生多束相位锁定的 Stokes 光，Stokes 光在沿原光路返回的过程中功率得到放大，并且相位共轭放大器引入的相位畸变也得到了补偿，从而获得相位一致的激光输出[78]。在以往利用相位共轭实现化学激光、固体激光的相干合成实验中，受激散射都在块状介质中进行，产生受激散射需要极高的激光峰值功率密度（GW/cm^2），并且对光路对准的要求近乎苛刻。光纤的波导本质提供了长的相互作用区，利用光纤取代块状材料可以大大地降低非线性效应产生的阈值并大大消除对准直的敏感性。不仅如此，相位共轭的 Stokes 光还可以对大模场光纤产生的高阶模、低光束质量的激光进行光束净化，提高光束质量[79]。利用相位共轭进行光纤激光相干合成时，Stokes 光沿原光路返回的过程中放大器引入的相位畸变得到了补偿，而经由分束器进入放大器之前各路光束的相位可能由于外界环境的影响已经存在差异，因此有必要在前端再次进行相位控制保证进入放大器的各路光束相位一致。

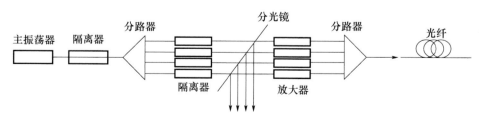

图 3-19 相位共轭法光纤激光相干合成系统

近年来，利用相位共轭进行光纤激光相干合成逐渐引起了人们的重视，主要研究单位有法国泰利斯研究中心[80]、法国国家科研院[81]、美国空军理工学院[82,83]、英国 Heriot – Watt 大学[84,85]和我国哈尔滨工业大学[86]等。其中法国泰利斯研究中心 Steinhausser 等利用 SBS 将 $M^2=6$ 的多模光纤激光转化为 $M^2=1.6$ 的准单模光纤激光,转换效率为 50%[80]。美国空军理工学院 Grime 等实现了 2 路光纤放大器相干合成,输出功率为 5.3W,放大器斜率效率约为 40%。另外,英国帝国理工学院[87]和韩国先进科学技术研究院[88,89]等单位还开展了基于相位共轭的多路固体激光相干合成研究,其中韩国科研人员的前期探索[88,89]最终促成了 Kumgang Laser 项目[90]的实施。

3.5 外差法

前面四节介绍了四种被动相位控制方法,本节开始介绍主动相位控制,首先介绍外差法。外差法相干合成的基本原理如图 3 – 20 所示。主振荡激光器输出的光束经分束器分为 $N+1$ 路。其中一路光经过移频器移频后作为参考光,其余 N 路先后经过相位调制器和光纤激光放大器。放大器输出光由准直器阵列输出。准直输出光经过分束镜后,一部分与参考光干涉,用于相位检测;另一部分作为主激光输出。将探测器阵列置于参考光和信号光的干涉平面获取外差信号。外差处理电路通过对外差信号的处理,解调出各路光束的相位噪声,并反相施加到对应的相位调制器上,使信号光的相位与参考光保持一致,从而实现信号光的锁相输出。

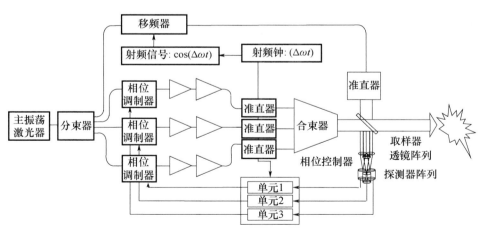

图 3 – 20 外差法相干合成原理

系统中待检测相位的信号光为

$$E_S(t) = E_S\cos(\omega_s t + \varphi_S) \tag{3-7}$$

参考光可以表示为

$$E_R(t) = E_R\cos(\omega_R t + \varphi_R) \quad (3-8)$$

探测器检测到的合成光场为

$$E(t) = E_R(t) + E_S(t) = E_R\cos(\omega_R t + \varphi_R) + E_S\cos(\omega_S t + \varphi_S) \quad (3-9)$$

根据探测器的原理，其对光强响应为

$$\begin{aligned}i(t) &= R\langle E^2(t)\rangle = R\langle(E_R\cos(\omega_R t + \varphi_R) + E_S\cos(\omega_S t + \varphi_S))^2\rangle\\ &= R[\langle E_R^2\cos^2(\omega_R t + \varphi_R)\rangle + \langle E_S^2\cos^2(\omega_S t + \varphi_S)\rangle + \langle 2E_R E_S\cos(\omega_R t + \varphi_R)\cos(\omega_S t + \varphi_S)\rangle]\\ &= R[E_R^2\langle\cos^2(\omega_R t + \varphi_R)\rangle + E_S^2\langle\cos^2(\omega_S t + \varphi_S)\rangle + \\ &\quad 2E_R E_S\langle\cos[(\omega_S - \omega_R)t + (\varphi_S - \varphi_R)] + \cos[(\omega_S + \omega_R) + (\varphi_S + \varphi_R)]\rangle]\end{aligned} \quad (3-10)$$

式中：R 为探测器对电流的响应度。根据三角函数公式：

$$\cos^2(\theta) = \frac{1}{2}(1 - \cos2\theta) \quad (3-11)$$

有

$$\begin{aligned}i(t) &\propto R[E_R^2\langle 1 - 2\cos(2\omega_R t + 2\varphi_R)\rangle + E_S^2\langle 1 - \cos^2(2\omega_S t + 2\varphi_S)\rangle + \\ &\quad 2E_R E_S\langle\cos[(\omega_S - \omega_R)t + (\varphi_S - \varphi_R)] + \cos[(\omega_S + \omega_R)t + (\varphi_S + \varphi_R)]\rangle]\end{aligned} \quad (3-12)$$

考虑到光频远大于探测器响应频率，探测器对高频率项的时间平均响应为 0，即

$$\langle\cos2\omega_R t\rangle = \langle\cos2\omega_R t\rangle = 0 \quad (3-13)$$

$$\langle\cos[(\omega_S + \omega_R)t + (\varphi_S + \varphi_R)]\rangle = 0 \quad (3-14)$$

那么探测器的实际响应电流为

$$i(t) = R\left[\frac{1}{2}E_R^2 + \frac{1}{2}E_S^2 + 2E_R E_S\cos[(\omega_S - \omega_R)t + (\varphi_S - \varphi_R)]\right] \quad (3-15)$$

假设两路光强相等，即 $\frac{1}{2}E_R^2 = \frac{1}{2}E_S^2 = I_0$，考虑参考光与信号光频率差为 $\Delta\omega = \omega_R - \omega_S$，并以参考光相位为基准，相位噪声 $\varphi_N(t) = \varphi_R - \varphi_S$，则探测器实际响应电流为

$$i(t) = 2RI_0[1 + 2\cos[\Delta\omega t + \varphi_N(t)]] \quad (3-16)$$

将该电流利用电流放大器放大 A 倍，有

$$V(t) = 2ARI_0[1 + 2\cos[\Delta\omega t + \varphi_N(t)]] \quad (3-17)$$

由式(3-17)可知，输出电信号中蕴涵了相位差信号，运用电学方式将其解算出来(具体解算方法与实例将在第 8 章中予以介绍)，即可对各路信号光进行有效相位控制。

采用外差法,美国 Northrop Grumman 公司的研究人员于 2003 年实现了 4 路光纤放大器的相干合成[91],输出总功率为 8W,2006 年将 4 路激光的总功率提升到了 470W,试验结果如图 3-21 所示[92]。2010 年,英国 QinetQ 公司的 Jones 等实现了 4 路光纤放大器相干合成,输出功率为 600W[93]。在国内,笔者课题组于 2006 年首次采用外差法实现了 3 路瓦级光纤放大器的相干合成[94],2010 年,哈尔滨工业大学范馨燕等采用外差法实现了 7 路瓦级光纤激光的相干合成[95,96]。

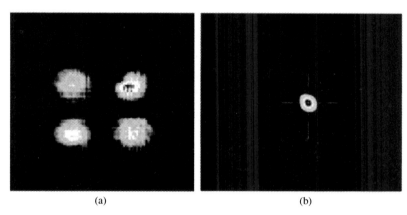

图 3-21 外差法 4 路激光相干合成 470W 功率输出近场光斑与远场光斑
(a)近场;(b)远场。

在外差法中,每一路信号光的相位控制模块(包括探测、解算和控制)都是独立的,各路之间并行工作,互不干扰,从而使该方法具有较高的控制带宽和稳定性,而且在理论上对单元光束的输出功率和阵元数量没有明显限制。但是在工程上,随着阵元数量的增加,外差法的操作难度将会急剧增大,这是因为外差法要求信号光和参考光的波前匹配良好,即要求被采样的信号光与参考光的光轴严格平行,且严格垂直于透镜阵列和探测器阵列。随着阵元数量的增多,信号探测部分的调节难度将不断增加,而且稳定性变差,成为整个系统的短板。近年来,该方法主要用于单路高功率激光的相位锁定与相位噪声特性测量的实验中。如 2010 年,Northrop Grumman 公司的 Goodno 等用外差法实现了单路 1.4kW、线宽 25GHz 的掺镱光纤放大器相位控制[97],2011 年,Goodno 等又实现了单路 608W、单频掺铥光纤放大器的相位控制[98]。

3.6 抖动法

抖动法用于相干合成是从传统自适应光学借鉴而来的,其基本原理与在传统自适应光学中的原理类似,利用不同频率的高频振荡信号对相位调制器进行小幅度相位调制,这个调制信号作为相位噪声的载波,在性能评价函数分析模块处利用带通滤波器和锁相检测对相位噪声进行解调,获得各路激光的相位噪声并用于相位噪声的补偿,实现各路激光相位的锁相[99]。

基于抖动法锁相相干合成的典型原理如图 3 - 22 所示,MO 输出光束通过分束器后被分为多路,每一路依次经过相位调制器、光纤激光放大器后,由准直器准直输出。信号处理电路通过相位调制器对各路光束施加小幅的高频振荡信号。准直输出的阵列光束经过分束镜后被分成两路:一路直接输出,另一路经透镜聚焦、进入小孔后的光电探测器。小孔用于提取干涉图样主瓣的光强,探测器探测到的光电信号包含了各路激光的振荡信号和噪声信号。信号处理电路通过滤波、锁相检测从光电探测器中分离出每一路光束的相位误差信号,将这些误差信号作为控制信号反馈到相位调制器,实现各光束激光相位锁定。需要说明的是,此处相位调制器同时起到了施加高频载波信号和施加相位校正信号两个作用。

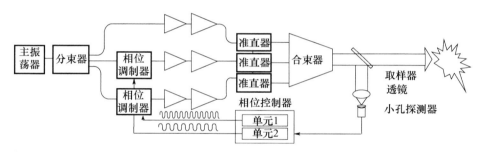

图 3 - 22 基于抖动法锁相相干合成的典型原理

与外差法相比,抖动法只需要一个探测器,系统结构简单,控制带宽主要由处理电路的速度决定,是一种非常有效的锁相方案。下面简单介绍抖动法锁相控制的原理[100]。

假设共有 M 路光束参与相干合成,其发射端以阵列形式排列在 $z = 0$ 的平面上,以平行方式发射。各路光束均为完全相干的基模高斯光束,且光束的中心坐标为 (a_j, b_j),则第 j 路高斯光束光场可表示为(取单位振幅)

$$u_j(x,y,0) = e^{-\frac{(x-a_j)^2+(y-b_j)^2}{\omega_0^2}} e^{i\phi_j} \quad (3-18)$$

式中:ω_0 为光束的束腰;ϕ_j 为第 j 路光束的相位,是时间 t 的函数。在采用多抖动法进行相干合成时,每一路光束都要进行高频小幅相位调制,因此调制后的第 j 路光束光场为

$$u_j(x,y,0) = e^{-\frac{(x-a_j)^2+(y-b_j)^2}{\omega_0^2}} \times e^{i(\phi_j + \phi_{jm})} \quad (3-19)$$

式中:ϕ_{jm} 为相位调制信号,其形式可表示为

$$\phi_{jm} = \alpha_{jm}\sin(\omega_{jm}t) \qquad (3-20)$$

式中：α_{jm} 为相位调制信号的调制幅度；ω_{jm} 为相位调制信号的调制频率。那么发射平面上的总光场为

$$u(x,y,0) = \sum_{j=1}^{M} u_j(x,y,0) \qquad (3-21)$$

根据广义惠更斯-菲涅尔原理，在传输距离 L 后，接收平面处的平均光强分布为（关于接收平面处的平均光强分布计算的基本原理请参见本书第9章）：

$$\langle I(p,q,L)\rangle = \frac{k^2}{(2\pi L)^2}\int_{-\infty}^{\infty}\int_{-\infty}^{\infty}\int_{-\infty}^{\infty}\int_{-\infty}^{\infty} u(x,y,0)u^*(\xi,\eta,0) \times$$

$$\mathrm{e}^{\frac{\mathrm{i}k}{2L}[(p-x)^2+(q-y)^2-(p-\xi)^2-(q-\eta)s^2]}\mathrm{d}x\mathrm{d}y\mathrm{d}\xi\mathrm{d}\eta \qquad (3-22)$$

对式(3-22)进行积分，得

$$\langle I(p,q,L)\rangle = \frac{k^2}{(2\pi L)^2}\int_{-\infty}^{\infty}\int_{-\infty}^{\infty}\int_{-\infty}^{\infty}\int_{-\infty}^{\infty} u(x,y,0)u^*(\xi,\eta,0) \times$$

$$\mathrm{e}^{\frac{\mathrm{i}k}{2L}[(p-x)^2-(p-\xi)^2+(q-y)^2-(q-\eta)^2]}\mathrm{d}x\mathrm{d}y\mathrm{d}\xi\mathrm{d}\eta$$

$$= \frac{k^2}{(2\pi L)^2}\sum_{j=1}^{N}\sum_{l=1}^{N}\int_{-\infty}^{\infty}\int_{-\infty}^{\infty}\int_{-\infty}^{\infty}\int_{-\infty}^{\infty}\mathrm{e}^{-\frac{(x-a_j)^2}{\omega_0^2}-\frac{(y-b_j)^2}{\omega_0^2}-\frac{(\xi-a_l)^2}{\omega_0^2}-\frac{(\eta-b_l)^2}{\omega_0^2}} \times$$

$$\mathrm{e}^{\frac{\mathrm{i}k}{2L}[(p-x)^2-(p-\xi)^2+(q-y)^2-(q-\eta)^2]} \times \mathrm{e}^{\mathrm{i}(\phi_j-\phi_l+\phi_{jm}-\phi_{lm})}\mathrm{d}x\mathrm{d}y\mathrm{d}\xi\mathrm{d}\eta$$

$$= \sum_{j=1}^{M}\Gamma_{jj}(p,q,L) + \sum_{j=1}^{M}\sum_{\substack{l=1\\l\neq j}}^{M}\Gamma_{jl}(p,q,L)\mathrm{e}^{\mathrm{i}(\phi_j-\phi_l+\phi_{jm}-\phi_{lm})}$$

$$(3-23)$$

其中：

$$\Gamma_{jj}(p,q,L) = \frac{\omega_0^2}{\omega^2}\mathrm{e}^{-\frac{2}{\omega^2}[(p-a_j)^2+(q-b_j)^2]} \qquad (3-24)$$

$$\Gamma_{jl}(p,q,L) = \frac{\omega_0^2}{\omega^2}\mathrm{e}^{-\frac{2}{\omega^2}[(p-a_j)(p-a_l)+(q-b_j)(q-b_l)]} \times$$

$$\mathrm{e}^{\frac{\mathrm{i}k\omega_0^2\tau_1}{2\omega^2 L}[(a_j-a_l)(a_j+a_l-2p)+(b_j-b_l)(b_j+b_l-2q)]} \qquad (3-25)$$

式中：$\omega = \sqrt{1+\tau_1}\,\omega_0$；$\tau_1 = \dfrac{4L^2}{k^2\omega_0^4}$ 为衍射导致的光斑扩展因子。在 $\Gamma_{jl}(p,q,L)$ 中，第二个 e 因子是光束阵列中阵元的不同位置引起的相位项，将其记为 $\mathrm{e}^{\mathrm{i}\Phi_{jl}}$，对于共孔径发射系统而言，该项为0。对于分孔径拼接系统而言，在特定距离 L 处，$\mathrm{e}^{\mathrm{i}\Phi_{jl}}$ 为一常数，而且随着 L 的增大，$\mathrm{e}^{\mathrm{i}\Phi_{jl}}$ 将趋于0。于是

$$\Gamma_{jl}(p,q,L) = \frac{\omega_0^2}{\omega^2}\mathrm{e}^{-\frac{2}{\omega^2}[(p-a_j)(p-a_l)+(q-b_j)(q-b_l)]} \times \mathrm{e}^{\mathrm{i}\Phi_{jl}} = \Gamma_{jl}'(p,q,L)\mathrm{e}^{\mathrm{i}\Phi_{jl}} \qquad (3-26)$$

由以上推导结果可知，$\sum_{j=1}^{M}\Gamma_{jj}(p,q,L)$ 是实常数项，不携带调制信息，后面

不予考虑,并将其记为 I_D,因此

$$\langle I(p,q,L) \rangle = I_D + \sum_{j=1}^{M} \sum_{\substack{l=1 \\ l \neq j}}^{M} \Gamma_{jl}'(p,q,L) e^{i(\phi_j - \phi_l + \phi_{jm} - \phi_{lm} + \Phi_{jl})} \quad (3-27)$$

由于实际探测到的光强只是式(3-27)的实部,所以

$$\langle I(p,q,L) \rangle = I_D + \sum_{j=1}^{M} \sum_{\substack{l=1 \\ l \neq j}}^{M} \Gamma_{jl}'(p,q,L) \cos(\phi_j - \phi_l + \phi_{jm} - \phi_{lm} + \Phi_{jl})$$

$$= I_D + \sum_{j=1}^{M} \sum_{\substack{l=1 \\ l \neq j}}^{M} \Gamma_{jl}'(p,q,L) \cos[\phi_j - \phi_l + \alpha_{jm}\sin(\omega_{jm}t) - \alpha_{lm}\sin(\omega_{lm}t)]$$

$$= I_D + \sum_{j=1}^{M} \sum_{\substack{l=1 \\ l \neq j}}^{M} \Gamma_{jl}'(p,q,L) \times$$

$$\begin{Bmatrix} \cos(\phi_j - \phi_l + \Phi_{jl})\cos[\alpha_{jm}\sin(\omega_{jm}t)]\cos[\alpha_{lm}\sin(\omega_{lm}t)] + \\ \cos(\phi_j - \phi_l + \Phi_{jl})\sin[\alpha_{jm}\sin(\omega_{jm}t)]\sin[\alpha_{lm}\sin(\omega_{lm}t)] - \\ \sin(\phi_j - \phi_l + \Phi_{jl})\sin[\alpha_{jm}\sin(\omega_{jm}t)]\cos[\alpha_{lm}\sin(\omega_{lm}t)] + \\ \sin(\phi_j - \phi_l + \Phi_{jl})\cos[\alpha_{jm}\sin(\omega_{jm}t)]\sin[\alpha_{lm}\sin(\omega_{lm}t)] \end{Bmatrix}$$

$$= I_D + \sum_{j=1}^{M} \sum_{\substack{l=1 \\ l \neq j}}^{M} \Gamma_{jl}'(p,q,L) \times$$

$$\begin{Bmatrix} \cos(\phi_j - \phi_l + \Phi_{jl})[J_0(\alpha_{jm}) + 2\sum_{n=1}^{\infty} J_{2n}(\alpha_{jm})\cos(2n\omega_{jm}t)][J_0(\alpha_{lm}) + \\ 2\sum_{n=1}^{\infty} J_{2n}(\alpha_{lm})\cos(2n\omega_{lm}t)] + \cos(\phi_j - \phi_l + \Phi_{jl})\{2\sum_{n=1}^{\infty} J_{2n-1}(\alpha_{jm}) \times \\ \sin[(2n-1)\omega_{jm}t]\}\{2\sum_{n=1}^{\infty} J_{2n-1}(\alpha_{lm})\sin[(2n-1)\omega_{lm}t]\} - \sin(\phi_j - \phi_l + \Phi_{jl}) \times \\ \{2\sum_{n=1}^{\infty} J_{2n-1}(\alpha_{jm})\sin[(2n-1)\omega_{jm}t]\}[J_0(\alpha_{lm}) + 2\sum_{n=1}^{\infty} J_{2n}(\alpha_{lm})\cos(2n\omega_{lm}t)] + \\ \sin(\phi_j - \phi_l + \Phi_{jl})\{2\sum_{n=1}^{\infty} J_{2n-1}(\alpha_{lm})\sin[(2n-1)\omega_{lm}t]\}[J_0(\alpha_{jm}) + \\ 2\sum_{n=1}^{\infty} J_{2n}(\alpha_{jm})\cos(2n\omega_{jm}t)] \end{Bmatrix}$$

$$(3-28)$$

在式(3-28)的最后一步推导中用到了三角函数与贝塞尔函数的关系式

$$\cos(x\sin\varphi) = J_0(x) + 2[J_2(x)\cos2\varphi + J_4(x)\cos4\varphi + \cdots] = J_0(x) + 2\sum_{i=1}^{\infty} J_{2i}(x)\cos(2i\varphi) \text{ 和 } \sin(x\sin\varphi) = 2[J_1(x)\sin\varphi + J_3(x)\sin3\varphi + \cdots] =$$

$$2\sum_{i=1}^{\infty}J_{2i-1}(x)\sin[(2i-1)\varphi]。$$

式(3-28)即为远场某一点处 t 时刻的光强,对其在远场某一区域 S 内进行积分,得

$$J(t) = \int^S I(p,q,L,t)\mathrm{d}s \qquad (3-29)$$

由式(3-29)可知,远场某处光强将会随着各光束间相位差的改变而改变,而且其中包含相位调制信息,据此又可解算出光束间的相位差,因此 $J(t)$ 可作为多抖动法相干合成的性能评价函数。这里的积分区域 S 对应于图3-22中的针孔面积。

当式(3-29)对面积进行积分时,式(3-28)结果中大括号内关于时间的因式是不变的,因此只是对 $\Gamma_{jl}(p,q,L)$ 进行积分,设其积分结果为 P_{jl},并用符号 C 表示大括号内的因式,用 P_1 表示 I_D 的积分结果,则光电探测器输出的光电流可表示为

$$i_{\mathrm{PD}}(t) = R_{\mathrm{PD}}\left(P_1 + \sum_{j=1}^{M}\sum_{\substack{l=1\\l\neq j}}^{M}P_{jl}C\right) \qquad (3-30)$$

式中:R_{PD} 为光电探测器的灵敏度,也称为响应度(A/W(或 V/W)),用于表征探测器输出光电流(或光电压)与入射光功率间的关系。由式(3-30)可知,光电探测器的输出电流中含有经相位误差信号调幅过的高频载波信号,若将该项提取出来,便可解算出光束间的相位误差(具体解算方法与实例将在第8章中予以介绍)。

依据施加高频振荡信号的种类,抖动法主要可分为多抖动法、单抖动法和单频正交抖动法等三种[100-102]。采用多抖动法锁相技术,美国 HRL 实验室于2004年实现了7路1W光纤放大器的相干合成[103,104],将闭环时的峰值光强提高到了开环时的5~6倍。2004年,美国空军研究实验室 Shay 等对多抖动法进行了改进[105],通过采用专门的相位调制器,提高了调制频率和控制带宽,获得了更好的合成效果。随后又于2006年实现了9路光束的相干合成[99,106],其锁相精度优于 $\lambda/20$,输出总功率达到百瓦级,于2009年实现了5路大功率光纤放大器锁相输出,总功率达到 725W[107],于2011年实现了16路光纤激光的相干合成,输出总功率达到 1.4kW[108]。2012年,Northrop Grumman 公司与美国空军研究实验室合作,采用抖动法实现了15路光纤放大器相干合成,输出功率为 600W[109];2013年,美国空军研究实验室实现了3路单频光子晶体光纤放大器相干合成,输出功率为 1.04kW[110]。2014年,美国 Northrop Grumman 公司实现了3路窄线宽光纤放大器相干合成,输出功率达 2.4kW[111]。此外,法国空间实验室的 Jolivet 等也对该方法进行了研究,实现了

对短程大气湍流的补偿[112]。

在国内,笔者课题组首先开展了多抖动法光纤激光相干合成的相关研究,于2008年实现了3路瓦级光纤激光的相干合成[113]。2010年,课题组利用单频抖动法实现了9路百瓦级光纤激光的相干合成,输出总功率达到1.08kW,在国际上首次实现了光纤激光相干合成千瓦级功率输出[114],之后又将输出功率提升至1.56kW,图3-23所示为输出功率1.56kW时的远场光斑形态[115]。

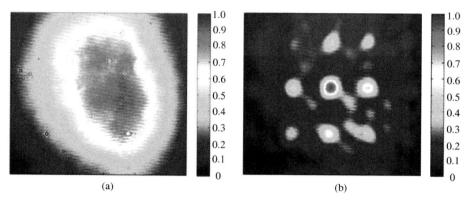

图3-23 单频抖动法9路光纤激光相干合成1.56kW功率输出远场光斑形态
(a)开环;(b)闭环。

近年来,法国、韩国以及我国科研人员对抖动法进行了深入研究,提出了改进调制信号种类和分组控制等方法,进一步提升了抖动法的控制带宽[116-119]。

3.7 优化算法

基于优化算法的相位控制方法将各路光束的相位作为变量,通过算法对控制变量进行优化,使系统性能评价函数达到极值,从而实现各路激光的锁相。图3-24为基于优化算法的MOPA结构相干合成的系统原理图。主振荡激光器经过预放后,利用分束器分为多路,每一路先后经过相位调制器和光纤激光放大器链路。放大后的各路光束经过准直器输出构成数组光束。数组光束经过分光镜后被分成两束,其中透射光(包含绝大部分输出功率)送入发射装置或者功率计。反射光通过透镜后用于锁相控制和干涉图样观察,该光束被分束镜分为两束:一束光用红外相机观察远场干涉图样;另一束通过小孔后进入光电探测器,光电探测器放置于透镜的后焦平面上,小孔光阑紧贴于探测器前端放置。小孔直径以小于干涉图样主瓣大小为宜,光电探测器探测到的光强作为系统评价函数。该性能评价函数分别送入示波器和算法控制器的模/数(A/D)转换器,算法控制器利用A/D采样的数据,根据算法原理,对相位调制器施加相应的控制信号,实现锁相控制。图3-34中选择了合成光束的主瓣能量作为性能评价函数,实际上,也可以选择平均半径、误差函数等其他性能评价函数。

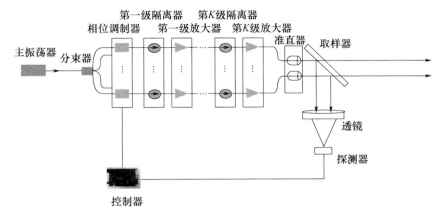

图3-24 基于优化算法的MOPA结构相干合成的系统原理

目前,文献中用于相干合成的算法主要有爬山法、模拟退火算法、随机并行梯度下降(SPGD)算法等。本节以SPGD算法为例进行介绍[120-121](其余算法见第8章),该算法的执行步骤描述如下:

(1) 生成随机扰动矢量并转换为电压信号 $\delta \boldsymbol{u} = \{\delta u_1, \delta u_2, \cdots, \delta u_M\}$,随机扰动 $\{\delta u_m\}$ 满足均值为0、方差相等,即 $\langle \delta u_{m_i} \rangle = 0$、$\langle \delta u_{m_i} \delta u_{m_j} \rangle = \sigma^2 \delta_{m_i m_j}$。

(2) 随机扰动电压 $\delta \boldsymbol{u}$ 施加到波前校正器的各个驱动器上,取得评价函数的值 $J^+ = J(\boldsymbol{u} + \delta \boldsymbol{u})$,然后施加反相的扰动电压 $-\delta \boldsymbol{u}$,取得负向扰动的评价函数 $J^- = J(\boldsymbol{u} - \delta \boldsymbol{u})$。

(3) 算两次扰动过程中评价函数的变化量 $\delta J = \dfrac{J^+ - J^-}{2}$。

(4) 根据式 $\boldsymbol{u}^{(k+1)} = \boldsymbol{u}^{(k)} + \gamma \delta \boldsymbol{u}^{(k)} \delta J^{(k)}$ 更新控制参数,其中 k 为迭代次数,γ 为迭代步长。

重复步骤(1)~(4),性能评价函数会一直保持在极大值。

上述SPGD算法的工作流程描述中,利用控制电压 $\boldsymbol{u}$ 替代了相位 $\boldsymbol{\Phi}$,$\boldsymbol{\Phi} = \dfrac{\pi}{V_\pi} \boldsymbol{u}$,其中 V_π 为相位调制器的半波电压。步骤(4)揭示了相干合成锁相控制的内部运行规律,根据该迭代公式,系统的状态方程可以描述为

$$\boldsymbol{\Phi}(t_{k+1}) = \boldsymbol{\Phi}(t_0) + \frac{\pi}{V_\pi}(\boldsymbol{u}^{(k)} + \gamma \delta \boldsymbol{u}^{(k)} \delta J^{(k)}) \quad (3-31)$$

合成光束的光强可以记为

$$I_0(x,y) = \text{Re} \left| \sum_{m=1}^{M} A_m(x,y) e^{-j\phi'_m} \right|^2 \quad (3-32)$$

在算法运行时,有补偿相位时合成光强为

$$I(x,y) = \mathrm{Re} \left| \sum_{m=1}^{M} A_m(x,y) \mathrm{e}^{-\mathrm{j}\phi_m} \right|^2 \quad (3-33)$$

式中:$\phi_m = \psi_m + \phi_m^{(n)} + \phi'_m$ 为第 m 路激光的相位;$\phi_m^{(n)}$ 为第 m 路光束的相位噪声;ψ_m 为 SPGD 算法运行过程中施加的补偿相位。当施加在相位调制器上的电压为 u_m 时,相应的相位响应 ψ_m 为

$$\psi_m = \frac{\pi}{V_\pi} u_m = \kappa u_m \quad (3-34)$$

假设在目标处各个光束光场幅度相同,那么补偿后的合成光束中心光强为

$$I(x_0,y_0) = \mathrm{Re} \left| \sum_{m=1}^{M} \mathrm{e}^{-\mathrm{j}\phi_m} \right|^2 = M + \sum_{m_i=1}^{M} \sum_{\substack{m_j=1 \\ m_j \neq m_i}}^{M} \cos(\phi_{m_i} - \phi_{m_j}) \quad (3-35)$$

理想情形下,合成光束中心光强为

$$I_0(x_0,y_0) = \mathrm{Re} \left| \sum_{m=1}^{M} \mathrm{e}^{-\mathrm{j}\phi'_m} \right|^2 = M + \sum_{m_i=1}^{M} \sum_{\substack{m_j=1 \\ m_j \neq m_i}}^{M} \cos(\phi'_{m_i} - \phi'_{m_j}) \quad (3-36)$$

实际系统中,无相位噪声时,$\phi'_{m_i} - \phi'_{m_j} = 2n\pi$,那么

$$I_0(x_0,y_0) = M^2 \quad (3-37)$$

当任意两路光束的相位差 $\delta\phi_{m_i,m_j} = (\phi_{m_i} - \phi_{m_j})$ 较小时,有

$$\begin{aligned}
I(x_0,y_0) &= M + \sum_{m_i=1}^{M} \sum_{m_j \neq m_i}^{M} \sqrt{1 - \sin^2(\delta\phi_{m_i,m_j})} \\
&= M + \sum_{m_i=1}^{M} \sum_{m_j \neq m_i}^{M} \sqrt{1 - (\delta\phi_{m_i,m_j})^2} \\
&= M + \sum_{m_i=1}^{M} \sum_{m_j \neq m_i}^{M} \left[1 - \frac{1}{2}(\delta\phi_{m_i,m_j})^2 + \frac{1}{8}(\delta\phi_{m_i,m_j})^4 - \cdots \right] \\
&= M^2 - (M-1) \sum_{\substack{m_i=1 \\ m_j \neq m_i}}^{M} (\delta\phi_{m_i,m_j})^2 + \frac{(M-1)}{4} \sum_{\substack{m_i=1 \\ m_j \neq m_i}}^{M} (\delta\phi_{m_i,m_j})^4 + \cdots \\
&= M^2 - M(M-1) \frac{\sum_{\substack{m_i=1 \\ m_j \neq m_i}}^{M} (\delta\phi_{m_i,m_j})^2}{M} + \frac{(M-1)}{4} \sum_{\substack{m_i=1 \\ m_j \neq m_i}}^{M} (\delta\phi_{m_i,m_j})^4 + \cdots \\
&\approx M^2 [1 - \sigma^2 + O(\sigma^4)]
\end{aligned} \quad (3-38)$$

式中:$\sigma^2 = \frac{1}{M} \sum_{\substack{m_i=1 \\ m_j \neq m_i}}^{M} (\delta\phi_{m_i,m_j})^2$ 为相位差的均方差,当 M 较大时,式(3-38)成立。

合成光束的 Strehl 比[122]为

$$J = \frac{\text{Re}\left|\sum_{m=1}^{M} A_m(x_0,y_0)\mathrm{e}^{(-\mathrm{j}(\psi_m+\varphi'_m))}\right|^2}{\text{Re}\left|\sum_{m=1}^{M} A_m(x_0,y_0)\right|^2} \quad (3-39)$$

将 Strehl 比作为性能评价函数,有

$$J = 1 - \sigma^2 + O(\sigma^4) \quad (3-40)$$

根据式(4-40)可知,当光束的相位噪声为 0 时,系统性能评价函数取得极值(最大值)。

假设相位噪声的变化频率低于算法的收敛速率,在下面的推导过程中,各路激光的初始相位 $\varphi'_m(\varphi'_m = \varphi_m^{(n)} + \phi'_m)$ 为常数。在 SPGD 算法中,定义控制信号满足均值为 0 的高斯分布,对于相位控制信号,有

$$E\left(\sum_{m=1}^{M}\psi_m\right) = 0, E(\psi_{m_i}\psi_{m_j}) = 0, E\left(\sum_{m=1}^{M}\delta\psi_m\right) = 0$$

$$E(\delta\psi_{m_i}\delta\psi_{m_j}) = 0, D(\delta\psi_m) = \sigma_\varphi^2, E\left(\sum_{m=1}^{M}(\psi_m+\delta\psi_m)\right) = 0 \quad (3-41)$$

式中:E、D 分别为均值和方差;ψ_m 为相位控制信号;$\delta\psi_m$ 为相位扰动信号。根据 SPGD 算法的步骤(2),当控制电压信号 $\{u_m+\delta u_m\}$ 施加到相位调制器后,相应的控制相位为 $\{\psi_m = \kappa(u_m+\delta u_m) = \psi_m + \delta\psi_m\}$,光束的波前方差为

$$\sigma^2(\vec{\psi}+\vec{\varphi}_0) = \frac{1}{M}\sum_{m=1}^{M}(\psi_m+\varphi'_m-\overline{\psi}-\overline{\varphi}_0)^2$$

$$= \frac{1}{M}\sum_{m=1}^{M}(\psi_m+\varphi'_m-\overline{\varphi}_0)^2 \quad (3-42)$$

式中:$\overline{\psi} = E\left(\sum_{m=1}^{M}\psi_m\right) = 0, \overline{\varphi}_0 = E\left(\sum_{m=1}^{M}\varphi'_m\right)$;$\varphi'_m$ 为第 m 路激光的初始相位。由于已经假设相位噪声扰动频率低于 SPGD 算法的收敛速率,φ'_m 和 $\varphi'_m - \overline{\varphi}_0$ 可以看作常数,令 $\varphi_m = \varphi'_m - \overline{\varphi}_0$,有

$$\sigma^2(\boldsymbol{\psi}+\boldsymbol{\varphi}_0) = \frac{1}{M}\sum_{m=1}^{M}(\psi_m+\varphi_m)^2 \quad (3-43)$$

忽略 $O(\sigma^4)$ 项,两次扰动过程中,性能评价函数变化量为

$$\delta J = J_+ - J_- = \sigma^2(\boldsymbol{\psi}-\delta\boldsymbol{\psi}+\boldsymbol{\varphi}_0) - \sigma^2(\boldsymbol{\psi}+\delta\boldsymbol{\psi}+\boldsymbol{\varphi}_0)$$

$$= -\frac{4}{M}\sum_{m=1}^{M}(\psi_m+\varphi_m)\delta\psi_m \quad (3-44)$$

根据 SPGD 算法的步骤(4)迭代公式,更新后的相位控制信号为

$$\psi_m^{(k+1)} = \psi_m^{(k)} + \gamma\delta J\delta\psi_m^{(k)} = \psi_m^{(k)} - \frac{4\gamma}{M}\sum_{m=1}^{M}(\psi_m^{(k)}+\varphi_m)(\delta\psi_m^{(k)})^2 \quad (3-45)$$

两次迭代过程中,性能评价函数改变量为

$$\begin{aligned}
\Delta J &= J(\boldsymbol{\psi}^{(k+1)}) - J(\boldsymbol{\psi}^{(k)}) \\
&= \frac{1}{M}\sum_{m=1}^{N}(\psi_m^{(k)} + \varphi_m)^2 - \frac{1}{M}\sum_{m=1}^{M}(\psi_m^{(k+1)} + \varphi_m)^2 \\
&= \frac{8\gamma\sigma_\psi^2}{M}\frac{1}{M}\sum_{m=1}^{M}(\psi_m^{(k)} + \varphi_m)^2 - \frac{16\gamma^2\sigma_\psi^4}{M}\frac{1}{M}\sum_{m=1}^{M}(\psi_m^{(k)} + \varphi_m)^2 \\
&= 8\alpha(1 - J^{(k)}) - 16\alpha^2(1 - J^{(k)}) \\
&= 8\alpha(1 - 2\alpha)(1 - J^{(k)})
\end{aligned} \quad (3-46)$$

式中：$\alpha = \frac{\gamma\sigma_\psi^2}{M}$；$\sigma_\psi^2 = \frac{\pi\sigma_u^2}{V_\pi}$；$0 \leq J^{(k)} \leq 1$。合理选择迭代步长 γ 的值，使 $\alpha > 0$ 且 $(1 - 2\alpha) > 0$（即满足 $\gamma\sigma_u^2 < \frac{MV_\pi}{2\pi}$，其中 γ 无量纲，σ_u^2 的单位为电压的单位 V），那么 $\Delta J > 0$。从统计平均的意义来说，运行 SPGD 算法，能够使性能评价函数有效地收敛到系统的极大值。此时 $J \to 1$，$\sigma^2 \to 0$，各路激光束的相位差趋于 0，实现有效的锁相。

目前，优化算法中的爬山法、模拟退火算法和随机并行梯度下降算法已经应用于光纤激光相干合成领域[123-128]。2006 年，笔者课题组利用爬山法实现了基于光纤耦合器的光纤激光相干合成[123]。在该方法中，控制系统的信噪比以及控制精度独立于控制通道个数 N，但由于各控制参数是随机串行调整，没有梯度估计规则，收敛速度非常慢，适用于子孔径个数少、对实时性要求较低或者控制器件速度足够快的场合。2008 年，将模拟退火算法引入相干合成中，实现了 2 路激光的相干合成，当系统闭环时，主瓣能量提高了 1.8 倍[125]。

相比之下，由于收敛速率快、参数设置简单、扩展性较强等优点，SPGD 算法是当前相干合成中的主流算法，美国马里兰大学、麻省理工学院、Northrop Grumman 公司、我国中国科学院光电技术研究所、国防科学技术大学等单位均开展了 SPGD 法光纤激光相干合成的研究。2005 年，马里兰大学的 Ling Liu 等实现了 7 路毫瓦级光纤激光相干合成[126,127]。2006 年，Kansky 等实现了 48 路毫瓦级光纤激光相干合成[128]，中国科学院光电技术研究所实现了 7 路激光相干合成[129-131]。近年来，多家研究单位基于 SPGD 算法实现了光纤激光相干合成千瓦级以上功率输出。2010 年，笔者课题组应用该方法实现了 9 路激光相干合成，输出功率达 1.14kW[132]，随后又将功率提升至 1.8kW[133]，试验结果如图 3-25 所示；同年，美国麻省理工学院林肯实验室利用该方法实现了 8 路总功率 4kW 相干合成输出[134]；美国 Northrop Grumman 公司还与麻省理工学院合作实现了 5 路总功率 1.9kW 相干合成输出[135]。美国陆军实验室 Vorontsov 等还于近年开展了长距离"目标在回路"光纤激光相干合成实验，利用 SPGD 算法实现了 7km 外靶目标上的激光相位锁定[136,137]。

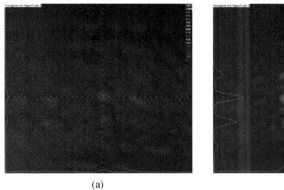

图 3-25　SPGD 法 9 路光纤激光相干合成 1.14kW 功率输出试验结果
(a)开环;(b)闭环。

基于 SPGD 算法对阵列光束的相位进行主动控制,还可以对远场光束强度分布进行高自由度调控[138-140],实现光束偏转、空心光束等。

3.8　条纹提取法

条纹提取法利用高速相机采集合成光束干涉图样,根据干涉图样中央主峰位置与相位差的线性关系,从干涉图样主峰所在位置提取出相位差,然后用于各路光束的相位补偿[141-143]。图 3-26 给出了该方法的基本原理[143],每一路待控制相位的激光与参考光干涉后均会形成干涉条纹,干涉条纹的分布仅取决于激光与参考光之间的相位差,从干涉条纹中即可解算出相位控制信号。

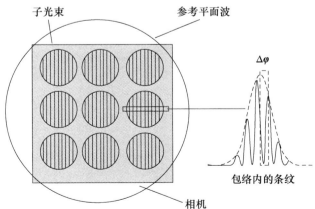

图 3-26　条纹提取法相位解算方法基本原理

2009年,中国科学院光电技术研究所杨平等首次利用条纹提取法实现了2路掺镱光纤放大器的相干合成[141]。2010年,法国Bourderionnet等利用该方法实现了64路瓦量级掺铒光纤放大器相干合成,系统结构如图3-27所示。这也是迄今为止主动相位控制实现相干合成的最多路数[142]。2014年,该课题组报道了16路激光相干合成的研究结果,系统控制带宽达到了千赫量级[143]。

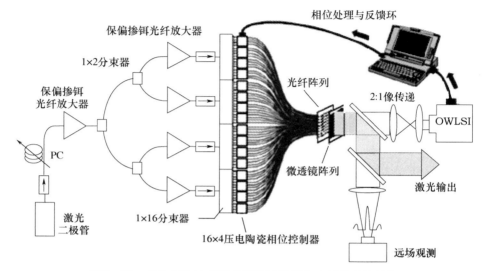

图3-27 条纹提取法多路光纤激光相干合成试验系统结构

3.9 不同相位控制方法的比较

回顾并分析相干合成的发展历史不难发现,在光纤激光发展成大功率器件及其相干合成技术引起人们关注之前,各国学者已经对包括气体激光、化学激光、半导体激光、固体激光在内的各种类型激光光束相干合成开展了深入的研究。但实验结果在合成效率和数目可扩展性方面的性能并不令人满意。对于外腔能量耦合、倏逝波耦合、受激布里渊散射光学相位共轭等被动相位控制技术,以CO_2激光相干合成为例(2.1节),Antyukhov等利用Talbot外腔能量耦合实现的61路激光相干合成效率为15%,Bahanov等利用腔内空间滤波实现的55路激光相干合成,在输出功率为7kW时合成效率约为12%,最高的合成效率为Vasil'tsov利用腔内空间滤波实现的85路激光相干合成,在输出功率为500W时合成效率为40%。Glova等通过理论计算得出,被动相位控制相干合成效率不超过50%[145]。在数目扩展方面,大量实验结果表明,随着激光路数的增多,被动相位控制方案的锁相效果降低[146],甚至不能实现锁相输出[147],相干合成的效率也随着激光数目的增多而下降[148,149]。较为常见的腔内空间滤波被动相位控制在理论上就存在合成效率随着激光数目增加而降低的不足[150]。另外，利用受激布里渊散射相位共轭法实现化学激光、固体激光输出的理论和实验结果表明，其对光路对准近乎苛刻的要求以及激发产生受激布里渊效应需要的高功率密度阻碍了向实用化的发展[151-153]。除此之外，由于单台 CO_2 激光器、化学激光器等本身结构较为复杂，对于多路激光的被动相位控制，需要设计复杂的空间光路，实验系统设计和工程施行难度较大。被动相位控制相干合成还处在系统复杂度、激光数目、合成效率等参数方面寻求平衡的过程中[154]。对于主动相位控制相干合成技术，在其发展前期由于具备相位控制功能的能动器件在控制精度、响应速度和制造成本等各方面及自动控制技术都不成熟，因此没有能够向大数目、高功率的方向发展，停留在理论探讨和概念性演示阶段。

进入 20 世纪 90 年代后期，光纤激光成为相干合成技术的研究主体。对比本章前四节的内容不难发现，被动相位控制方法尽管实现方式多样，但在路数、功率拓展性方面的性能明显不及主动相位控制。相比之下，主动相位控制相干合成更有希望获得高功率、高光束质量的激光输出，目前，千瓦级以上高功率的实验结果绝大多数都是用主动相位控制方法实现的。

近年来，国内外研究人员还提出综合利用不同合成方式的组合[155]实现光束合成方法，如同时谱合成 - 相干合成法[156]、主动 - 被动混合相位控制法[157,158]等。图 3 - 28 所示为麻省理工学院的研究人员提出的"一级相干合成 + 二级光谱合成"的激光系统设计方案[155]。

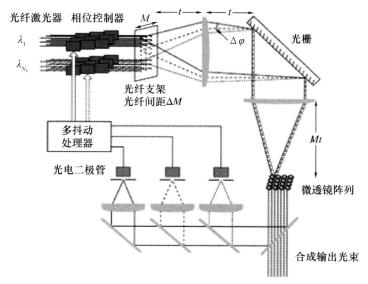

图 3 - 28 "一级相干合成 + 二级光谱合成"的激光系统设计方案

参考文献

[1] Brignon A, et al. Coherent Laser Beam Combining[M]. Weiheim: Wiley – VCH, 2013.

[2] Corcoran C J, Pasch K A. Self – Fourier functions and coherent laser fiber combination [J]. J. Phys. A: Math. Gen., 2004, 37: L461 – L469.

[3] Corcoran C J, Pasch K A. Modal analysis of a self – Fourier laser cavity[J]. J. Opt. A: Pure Appl. Opt., 2005, 7 (5): L1 – L6.

[4] Corcoarn C J, Durville F. Experimental demonstration of a phase – locked laser arrary using a self – Fourier cavity[J]. Appl. Phys. Lett., 2005, 86 (20): 201118.

[5] Liu L, Zhou Y, Kong F, et al. Phase locking in a fiber laser array with varying path lengths[J]. Appl. Phys. Lett., 2004, 85 (21): 4837 – 4839.

[6] Liu L, Zhou Y, Kong F. Phase – locked and Q – switched two – element fiber – laser array[C]. Baltimore: Quantum Electronics and Laser Science Conference 2005, 2005.

[7] Liu L, Zhou Y, Kong F. Phase – locked and Q – switched two – element fiber – laser array[C]. Quantum Electronics and Laser Science Conference. Baltimore, 2005.

[8] Kong F, Liu L, Sanders C, et al. Phase locking of nanosecond pulses in a passively Q – switched two – element finer laser array[J]. Appl. Phys. Lett., 2007, 90 (15): 151110.

[9] Peng Q J, Zhou Y, Chen Y, et al. Phase locking of fibre lasers by self – imaging resonator[J]. Electron. Lett., 2005, 41 (4): 171 – 173.

[10] He B, Lou Q, Zhou J, et al. 113W in – phase mode output from two ytterbium – doped large – core double – cladding fiber lasers[J]. Chin. Opt. Lett., 2007, 5 (7): 412 – 414.

[11] He B, Lou Q, Wang W, et al. Experimental demonstration of phase locking of a two – dimensional fiber laser array using a self – imaging resonator[J]. Appl. Phys. Lett., 2008, 92 (25): 251115.

[12] Li J F, Duan K Q, Wang Y, et al. High – power coherent beam combining of two photonic crystal fiber lasers[J]. IEEE Photon. Technol. Lett., 2008, 20 (11): 888 – 890.

[13] Lhermite J, Desfarges – Berthelemot A, Kermene V, et al. Passive phase locking of an array of four fiber amplifiers by an all – optical feedback loop[J]. Opt. Lett., 2007, 32 (13): 1842 – 1844.

[14] Loftus T H, Thomas A M , Norsen M, et al. Four – Channel, High Power, Passively Phase Locked Fiber Array[C]// OSA/ASSP conference, 2008.

[15] Shakir S A, Culver B, Nelson B, et al. Power scaling of passively phased fiber amplifier arrays[J]. Proc. of SPIE, 2008, 7070: 70700N.

[16] Xue Y H, He B, Zhou J, et al. High power passive phase locking of four Yb – doped fiber amplifiers by an all – optical feedback loop[J]. Chin. Phys. Lett., 2011, 28 (5): 054212.

[17] Bochove E J, Shakir S A . Analysis of a Spatial – Filtering Passive Fiber Laser Beam Combining System [J]. IEEE J. Sel. Top. Quantum Electron., 2009, 15 (2): 320 – 327.

[18] Liu H, He B, Zhou J, et al. Coherent beam combination of two nanosecond fiber amplifiers by an all – optical feedback loop[J]. Opt. Lett., 2012, 37 (18): 3885 – 3887.

[19] Yang Yifeng, Zheng Ye, He Bing , et al. Passive Phase Locking of Three Nanosecond Fiber Amplifiers Using a Dammann Grating Spatial Filter[J]. CHIN. PHYS. LETT. 2014, 31(8): 084206.

[20] Yang Yifeng, Hu Man, He Bing, et al. Passive coherent beam combining of four Yb – doped fiber amplifier

chains with injection - locked seed source[J]. Optics Letters,2013, 38：854.

[21] 冀翔,周朴,王小林,等. 脉冲光纤激光被动相干偏振合成研究[J]. 物理学报, 2012, 61(24)：244201.

[22] Yang Baolai, Wang Xiaolin, Ma Pengfei, et al. All - fiber wavelength - tunable passive phasing of eight channels of fiber amplifiers using optical feedback loop[J]. Applied Physics Express, 2015,8：022502.

[23] Wrage M, Glas P, Fischer D, et al. Phase locking in a multicore fiber laser by means of a Talbot resonator [J]. Opt. Lett., 2000, 25（19）：1436 - 1438.

[24] Huo Y, Cheo P, King G. Fundamental mode operation of a 19 - core phase - locked Yb - doped fiber amplifier[J]. Opt. Express, 2004, 12（25）：6230 - 6239.

[25] LMinden M. Passive coherent combining of fiber oscillators[C]. Proc. of SPIE, 2007, 6453：64530P.

[26] 沈铉国,张铁强. 光电子学[M]. 北京：兵器工业出版社,1994.

[27] Huo Y, Cheo P K. Analysis of transverse mode competition and selection in multicore fiber lasers[J]. J. Opt. Soc. Am. B, 2005, 22（11）：2345 - 2349.

[28] Bochove E J, Cheo P K, King G G. Self - organization in a multicore fiber laser array[J]. Opt. Lett., 2003, 28（14）：1200 - 1202.

[29] Li L, Lzgen A S U, Chen S, et al. Phase locking and in - phase supermode selection in monolithic multicore fiber lasers[J]. Opt. Lett., 2006, 31（17）：2577 - 2579.

[30] Gundu K M, Kolesik M, Moloney J V. Mode shaping in multicore fibers[J]. Opt. Lett., 2007, 32（7）：763 - 765.

[31] Li L, Lzgen A S U, Li H, et al. Phase - locked multicore all - fiber lasers：modeling and experimental investigation[J]. J. Opt. Soc. Am. B, 2007, 24（8）：1721 - 1728.

[32] Michaille L, Bennett C R, Taylor D M, et al. Phase locking and supermode selection in multicore photonic crystal fiber lasers with a large doped area[J]. Opt. Lett., 2005, 30（13）：1668 - 1670.

[33] Michaille L, Bennett C R, Taylor D M, et al. Multicore Photonic Crystal Fiber Lasers for High Power/Energy Applications[J]. IEEE J. Sel. Top. Quantum Electron., 2009, 15（2）：328 - 336.

[34] Elkin N N, Napartovich A P, Sukharev A G, et al. Direct numerical simulation of radiation propagation in a multicore fiber[J]. Opt. Commun., 2000, 177（1）：207 - 217.

[35] Vysotskii D V, Napartovich A P. Multicore fibre laser phase locking by an external mirror[J]. Quantum Electron., 2001, 31（4）：298.

[36] Elkin N N, Napartovich A P, Troshchieva V N, et al. Diffraction modeling of the multicore fiber amplifier [J]. J. Lightwave Technol., 2007, 25（10）：3072 - 3077.

[37] Vysotskii D V, E Lkin N N, Napartovich A P. Selection of optical modes in multichannel fibre lasers[J]. Quantum Electron., 2006, 36（1）：73 - 75.

[38] Akira Shirakawa. Phase - locked Multicore Fiber Lasers [C] //Lasers and Electro - Optics（CLEO）,2014.

[39] Ramirez L P, Hanna M, Bouwmans G, et al. Coherent beam combining with an ultrafast multicore Yb - doped fiber amplifier[J]. 2015, 23(5)：5406 - 5016.

[40] Cheo P K, Liu A, King G G. A high - brightness laser beam from a phase - locked multicore Yb - doped fiber laser array[J]. IEEE Photon. Technol. Lett., 2001, 13（5）：439 - 441.

[41] Huo Y, Cheo P K. Thermomechanical properties of high - power and high - energy Yb - doped silica fiber lasers [J]. IEEE Photon. Technol. Lett., 2004, 16（3）：759 - 761.

[42] Huo Y, Cheo P, King G. Fundamental mode operation of a 19 - core phase - locked Yb - doped fiber

amplifier[J]. Opt. Express, 2004, 12 (25): 6230 - 6239.

[43] Michaille L, Bennett C R, Taylor D M, et al. Multi - core photonic crystal fibers for high - power laser and amplifiers[J]. Proc. of SPIE, 2006, 6102:61020W.

[44] Michaille L, Taylor D M, Bennett C R, et al. Characteristics of a Q - switched multicore photonic crystal fiber laser with a very large mode field area[J]. Opt. Lett., 2008, 33 (1): 71 - 73.

[45] Rogers J L, Peleš S, Wiesenfeld K. Model for high - gain fiber laser arrays[J]. IEEE J. Quantum Electron., 2005, 41 (6): 767 - 773.

[46] Peles S, Rogers J L, Wiesenfeld K. Synchronization in fiber laser arrays: theoretical study[C]. Proc. of SPIE, 2005, 5971: 59710R.

[47] Huo Y, Cheo P. Analysis of transverse mode competition and selection in multicore fiber lasers[J]. J. Opt. Soc. Am. B, 2005, 22 (11): 2345 - 2349.

[48] Chiang Hungsheng, Leger James R, Nilsson Johan, et al. Direct observation of Kramers - Kronig self - phasing in coherently combined fiber lasers[J]. Optics Letters, 2013,38(20):4104.

[49] Hung - Sheng Chiang, Johan Nilsson, Jayanta Sahu, and James R. Leger. Experimental measurements of the origin of self - phasing in passively coupled fiber lasers[J]. Optics Letters,2015,40(6): 962.

[50] Ishida I, Matsuo S. Multicore fiber: US, 9291768 [P]. 2014 - 11 - 20.

[51] Fang X, Hu M, Liu B, et al. Generation of 150MW, 110fs pulses by phase - locked amplification in multicore photonic crystal fiber[J]. Opt. Lett., 2010, 35 (14): 2326 - 2328.

[52] Chan F Y M, Lau A P T, Tam H. Mode coupling dynamics and communication strategies for multi - core fiber systems[J]. Opt. Express, 2012, 20 (4): 4548 - 4563.

[53] Abedin K S, Taunay T F, Fishteyn M, et al. Cladding - pumped erbium - doped multicore fiber amplifier [J]. Opt. Express, 2012, 20 (18): 20191 - 20200.

[54] Wei H F, Chen H W, Chen S P, et al. A compact seven - core photonic crystal fiber supercontinuum source with 42.3 W output power[J]. Laser Physics Letters, 2013, 10 (4): 045101.

[55] Chen H, Wei H, Liu T, et al. All - fiber - integrated high - power supercontinuum sources based on multi - core photonic crystal fibers[J]. Selected Topics in Quantum Electronics, IEEE Journal of, 2014, 20(5): 64 - 71.

[56] Sakaguchi J, Klaus W, Delgado Mendinueta J M, et al. Realizing a 36 - core, 3 - mode Fiber with 108 Spatial Channels[C]//Optical Fiber Communication Conference. Optical Society ofAmerica, 2015.

[57] Lyndin N M, Sychugov V A, Tikhomirov A E, et al. Laser system composed of several active elements connected by single - mode couplers[J]. Quantum Electron., 1994, 24 (12): 1058 - 1061.

[58] Kozlov V A, Ndez - Cordero J H A, Morse T F. All - fiber coherent beam combining of fiber lasers[J]. Opt. Lett., 1999, 24 (24): 1814 - 1816.

[59] Shirakawa A, Saitou T, Sekiguchi T, et al. Coherent addition of fiber lasers by use of a fiber coupler[J]. Opt. Express, 2002, 10 (21): 1167 - 1172.

[60] Shirakawa A, Matsuo K, Ueda K. Fiber laser coherent array for power scaling of single - mode fiber laser [C]. Proc. of SPIE, 2004, 5662: 482 - 487.

[61] Shirakawa A, Matsuo K, Ueda K. Fiber laser coherent array for power scaling, bandwidth narrowing, and coherent beam direction control[C]. Proc. of SPIE, 2005, 5709: 165 - 174.

[62] Sabourdy D, Kermene V, Desfarges - Berthelemot A, et al. Efficient coherent combining of widely tunable fiber lasers[J]. Opt. Express, 2003, 11 (2): 87 - 97.

[63] Cao J, Lu Q, Chen S P, et al. Effect of polarization controlling on coherent beam combining of two - fiber

laser arrays of interferometric configuration[J]. Optics Letters, 2009, 34(2): 133-135.

[64] Wang B, Mies E, Minden M, et al. All-fiber 50 W coherently combined passive laser array[J]. Opt. Lett., 2009, 34(7): 863-865.

[65] Wang B, Sanchez A. All-fiber passive coherent combining of high power lasers[J]. Opt. lEng., 2011, 50(11): 111606-111606-4.

[66] Kouznetsov D, Bisson J, Shirakawa A, et al. Limits of coherent addition of lasers: Simple estimate[J]. Opt. Rev., 2005, 12(6): 445-447.

[67] Fridman M, Eckhouse V, Davidson N, et al. Efficient coherent addition of fiber lasers in free space[J]. Opt. Lett., 2007, 32(7): 790-792.

[68] Fridman M, Nixon M, Davidson N, et al. Passive phase locking of 25 fiber lasers[J]. Opt. Lett., 2010, 35(9): 1434-1436.

[69] Bloom G, Larat C, Lallier E, et al. Coherent combining of two quantum-cascade lasers in a Michelson cavity[J]. Opt. Lett., 2010, 35(11): 1917-1919.

[70] 姜曼, 肖虎, 周朴, 等. 1018nm短波长掺镱光纤激光高功率自组织相干合成[J]. 强激光与粒子束, 2013, 25(09): 2219-2222.

[71] Kurtz R M, Pradhan R D, Tun N, et al. Mutual injection locking: a new architecture for high-power solid-state laser arrays[J]. IEEE J. Sel. Top. Quantum Electron., 2005, 11(3): 578-586.

[72] Cao J, Lu Q, Hou J, et al. Dynamical model for self-organized fiber laser arrays[J]. Optics express, 2009, 17(7): 5402-5413.

[73] Cao J, Lu Q, Hou J, et al. Self-organization of arrays of two mutually-injected fiber lasers: theoretical investigation[J]. Optics express, 2009, 17(9): 7694-7701.

[74] Zilun C, Jing H, Pu Z, et al. Mutual Injection-Locking and Coherent Combining of Two Individual Fiber Lasers[J]. IEEE J. Quantum Electron., 2008, 44(6): 515-519.

[75] Chen Z, Hou J, Zhou P, et al. Passive phase locking of an array of four fiber lasers by mutual injection locking[J]. Opt. Laser Technol., 2009, 15:333-336.

[76] Daniault L, Hanna M, Papadopoulos D, et al. Passive coherent beam combining of two femtosecond fiber chirped-pulse amplifiers[J]. Opt. Lett., 2011, 36(20): 4023-4025.

[77] Zaouter Y, Daniault L, Hanna M, et al. Passive coherent combination of two ultrafast rod type fiber chirped pulse amplifiers[J]. Opt. Lett., 2012, 37(9): 1460-1462.

[78] Kovalev V I, Harrison R G. Coherent beam combining of fiber amplifier array output through spectral self-phase conjugation via SBS[J]. Proc. of SPIE, 2006, 6102:1-2.

[79] Lombard L, Brignon A, Huignard J P, et al. Beam cleanup in a self-aligned gradient-index Brillouin cavity for high-power multimode fiber amplifiers[J]. Opt. Lett., 2006, 31(2): 158-160.

[80] Steinhausser B, Brignon A, Lallier E, et al. High energy, single-mode, narrow-linewidth fiber laser source using stimulated Brillouin scattering beam cleanup[J]. Opt. Express, 2007, 15(10): 6464-6469.

[81] Choi B J. Investigation of laser beam combining and clean-up via seeded stimulated brillouin scattering in multimode optical fibers[D]. Dayto: Air Force Institute of Technology, 2000.

[82] Bellanger C, Brignon A, Colineau J, et al. Coherent fiber combining by digital holography[J]. Opt. Lett., 2008, 33(24): 2937-2939.

[83] Russell T H. Laser intensity scaling through stimulated scattering in optical fibers[D]. Dayto:Air Force Institute of Technology, 2001.

[84] Grime B W. Multiple channel laser beam combination and phasing using stimulated Brillouin scattering in optical fibers[D]. Dayto: Air Force Institute of Technology, 2005.

[85] Grime B W, Roh W B, Alley T G. Beam – phasing multiple – fiber amplifiers using a fiber phase conjugate mirror[J]. Laser & Applications in Science & Engineering, 2006;6102.

[86] Wang S, Lin Z, Lu D, et al. Investigation of serial coherent laser beam combination based on Brillouin amplification[J]. Laser Part. Beams, 2007, 25 (01): 79 – 83.

[87] Shardlow P C, Damzen M J. Phase conjugate self – organized coherent beam combination: a passive technique for laser power scaling[J]. Opt. Lett., 2010, 35 (7): 1082 – 1084.

[88] Kong H J, Lee S K, Lee D W. Beam combined laser fusion driver with high power and high repetition rate using stimulated Brillouin scattering phase conjugation mirrors and self – phase – locking[J]. Laser Part. Beams, 2005, 23 (01): 55 – 59.

[89] Kong H J, Yoon J W, Shin J S, et al. Long – term stabilized two – beam combination laser amplifier with stimulated Brillouin scattering mirrors[J]. Appl. Phys. Lett., 2008, 92 (2): 021120 – 021120.

[90] Hong Jin Kong, Sangwoo Park, Seongwoo Cha, et al. Conceptual design of the Kumgang laser: a high – power coherent beam combination laser using SC – SBS – PCMs towards a dream laser[J]. High Power Laser Science and Engineering, 2015, 3: 1.

[91] Anderegg J, Brosnan S J, Weber M E, et al. 8W coherently phased 4 – element fiber array[J]. Proc. of SPIE, 2003, 4974: 1 – 6.

[92] Anderegg J, Brosnan S, Cheung E, et al. Coherently coupled high power fiber arrays[J]. Proc. of SPIE, 2006, 6102: 61020U.

[93] Jones C, Turner A J, Scott A M, et al. A multi – channel phase locked fibre bundle laser[J]. Proc. of SPIE, 2010, 7580(6):491 – 513.

[94] 侯静, 肖瑞, 姜宗福, 等. 三路掺镱光纤放大器的相干合成实验研究[J]. 强激光与粒子束, 2006, 18 (10): 1585 – 1588.

[95] Fan X Y, Liu J, Liu J, et al. Experimental investigation of a seven – element hexagonal fiber coherent array[J]. Chin. Opt. Lett., 2010, 8 (1): 48 – 51.

[96] Fan X Y, Liu J, Liu J, et al. Coherent combining of a seven – element hexagonal fiber array[J]. Opt. Laser Technol., 2010, 42 (2): 274 – 279.

[97] Goodno G D, McNaught S J, Rothenberg J E, et al. Active phase and polarization locking of a 1.4kW fiber amplifier[J]. Opt. Lett., 2010, 35 (10): 1542 – 1544.

[98] Goodno G D, Book L D, Rothenberg J E, et al. Narrow linewidth power scaling and phase stabilization of 2 – um thulium fiber lasers [J]. Opt. Eng., 2011, 50 (11):1608.

[99] Shay T M. Theory of electronically phased coherent beam combination without a reference beam[J]. Opt. Express, 2006, 14 (25): 12188 – 12195.

[100] 马阎星. 光纤激光抖动法相干合成技术研究[D]. 长沙:国防科学技术大学,2012.

[101] Ma Y, Zhou P, Wang X, et al. Coherent beam combination with single frequency dithering technique [J]. Opt. Lett., 2010, 35 (9): 1308 – 1310.

[102] Ma Y, Zhou P, Wang X, et al. Active phase locking of fiber amplifiers using sine – cosine single – frequency dithering technique[J]. Appl. Opt., 2011, 50 (19): 3330 – 3336.

[103] Bruesselbach H, LMinden M L, Wang S, et al. A coherent fiber – array – based laser link for atmospheric aberration mitigation and power scaling[C]. Proc. of SPIE, 2004, 5338: 90 – 101.

[104] Mangir M, Bruesselbach H, Minden M, et al. Atmospheric aberration mitigation and transmitter power

scaling using a coherent fiber array[C] // Proc. Aerospace Conference, 2004, 3:1750.

[105] Shay T M, Benham V. First experimental demonstration of phase locking of optical fiber arrays by RF phase modulation[C]. Proc. of SPIE, 2004, 5550:313-319.

[106] Shay T M, Benham V, Baker J T, et al. First experimental demonstration of self-synchronous phase locking of an optical array[J]. Opt. Express, 2006, 14(25):12015-12021.

[107] Shay T M, Baker J T, Sanchez A D, et al. High-power phase locking of a fiber amplifier array[J]. Proc. of Spie, 2009, 7195:71951M.

[108] Flores A, Shay T M, Lu C A, et al. Coherent beam combining of fiber amplifiers in a kW regime[C] // Conference on Lasers and Electro-Optics. 2011, CFE3.

[109] Thielen P A, Ho J G, Burchman D A, et al. Two-dimensional diffractive coherent combining of 15 fiber amplifiers into a 600 W beam[J]. Opt. Lett., 2012, 37(18):3741-3743.

[110] Arnaud Brignon, Jérome Bourderionnet, Cindy Bellanger, et al. Coherent Laser Beam Combining:Chapter 5[M]. Weinheim:Wiley-VCH, 2013.

[111] McNaught S J, Thielen P, Adams L N, et al. Scalable coherent combining of kilowatt fiber amplifiers into a 2.4-kW beam[J]. IEEE Journal of Selected Topics in Quantum Electronics 2014, 20(5):174-181.

[112] Jolivet V, Bourdon P, Bennaï B, et al. Beam Shaping of Single-Mode and Multimode Fiber Amplifier Arrays for Propagation Through Atmospheric Turbulence[J]. IEEE J. Sel. Top. Quantum Electron., 2009, 15(2):257-268.

[113] Ma Y, Liu Z, Zhou P, et al. Coherent Beam Combination of Three Fiber Amplifiers with Multi-dithering Technique[J]. Chin. Phys. Lett, 2009, 26(4):044204.

[114] Ma Y, Wang X, Leng J, et al. Coherent beam combination of 1.08kW fiber amplifier array using single frequency dithering technique[J]. Opt. Lett., 2011, 36(6):951-953.

[115] 刘泽金,王小林,周朴,等. 9路光纤激光相干合成实现1.56kW高功率输出[J]. 中国激光, 2011, 38(7):0705008.

[116] Azarian A, Bourdon P, Lombard L, et al. Orthogonal coding methods for increasing the number of multiplexed channels in coherent beam combining [J]. Applied Optics, 2014, 53(8):1493-1502.

[117] Tang X, Huang Z, Zhang D, et al. An active phase locking of multiple fiber channels via square wave dithering algorithm[J]. Optics Communications, 2014, 321:198-204.

[118] Ahn H K, Kong H J. Cascaded multi-dithering theory for coherent beam combining of multiplexed beam elements[J]. Optics Express, 2015, 23(9):12407-12413.

[119] Ahn H K, Park S W, Kong H J. PZT-modulated coherent four-beam combination system with high-control bandwidth by using modified multi-dithering theory[J]. Applied Physics B, 2015, 118(1):7-10.

[120] Vorontsov M A, Carhart W, Ricklin J C. Adaptive phase-distortion correction based on parallel gradient-descent optimization[J]. Opt. Lett., 1997, 22(12):907-909.

[121] Vorontsov M A, Sivokon V P. Stochastic parallel-gradient-descent technique for high-resolution wave-front phase-distortion correction [J]. J. Opt. Soc. Am. A, 1998, 15(10):2745-2758.

[122] Born M, Wolf E. Principles of Optics[M]. London:The United Kingdom:Cambridge University Press, 1999:304-305.

[123] 侯静,肖瑞,刘泽金,等. 两种方法实现对掺镱光纤放大器的相位校正[J]. 强激光与粒子束, 2006, 18(11):1779-1782.

[124] Yang P, Hu S J, Chen S Q, et al. Research on the Phase Aberration Correction with a Deformable Mirror Controlled by a Genetic Algorithm[J]. J. Phys.: Conf. Ser., 2006, 48(1): 1017.

[125] 周朴, 马阎星, 王小林, 等. 模拟退火算法光纤放大器相干合成[J]. 强激光与粒子束, 2010, 22(5): 973-977.

[126] Liu L, Voronstov M A, Polnau E, et al. Adaptive Phase-Locked Fiber Array with Wavefront Phase Tip-Tilt Compensation using Piezoelectric Fiber Positioners[C]. Proc. of Spie, 2007, 6708: 67080K.

[127] Liu L, Vorontsov M A. Phase-Locking of Tiled Fiber Array using SPGD Feedback Controller[C]. Proc. of Spie, 2005, 58950: 58950P.

[128] Yu C X, Kansky J E, Shaw S E J, et al. Coherent beam combining of a large number of PM fibers in a 2-D fiber array[J]. Electron. Lett., 2006, 42(18): 1024-1025.

[129] 杨若夫, 杨平, 沈锋. 基于能动分块反射镜的激光相干合成实验研究[J]. 中国激光, 2010, 37(2): 424-427.

[130] 郑轶, 王晓华, 沈锋, 等. 基于能动分块反射镜的七路激光阵列倾斜校正与相干合成实验研究[J]. 中国激光, 2011, 38(8): 0802009.

[131] Zheng Y, Wang X, Deng L, et al. Experimental investigation of segmented adaptive optics for spatial laser array in an atmospheric turbulence condition[J]. Optics Communications, 2011, 284(20): 4975-4982.

[132] Wang X, Zhou P, Ma Y, et al. Active phasing a nine-element 1.14kW all-fiber two-tone MOPA array using SPGD algorithm[J]. Opt. Lett., 2011, 36(16): 3121-3123.

[133] Wang X, Leng J, Zhou P, et al. 1.8kW simultaneous spectral and coherent combining of three-tone nine-channel all-fiber amplifier array[J]. Appl. Phys. B, 2012, 107(3): 785-790.

[134] Yu C X, Augst S J, Redmond S M, et al. Coherent combining of a 4kW, eight-element fiber amplifier array[J]. Opt. Lett., 2011, 36(14): 2686-2688.

[135] Redmond S M, Ripin D J, Yu C X, et al. Diffractive coherent combining of a 2.5kW fiber laser array into a 1.9kW Gaussian beam[J]. Opt. Lett., 2012, 37(14): 2832-2834.

[136] Weyrauch T, Vorontsov M A, Carhart G W, et al. Experimental demonstration of coherent beam combining over a 7km propagation path[J]. Opt. Lett., 2011, 36(22): 4455-4457.

[137] Weyrauch T, Vorontsov M, Mangano J, et al. Deep turbulence effects mitigation with coherent combining of 21 laser beams over 7 km[J]. Opt. Lett. 2016:41, 840-843.

[138] Wang X, Zheng Y, Shen F, et al. Theoretical analysis of tuning coherent laser array for several applications[J]. JOSA A, 2012, 29(5): 702-710.

[139] Zhou P, Liu Z, Wang X, et al. Coherent Beam Combining of Fiber Amplifiers Using Stochastic Parallel Gradient Descent Algorithm and Its Application[J]. IEEE J. Sel. Top. Quantum Electron., 2009, 15(2): 248-256.

[140] Lachinova Svetlana L, Vorontsov Mikhail A. Exotic laser beam engineering with coherent fiber-array systems[J]. J. Opt., 2013, 15:105501.

[141] Yang P, Yang R, Shen F, et al. Coherent combination of two ytterbium fiber amplifier based on an active segmented mirror[J]. Opt. Commun., 2009, 282(7): 1349-1353.

[142] Bourderionnet J, Bellanger C, Primot J, et al. Collective coherent phase combining of 64 fibers[J]. Opt. Express, 2011, 19(18): 17053-17058.

[143] Antier M, Bourderionnet J, Larat C, et al. kHz ClosedLoop Interferometric Technique for Coherent Fiber Beam Combining[J]. Selected Topics in Quantum Electronics, IEEE Journal of, 2014, 20(5): 1-6.

[144] Bellanger C, Toulon B, Primot J, et al. Collective phase measurement of an array of fiber lasers by quadriwave lateral shearing interferometry for coherent beam combining[J]. Opt. Lett., 2010, 35(23): 3931-3933.

[145] Glova A F. Phase locking of optically coupled lasers [J]. Quantum. Electronics, 2003, 33(4): 283-306.

[146] Buczek C J, Freiberg R J. Hybrid injection locking of higher power CO_2 lasers [J]. IEEE J. Quantum Electron, 1972, 8(7): 641-650.

[147] Abramski K M, Colley A D, Baker H J, et al. Phase-locked CO_2 laser array using diagnoal coupling of waveguide channels [J]. Appl. Phys. Lett., 1990, 60(5): 530-532.

[148] Hornby A M, Baker H J, Colley A D, et al. Phase locking of linear arrays of CO_2 waveguide lasers by the waveguide confined Talbot effect[J]. Appl. Phys. Lett., 1993, 63(19): 2591-2593. .

[149] Hornby A M, Baker H J, Hall D R. Combined array/slab waveguide CO_2 lasers [J]. Opt. Commun., 1994, 108: 97.

[150] Glova A F, Lysikov A Yu, Musena E I. Phase locking of 2D laser arrays by the spatial filter method [J]. Quantum Electronics, 2002, 32(3):277-278.

[151] Falk J, Kanefsky M, Suni P. Limits to the efficiency of beam combination by stimulated Brillouin scattering [J]. Opt. Lett., 1988, 13(1): 13-15.

[152] Sternklar S, Chomsky D, Jackel S, et al. Misalignment sensitivity of beam combining by stimulated Brillouin scattering [J]. Opt. Lett., 1990, 15(9): 469-470.

[153] Rodgers B C, Russell T H, Roh W B. Laser beam combining and cleanup by stimulated Brillouin scattering in a multimode optical fiber [J]. Opt. Lett., 1999, 24(16): 1124-1126.

[154] Napartovich A P. Phase-locking of laser arrays: problems and solutions [J]. Proc. of SPIE, 2000, 4065: 748-758.

[155] Injeyan H, Goodno G D. High power laser handbook[M]. New York: McGraw-Hill Professional, 2011.

[156] Fridman M, Eckhouse V, Davidson N, et al. Simultaneous coherent and spectral addition of fiber lasers [J]. Opt. Lett., 2008, 33(7): 648-650.

[157] Wang X L, Zhou P, Ma Y X, et al. Coherent beam combining of pulsed fiber lasers with hybrid phase control[J]. Laser Phys., 2010, 20(6): 1453-1458.

[158] Wang X, Zhou P, Ma Y, et al. Coherent beam combining of hybrid phase control in master oscillator-power amplifier configuration [J]. Chin. Phys. B, 2010, 19(9): 094202.

第4章 高功率光纤激光非线性效应产生机理与抑制方法

从本章开始,我们陆续介绍高平均功率光纤激光相干合成系统中各项关键技术。本章和第5章围绕单束激光展开,主要研究单束激光功率提升面临的技术难题:非线性效应和模式不稳定效应。

在高功率光纤激光器中,由于光纤长度长、模场面积小,激光功率密度极高,电介质对激光的响应呈非线性,极易发生各种非线性效应[1]。在石英玻璃光纤中,由于SiO_2为对称分子,因而通常不表现出二阶非线性效应,只考虑三次谐波产生、四波混频(Four-Wave Mixing,FWM)和非线性折射等三阶非线性效应。其中,非线性折射无须相位匹配,因而容易观察到,其中研究最为广泛的是自相位调制(Self-Phase Modulation,SPM)效应和交叉相位调制(Cross-Phase Modulation,XPM)效应。光纤中还存在另一类非线性效应,光场与介质之间存在能量转移,称为受激非弹性散射,主要包括受激布里渊散射(Stimulated Brillouin Scattering,SBS)和受激拉曼散射(Stimulated Raman Scattering,SRS)。在高功率窄线宽光纤激光中,SBS和SRS是限制激光功率的主要因素,SPM是影响窄线宽脉冲激光光谱特性的主要因素,本章重点介绍它们的产生机理和抑制方法。

4.1 光纤中非线性产生的基本原理

光纤中的非线性是由光场与光纤基质材料的电偶极子相互作用产生的。由于光波也是电磁波,满足麦克斯韦方程组:

$$\nabla \times \boldsymbol{E} = -\frac{\partial \boldsymbol{B}}{\partial t} \tag{4-1}$$

$$\nabla \times \boldsymbol{H} = \boldsymbol{J} + \frac{\partial \boldsymbol{D}}{\partial t} \tag{4-2}$$

$$\nabla \times \boldsymbol{D} = \rho \tag{4-3}$$

$$\nabla \times \boldsymbol{B} = 0 \tag{4-4}$$

和物质方程组：

$$D = \varepsilon_0 E + P \quad (4-5)$$

$$B = \mu_0 H + M \quad (4-6)$$

式中：E 和 H 分别为电场强度和磁场强度矢量；D、B 分别为电位移矢量和磁感应强度矢量。电流密度矢量 J 和电荷密度 ρ 表示磁场的源。由于光纤中不存在自由电荷，$J=0$，$\rho=0$。ε_0 为真空中介电常数；μ_0 为真空中的磁导率；P、M 分别为感应电极化强度和磁极化强度。由于光纤是非铁磁性介质，其中不存在自由电荷，$M=0$。电位移矢量 D 与电场强度 E、磁感应强度 B 与磁场强度矢量 H 之间通过物质方程联系起来。

将物质方程代入麦克斯韦方程，用 E、P 消去 B、D，得

$$\nabla \times \nabla \times E = -\frac{1}{c^2}\frac{\partial^2 E}{\partial t^2} - \mu_0 \frac{\partial^2 P}{\partial t^2} \quad (4-7)$$

式中：$\varepsilon_0 \mu_0 = 1/c^2$；$c$ 为真空中的光速。

在光纤中，由于关注的激光频率主要在 $0.9 \sim 1.2\mu m$ 波段，远离光纤基质的共振频率，因此，电极化强度可以写成[1]

$$P(r,t) = \varepsilon_0(\chi^{(1)}E + \chi^{(2)}:EE + \chi^{(3)}EEE + \cdots) \quad (4-8)$$

式中：$\chi^{(j)}$ 为第 j 阶电极化率。一般的介质（包括光纤）中，线性极化率 $\chi^{(1)}$ 对 P 的变化影响最大，主要体现在折射率 n 和衰减常数 α 内。$\chi^{(2)}$ 是二阶极化率，一般只存在于具有非反演对称的介质，对于硅基光纤，由于 SiO_2 分子是对称结构，因此在光纤中 $\chi^{(2)}=0$，光纤中一般只呈现三阶非线性效应。

4.2 受激布里渊散射

4.2.1 受激布里渊散射的产生机理

在单频光纤激光器的所有非线性效应中，SBS 阈值最低，且会将前向传输信号激光功率转换为后向斯托克斯光，严重限制输出激光功率，是窄线宽光纤激光器和放大器功率提升的首要限制因素。

SBS 的产生可以描述为泵浦激光（Pump Wave）和斯托克斯光（Stokes Wave）通过声波场（Acoustic Wave）进行的非线性相互作用，如图 4-1（a）所示[2]。泵浦激光引起的折射率光栅通过布拉格衍射散射泵浦光，形成后向斯托克斯光；后向斯托克斯光与泵浦激光发生干涉，通过电致伸缩效应（Electrostriction）产生声波，声波场反过来调制介质折射率并增强对泵浦激光的后向散射。由于多普勒位移与以声速 v_A 移动的光栅有关，散射光产生了下频移。从量子力学的观点，SBS 散射过程可以看成是一个泵浦光子湮灭，同时产生一个斯托克斯光子和一

个声学声子。

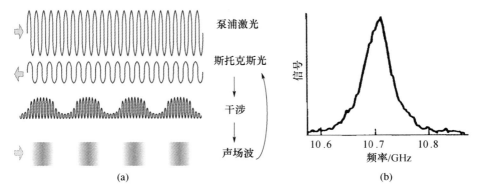

图 4-1 SBS 的物理过程示意图

(a)SBS 的物理过程;(b)某石英光纤的布里渊增益谱。

根据散射动量守恒的原理,泵浦激光、斯托克斯光和声学声子满足动量守恒定律,如图 4-2 所示[2]。

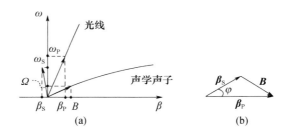

图 4-2 SBS 的矢量图

(a)SBS 产生斯托克斯光的示意图;(b)SBS 矢量图。

由图 4-2(a)可知,声学声子的频率为

$$\Omega_B \approx v_A B \tag{4-9}$$

式中:v_A 为声速,在玻璃光纤基质中 $v_A \approx 5.96 \text{km/s}$;$B$ 由泵浦激光和斯托克斯光之间的角度决定。考虑泵浦激光和斯托克斯光的波矢近似相当,即 $\beta_S = \beta_P = \omega_p n_p / c$,根据图 4-2(b),$B$ 表示为

$$B \approx 2 \frac{\omega_p n_p}{c} \sin \frac{\varphi}{2} \tag{4-10}$$

那么斯托克斯光的频移为

$$\Omega_B \approx 2 v_A \frac{\omega_p n_p}{c} \sin \frac{\varphi}{2} \tag{4-11}$$

根据式(4-11),当泵浦激光与散射光之间角度 φ 为 180°时,斯托克斯光的频移最大,此时产生后向斯托克斯光。

$$\Omega_B \approx 2v_A \frac{\omega_p n_p}{c} \tag{4-12}$$

实际上，当 $\varphi = 0$ 时，也存在由于横向声场与泵浦激光相互作用而产生的前向 SBS[3]，但是由于该散射是与泵浦激光方向相同，不会影响激光器的输出功率，本书中不予考虑。

4.2.2 传能光纤中的受激布里渊散射理论模型

在传能光纤中，单频连续光产生的斯托克斯光功率可以利用单频泵浦光与 SBS 之间的耦合波方程来描述[1,4]：

$$-\frac{dI_{SBS}}{dz} = g_B I_P I_{SBS} - \alpha_{SBS} I_{SBS} \tag{4-13}$$

$$-\frac{dI_P}{dz} = -g_B I_P I_{SBS} - \alpha_P I_P \tag{4-14}$$

式中：I_P、I_{SBS} 分别为泵浦激光和后向斯托克斯光的光强；α_P、α_{SBS} 分别为泵浦激光和斯托克斯光的损耗系数；g_B 为 SBS 增益谱，可以描述为

$$g_B(\Omega) = g_p \frac{(\Gamma_B/2)^2}{(\Omega - \Omega_B)^2 + (\Gamma_B/2)^2} \tag{4-15}$$

式中：Ω 为频率；$\Gamma_B = 1/T_B$ 为声光衰减系数；T_B 为光子寿命，一般小于 10ns；g_p 为当 $\Omega = \Omega_B$ 时的峰值增益，可以表示为

$$g_p = g_B(\Omega_B) = \frac{8\pi^2 \gamma_e^2}{n_p \lambda_p^2 \rho_0 c v_A \Gamma_B} \tag{4-16}$$

式中：γ_e、ρ_0 分别为电致伸缩常量和密度，在光纤基质（SiO_2）中 $\gamma_e \approx 0.902$，$\rho_0 \approx 2210 kg/m^3$，$v_A = 5.96 km/h$，$n_p = 1.45$。

那么，在没有放大增益的介质中，产生的 SBS 可以利用式（4-13）和式（4-14）所示的耦合方程来计算。定义当入射端的后向斯托克斯光功率与输出端的泵浦功率相等时的注入泵浦功率为被动光纤中的 SBS 阈值。此时，SBS 阈值可以利用下式估算[1]：

$$P_{th} = \frac{21 A_{eff}}{g_B L_{eff}} \tag{4-17}$$

式中：L_{eff} 为泵浦光与斯托克斯光的有效作用长度：

$$L_{eff} = (1 - \exp^{-\alpha L})/\alpha \tag{4-18}$$

式中：A_{eff} 为光场 $F(x,y)$ 的有效模场面积：

$$A_{eff} = \frac{\left[\iint_{-\infty}^{\infty} |F(x,y)|^2 dxdy\right]^2}{\iint_{-\infty}^{\infty} |F(x,y)|^4 dxdy} \tag{4-19}$$

4.2.3 增益光纤中的受激布里渊散射理论模型

前述的传能光纤中的 SBS 耦合波模型不能对光纤放大器中的 SBS 进行有效分析。在光纤激光器和放大器中,需要结合激光器的速率方程来考虑 SBS 与泵浦激光的耦合过程。根据相关文献,综合包含 ASE 的激光器速率方程模型[5]、单频率激光产生 SBS 的速率方程模型[6,7],本书中考虑光纤激光器/放大器中的泵浦激光也为多个波长、后向的单频信号光产生前向 SBS 的过程,将单频放大器中的 SBS 速率方程写成

$$\pm \frac{dP_m^{p\pm}(\lambda_m^p,z)}{dz} = \Gamma_p P_m^{p\pm}(\lambda_m^p,z)[\sigma_m^{ep}(\lambda_m^p)N_2(z) - \sigma_m^{ap}(\lambda_m^p)N_1(z)] - \alpha_m^p(\lambda_m^p)P_m^{p\pm}(\lambda_m^p,z) \tag{4-20}$$

$$\pm \frac{dP_n^{s\pm}(\lambda_n^s,z)}{dz} = \Gamma_s P_n^{s\pm}(\lambda_n^s,z)[\sigma_n^{es}(\lambda_n^s)N_2(z) - \sigma_n^{as}(\lambda_n^s)N_1(z)] + 2\Gamma_s \sigma_n^{es}(\lambda_n^s)N_2(z)P_n^{s0}(\lambda_n^s)\Delta\lambda - \alpha_n^s(\lambda_n^s)P_n^{s\pm}(\lambda_n^s,z) \tag{4-21}$$

$$\pm \frac{dP_0^{s\pm}(\lambda_0^s,z)}{dz} = \Gamma_s P_0^{s\pm}(\lambda_0^s,z)[\sigma_0^{es}(\lambda_0^s)N_2(z) - \sigma_0^{as}(\lambda_0^s)N_1(z)] - \alpha_0^s(\lambda_0^s)P_0^{s\pm}(\lambda_0^s,z) - P_0^{s\pm}(\lambda_0^s,z)\sum_i g_i^{SBS} P_i^{SBS\mp}/A_{eff} \tag{4-22}$$

$$\pm \frac{dP_i^{SBS\pm}(\lambda_i,z)}{dz} = -\Gamma_{SBS} P_i^{SBS\mp}(\lambda_i^{SBS},z)[\sigma_i^{eSBS}(\lambda_i^{SBS})N_2(z) - \sigma_i^{aSBS}(\lambda_i^{SBS})N_1(z)] + \alpha_i^{SBS}(\lambda_i^{SBS})P_i^{SBS\pm}(\lambda_i^{SBS},z) - P_0^{s\pm}(\lambda_0^s,z)\sum_i g_i^{SBS} P_i^{SBS\mp}/A_{eff} \tag{4-23}$$

$$N_2(z) = N_0 \left[\frac{\Gamma_p \sum_{m=1}^{M} \lambda_m^p \sigma_m^{ap}(P_m^{p+} + P_m^{p-}) + \Gamma_s \sum_{n=0}^{N} \lambda_n^s \sigma_n^{as}(P_n^{s+} + P_n^{s-}) + \Gamma_{SBS} \sum_{i=1}^{I} \lambda_i^{SBS} \sigma_i^{ASBS}(P_i^{SBS+} + P_i^{SBS-})}{\Gamma_p \sum_{m=1}^{M} \lambda_m^p (\sigma_m^{ap} + \sigma_m^{ep})(P_m^{p+} + P_m^{p-}) + \Gamma_s \sum_{n=0}^{N} \lambda_n^s (\sigma_n^{as} + \sigma_n^{es})(P_n^{s+} + P_n^{s-}) + \Gamma_{SBS} \sum_{i=1}^{I} \lambda_i^{SBS} (\sigma_i^{aSBS} + \sigma_i^{eSBS})(P_i^{SBS+} + P_i^{SBS-}) + \hbar c A_{eff}/\tau} \right] \tag{4-24}$$

$$N_0 = N_1(z) + N_2(z) \tag{4-25}$$

$$P_n^{s0}(\lambda_n^s) = \hbar c^2/(\lambda_n^s)^3 \tag{4-26}$$

式中：上标表示物理量的属性；下标表示物理量的序数。例如，$P_m^{p\pm}$ 中的上标 p 表示为泵浦激光，"±"表示沿着正、负传播方向，下标 m 表示泵浦波长的序数。主要参数表述如表 4-1 所列。

表 4-1 速率方程中主要物理量及其表述

符号	物理量	符号	物理量
M	泵浦激光波长数目	n	泵浦激光波长序数
N	信号光波长数目	n	信号光波长序数
I	SBS 的斯托克斯光波长数目	i	SBS 的斯托克斯光波长序数
$P_m^{p+}(\lambda_m^p, z)$	正向泵浦功率随光纤长度的分布	$P_m^{p-}(\lambda_m^p, z)$	反向泵浦功率随光纤长度的分布
$P_n^{s+}(\lambda_n^s, z)$	正向 ASE 功率随光纤长度的分布	$P_n^{s-}(\lambda_n^s, z)$	反向 ASE 功率随光纤长度的分布
$P_0^{s+}(\lambda_0^s, z)$	正向单频信号功率随光纤长度的分布	$P_0^{s-}(\lambda_0^s, z)$	反向单频信号功率随光纤长度的分布
$P_i^{SBS+}(\lambda_i^{SBS}, z)$	正向 SBS 功率随光纤长度的分布	$P_i^{SBS-}(\lambda_i^{SBS}, z)$	反向 SBS 功率随光纤长度的分布
σ_m^{ap}	泵浦激光吸收截面	σ_m^{ep}	泵浦激光发射截面
σ_n^{as}	ASE 吸收截面	σ_n^{es}	ASE 发射截面
σ_0^{as}	信号光吸收截面	σ_0^{es}	信号光发射截面
σ_i^{aSBS}	斯托克斯光吸收截面	σ_i^{eSBS}	斯托克斯光发射截面
$\alpha_m^p(\lambda_m^p)$	泵浦激光散射损耗	$\alpha_n^s(\lambda_n^s)$	ASE 散射损耗
$\alpha_0^s(\lambda_0^s)$	信号光散射损耗	$\alpha_i^{SBS}(\lambda_i^{SBS})$	斯托克斯光散射损耗
a	光纤纤芯半径	b	光纤内包层半径
N_0	掺杂离子浓度	$N_1(z)$	基态粒子数目
$N_2(z)$	激发态粒子数	Γ_{SBS}	斯托克斯光填充因子
Γ_p	泵浦激光填充因子	Γ_s	信号光填充因子
$\hbar$	普朗克常数	A_{eff}	纤芯有效面积
τ	上能级寿命	c	光速

在光纤放大器中，SBS 的产生过程相对复杂，实际的 SBS 值可以利用式(4-20)~式(4-26)耦合方程来计算，也可以利用下式来进行估算[8]：

$$P_{out}^{SBS} = \frac{21 A_{eff}}{g_B L_{eff}} \qquad (4-27)$$

与式(4-17)不同，式(4-27)中有效光纤长度为

$$L_{eff} = [e^{(gL)} - 1]/g \qquad (4-28)$$

式中：$g = \ln G/L$ 为放大器在单位长度上的增益系数；G 为线性增益系数；L 为光纤实际长度。将 $g = \ln G/L$ 代入式（4-27），可将增益光纤中的 SBS 阈值简化为

$$P_{\text{out}}^{\text{SBS}} = \frac{21 A_{\text{eff}}}{g_B L} \ln(G) \tag{4-29}$$

4.2.4 光纤放大器中受激布里渊散射的抑制方法

在窄线宽光纤放大器中，SBS 是限制激光功率的首要因素。为便于定性分析，可以用传能光纤中的阈值来估算，将式（4-15）和式（4-16）代入式（4-27），有

$$P_{\text{th}} = \frac{21 A_{\text{eff}} \ln(G)}{L} \frac{(\Omega - \Omega_B)^2 + (\Gamma_B/2)^2}{(\Gamma_B/2)^2} \frac{n_p \lambda_p^2 \rho_0 c v_A \Gamma_B}{8\pi^2 \gamma_e^2} \tag{4-30}$$

根据式（4-30），光纤放大器中的 SBS 与光纤有效模场面积 A_{eff}、光纤有效长度 L_{eff} 或增益光纤长度 L、放大器增益系数 G 和 SBS 增益系数 g_B 有关。因此为了提高 SBS 阈值，获得更高的输出功率，至少可以从以下四个方面考虑：

（1）增大光纤有效模场面积 A_{eff}；

（2）减小光纤有效长度 L_{eff} 或增益光纤长度 L；

（3）增加放大器增益系数 G；

（4）降低 SBS 增益系数 g_B，具体包括降低 SBS 峰值增益系数 g_p、展宽 SBS 增益谱。

上述几种方法中，第（1）~（3）种原理简单而且容易理解；第（4）种实际上包含了多种实现方式。此外，当种子激光为短脉冲激光时，也能够对光纤放大器中的 SBS 进行有效抑制。下面简单分析上述各种方法的基本原理和典型结果。

1. 增大光纤有效模场面积

光纤的有效模场面积由光纤的模场直径决定。在光纤中，模场直径为[4]

$$\text{MFD} \approx 2a \left(0.65 + \frac{1.619}{V^{\frac{3}{2}}} + \frac{2.879}{V^6} \right) \tag{4-31}$$

一般情况下，通过增加光纤纤芯直径能够增大有效模场面积，从而提高 SBS 的阈值。

在提高窄线宽放大器输出功率的初始研究阶段，研究人员就最先将提高 SBS 阈值的希望投入到增大光纤纤芯直径上。2009 年，英国南安普敦大学 Y. Jeong 等首先利用纤芯直径 25μm、数值孔径 NA = 0.06 的保偏掺杂光纤，将 3W 的单频激光放大到 402W，光束质量 $M^2 < 1.1$；在其他条件不变的情况下，他们将光纤更换为纤芯直径为 43μm、数值孔径 NA ≈ 0.09 的掺杂光纤，获得了 511W 的功率输出，但是由于光纤支持的模式较多，光束质量 M^2 退化为 1.6[9]。

在光纤中,激光的光束质量由光纤的纤芯和数值孔径共同决定,由于常规双包层光纤的数值孔径一般大于 0.04。为了保持较好的光束质量,如果以只支持两个模式 LP_{01} 和 LP_{11} 为截止条件,那么光纤纤芯直径一般要求小于 32μm。对于光子晶体光纤,通过特殊的结构设计,光纤数值孔径可以达到 0.03。为了保持良好的光束质量,对应的光纤纤芯直径要求小于 43μm。

2. 减小光纤有效长度

由于 SBS 阈值与光纤有效长度成反比,因此,减小掺杂光纤长度是提高 SBS 阈值的有效手段。2011 年,笔者课题组利用长度为 1.5m、吸收系数为 16dB/m 的掺杂光纤获得了输出功率为 300W 的全光纤单频率光纤激光输出,其光束质量 M^2 为 1.3[10]。采用短光纤是一种简单的提高 SBS 阈值的方法,但是为了有效吸收泵浦光,必须提高掺杂光纤的吸收系数,而吸收系数的提高,又会使掺杂光纤的温度非常高,不利于整个激光器的热管理。因此,在实际应用中,需要综合考虑光纤的吸收系数与 SBS 阈值的关系。

除了直接减小光纤长度,采用增益竞争实际上也是减小有效作用长度的方法[11]。在增益竞争多波长光纤放大器中,一般包含一个短波长的宽线宽激光和一个长波长的窄线宽激光,且波长差异较大,彼此之间能够形成有效的增益竞争。通常短波长激光先得到放大,然后再把功率转移到长波长激光中,最终输出激光以长波长、窄线宽激光为主[12-15]。2011 年,美国空军实验室利用 1045nm 宽谱种子与 1065nm 单频种子激光进行放大,通过增益竞争,在纤芯直径为 25μm 的全光纤放大器中,获得了 203W 的单频激光输出[11]。

3. 增加放大器的增益系数 G

增加放大器的增益系数,实际上就是将较小的种子激光放大到较高的功率输出。在高功率放大器中,为了抑制 ASE 并获得稳定的功率输出,一般的增益系数都较低。以 IPG photonics 公司的 10kW 放大器为例,种子激光功率约为 500W,放大器的增益为 20。但是,在窄线宽放大器中,为了提高 SBS 的阈值,人们希望在提高激光器增益系数的同时实现 ASE 的抑制。这就要求适当降低增益光纤的长度,并采用稳波长的泵浦源进行泵浦。2009 年英国南安普敦大学 Jeong 等就将 3W 的单频种子激光放大到 511W,增益系数为 170[9]。2010 年,Nufern 公司研究人员将 15W 左右的窄线宽种子功率放大器到 1000W[16],2013 年,他们又采用稳波长的泵浦源将 15W 左右的窄线宽种子功率放大到 1500W 以上。因此,通过增加放大器增益系数的方法能够一定程度提高 SBS 阈值,但是需要优化光纤放大器的参数设计,在实现 SBS 阈值提高的同时抑制 ASE。

4. 降低 SBS 增益系数 g_B

降低 SBS 增益系数主要包括降低 SBS 峰值增益系数 g_p 和展宽 SBS 有效增益谱两种。

1) 分离光场和声场降低 SBS 增益系数 g_p

SBS 效应本质上是光波场和声波场相互作用的结果，如果能够改变纤芯内的掺杂成分或掺杂分布，使光波场和声波场在不同的区域内传播，则可以降低它们的重叠度，达到分离声光模式的目的，从而有效降低纤芯的 SBS 增益系数。在单频光纤放大器中采用这种特殊设计的增益光纤，可大幅提高放大器的 SBS 阈值[17-22]。

表 4-2 中列出了石英光纤中常用的一些掺杂物对光波折射率和声波折射率的影响。在普通光纤的纤芯中，光波模和声波模有相同的分布，所以重叠因子接近于 1，若在纤芯中掺入一些特殊物质，如氧化铝（图 4-3），增加了光波模的折射率，但降低了声波模的折射率，这就使光波模始终被约束在纤芯区域，而声波模则主要在包层区，减少了它们之间相互作用的机会。

表 4-2　石英光纤中常用的一些掺杂物对光波折射率和声波折射率的影响

掺杂物	GeO_2	P_2O_3	TiO_2	B_2O_3	F_2	Al_2O_3
光波折射率	↑	↑	↑	↓	↓	↑
声波折射率	↑	↑	↑	↑	↑	↓

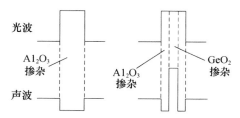

图 4-3　通过特殊掺杂改变纤芯内光波和声波折射率示意图

2007 年，S. Gray 等[22,23]通过在纤芯中同时掺入 GeO_2 和 Al_2O_3 的方法，拉制出特制的高 SBS 阈值的增益光纤，这种光纤的纤芯直径可达 39μm，同时具备了大模场面积的特点。使用这种光纤对线宽为 3kHz 的单频信号光进行放大，在双向各 400W 泵浦的条件下，得到了 502W 的放大光输出，并通过缠绕光纤的方式，抑制高阶模的产生，得到了近衍射极限的输出（$M^2 = 1.4$），在最高功率时没有明显的 SBS，输出功率仅受限于泵浦功率。理论计算表明，使用这种光纤的单频放大器，在后向泵浦条件下有望得到超过 1kW 的放大光输出。

2014 年，美国空军实验室报道了利用特殊设计的光子晶体光纤对声场进行调控，以提高 SBS 的增益系数[24]。设计的光纤截面如图 4-4(a)所示，纤芯直径为 38μm（模场直径为 30μm），其中区域 v_1、v_2 为掺杂区域，区域 v_3 为非掺杂区域。该掺杂光纤对应的 SBS 增益谱如图 4-4(b)所示，可以看出，其 SBS 的增益谱线分离成多个谱线，降低了 SBS 的增益系数，从而提高了 SBS 阈值。利用长度为9.2m的掺杂光纤,最终获得功率为811W的单频激光输出,光束质量$M^2 <$ 1.2。这是目前单频光纤激光的最高功率水平。

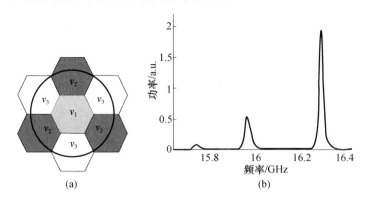

图4-4　特殊设计的光子晶体光纤截面及其对应的SBS增益谱
(a)设计的光纤截面;(b)掺杂光纤对应的SBS增益谱。

2) 展宽SBS有效增益谱以抑制SBS

在光纤中,有效的SBS增益谱为不同位置处增益谱的积分[25],即

$$\begin{aligned}
G(\nu) &= \int_0^L g_B(\nu,z)\mathrm{d}z \\
&= g_0 \int_0^L \frac{1}{1+\left[\left(\nu-\nu_B\left(\frac{z}{L}\right)\right)\Big/\left(\frac{\Delta\nu_B}{2}\right)^2\right]}\mathrm{d}z \\
&= g_0 L \int_0^1 \frac{1}{1+\left[(\nu-\nu_B(l))\Big/\left(\frac{\Delta\nu_B}{2}\right)^2\right]}\mathrm{d}l
\end{aligned} \quad (4-32)$$

式中:$g_B(\nu,z)$为在位置z处、频率ν处的SBS增益;$\nu_B\left(\dfrac{z}{L}\right)$为在$z$处的布里渊下频移,$\Delta\nu_B$为布里渊增益带宽。根据式(4-32),通过改变光纤长度位置z处的增益谱频移,就能改变光纤中的有效SBS增益谱。

光纤中SBS效应的中心频移与纤芯内的声速有关,如果能够采取一定的措施使声速沿光纤的纵向变化,那么光纤中SBS中心频移也会随着位置的不同而发生改变,如图4-5所示。

图4-5所示为光纤上三个不同点处SBS的增益谱。假设图4-5(b)中各点SBS中心频移沿光纤纵向连续变化,那么沿光纤积分就可以得到图4-6中的结果。从图4-6可以看出,通过连续改变光纤内不同位置处的SBS中心频移,可以明显展宽SBS的有效线宽,进而降低有效增益系数。如图4-6所示,当SBS的有效线宽由40MHz增至1GHz时,SBS的有效增益系数将降至之前的1/16。

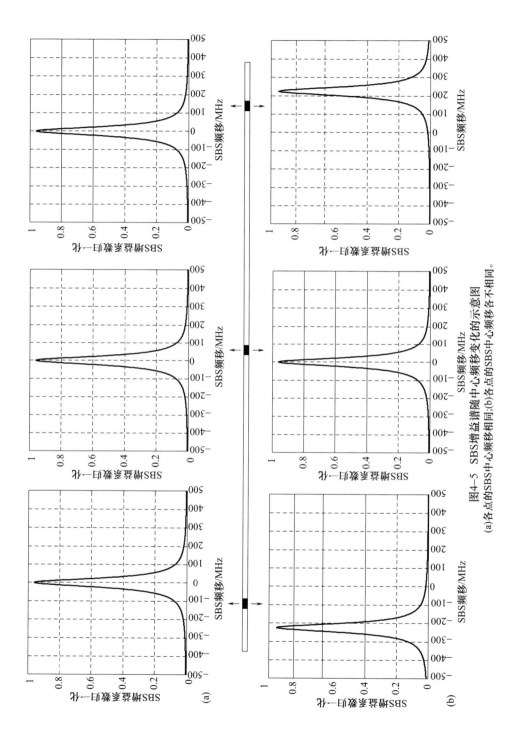

图4-5 SBS增益谱随中心频移变化的示意图
(a)各点的SBS中心频移相同;(b)各点的SBS中心频移各不相同。

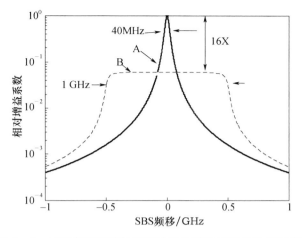

图 4-6 展宽布里渊散射的有效增益谱以抑制 SBS 的示意图

纤芯中的声速与其密度有关，通过在光纤上施加一定的温度或应力控制，可以改变纤芯内的密度分布，进而改变其中的 SBS 中心频移。由于 SBS 增益谱可以用一个洛伦兹函数表示，当 SBS 的中心频移发生偏移时，则应有如下表达式[26]：

$$g_B(\nu) = g_0 \frac{(\Delta\nu_B/2)^2}{[\nu - (\nu_0 + \Delta\nu_0)]^2 + (\Delta\nu_B/2)^2} \tag{4-33}$$

式中：$\Delta\nu_0$ 为温度或应力等因素引入的 SBS 中心频移的变化，如果其数值随光纤中纵向位置的变化而改变，就能得到图 4-5 和图 4-6 中所示的 SBS 抑制效果。

具体而言，展宽 SBS 有效增益谱具体包括以下几种方案：①在光纤长度方向施加温度梯度；②在光纤长度方向施加应力梯度；③采用多波长激光器。下面简单介绍各种方法的基本原理。

(1) 温度法展宽 SBS 增益谱。在光纤中，在光纤纵向位置 z 处，SBS 增益谱的形态与温度有关[27]，即

$$g(\nu_{SBS}, z) = g_0 \frac{\Delta\nu_B/2}{F_0 - F_c} \times \left[\arctan\left(\frac{F_0 - \nu_{SBS} + T_c \cdot C_T}{\Delta\nu_B/2}\right) - \arctan\left(\frac{F_c - \nu_{SBS} + T_c \cdot C_T}{\Delta\nu_B/2}\right) \right] \tag{4-34}$$

式中：$F_0 = 2n\nu_A/\lambda_s$，$F_c = 2n\nu_A[1 - (NA/n)^2]^{1/2}/\lambda_s$；$T_c$ 为纤芯中心温度；$C_T = 20\mathrm{MHz/K}$ 为光谱温度系数。因此，通过改变不同位置处的温度可以改变 SBS 的增益谱。如果在光纤纵向施加一定的温度梯度，那么 SBS 的增益谱将被展宽。

2001 年，Hansryd 等研究了不同温度梯度情况下，光纤中的 SBS 增益谱展宽情况[25]。当光纤中不存在温度梯度时，SBS 增益谱如图 4-7(a)所示。在光纤

整个长度区域内施加图4-7(b)所示的温度梯度时,光纤中SBS的增益谱得到了明显的展宽,如图4-7(c)所示。利用这种方法,如果将光纤内温度差异控制在350℃左右,传能光纤中的SBS阈值可以提高8dB。

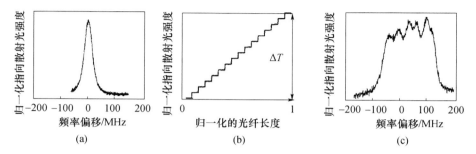

图4-7 施加温度梯度前后SBS的增益谱特性
(a)常规光纤的SBS增益谱;(b)施加的温度梯度;(c)展宽后的SBS增益谱。

在光纤放大器中,光纤吸收泵浦光后,相当部分功率转化为热量,使增益光纤本身就存在着一种温度分布,这在一定程度上起到了抑制SBS的作用。

(2)应力法展宽SBS增益谱。另一种展宽SBS增益谱的方法是应力法。在光纤放大器中,通常情况下,增益光纤内是没有应力分布存在的,因此必须通过外界施加的方式来改变光纤中的应力分布。由于涂覆层的保护,横向压力很难到达纤芯区域,而且横向压力很容易损伤光纤,因此一般不施加横向压力,纵向张力和压力是常用的应力施加方式[28]。在光纤中,施加纵向应力 ε 后,SBS的增益发生频移,即

$$\nu_B = \nu_B(0)[1 + C_s\varepsilon] \quad (4-35)$$

式中:$\nu_B(0)=16GHz$ 为斯托克斯光的初始频移;$C_s=4.6\%^{-1}$ 为系数。如果在掺杂光纤的纵向不同位置施加不同大小的应力,就能在该处将SBS的增益谱向高频方向频移,综合而言,SBS的增益谱会得到展宽。

2013年,中国科学院上海光机所利用应力梯度的方法提高放大器中的SBS阈值[28]。他们施加梯度应力如图4-8(a)所示,由该应力导致的SBS增益谱展宽如图4-8(b)所示。利用该方法,最终在纤芯为 $10\mu m$ 的掺杂光纤中,实现了大于170W的单频激光输出。

(3)窄线宽/多波长激光展宽SBS增益谱。展宽SBS增益谱的另外一种方法是采用多波长或窄线宽种子进行放大。这里说的窄线宽激光谱线较单频激光宽,但同时具备良好的相干性;多波长激光一般指的是多个单频激光,实际上多波长激光是窄线宽激光的一个特例。对于这类种子激光,由于信号光功率分布在多个频率成分上,谱功率密度较低,因而具有较小的SBS增益谱,从而提高了SBS阈值。图4-9给出了不同频率间隔的三波长激光形成的SBS增益谱[29]。

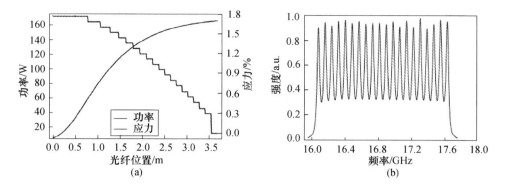

图4-8 施加梯度应力后SBS的增益谱
(a)施加的应力和光纤内激光功率分布;(b)应力分布导致的SBS增益谱展宽。

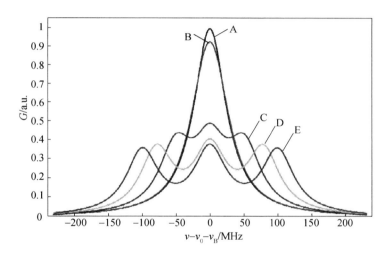

图4-9 不同频率间隔的三波长激光形成的SBS增益谱
A—单频;B—频率间隔为10MHz;C—频率间隔为50.7MHz;
D—频率间隔为78.7MHz;E—频率间隔为100MHz。

2004年,Weβeles等[30]首次提出采用多波长放大方式来抑制SBS效应的思想。通过在放大器中同时输入两个单频种子,SBS阈值提高了1.25倍,若两个单频种子的波长间隔为2倍布里渊频移,SBS阈值可提高约2.1倍。

5. 采用窄线宽种子激光

目前,已实现1kW(以上)高功率光纤激光输出的SBS抑制方法是利用窄线宽种子进行放大。获得窄线宽激光的方法主要有三种:①直接窄线宽法[31],即设计和生产满足要求的窄线宽的种子激光器;②谱线展宽法[32],即采用相位调制对单频激光进行谱线展宽获得窄线宽激光器;③带通滤波法[33,34],即利用带通滤波器对宽谱光源进行滤波获得窄线宽激光输出。目前,国际上对于谱线展宽法研究很多,如正弦相位调制[35]、白噪声调制[16]、啁啾调制[36,37]等。

2006 年,美国 Nufern 公司的研究人员利用高速相位调制对一束单频光纤激光种子源进行相位调制,将种子激光的线宽展宽至 7GHz,并利用三级功率放大器,将功率提升至千瓦量级[38]。2010 年,英国 QinetiQ 公司 D. C. Jones 等利用相同的方法将单频光纤激光种子源的线宽展宽至 2GHz,并成功实现了 4 路百瓦级光纤放大器的相干合成[39],与此同时,Northrop Grumman 公司 G. D. Goodno 等也通过高速相位调制的方式将单频激光线宽展宽至 25GHz,通过三级放大器,获得了 1.4kW 高功率光纤激光输出,并利用外差法对输出激光进行主动相位控制,控制残差小于 $\lambda/80$[40]。2010 年,美国 Nufern 公司的研究人员利用白噪声调制后的种子激光进行放大,获得了线宽为 3GHz,输出功率为 1kW 的窄线宽激光输出[16]。2014 年,美国陆军实验室利用啁啾种子调制的方式,获得了 600W 的高功率激光输出;他们利用该种子进行了相干合成,在啁啾频率 2.4×10^{14} Hz/s 时,相干合成中需要将各路光程误差控制在 1.7cm 以内[37]。

无论是多波长还是窄线宽种子抑制 SBS,其基本原理都是有效降低信号光的谱功率密度,进而能够抑制光纤放大器中的 SBS。可以看出,无论是哪种窄线宽放大器,不可避免地会展宽输出激光光谱,降低激光的相干性。

6. 采用短脉冲种子激光

在光纤中,SBS 过程中的介质响应时间由声子寿命决定,由于石英光纤中的声子寿命一般小于 10ns,当泵浦激光的脉冲宽度小于或接近声子寿命时,SBS 效应将得到抑制,而当脉冲宽度达到 1～2ns 时甚至更短时,SBS 将停止发生[1]。因此,短脉冲窄线宽脉冲激光可以抑制 SBS[41-44]。相关研究表明,脉冲激光与光纤的有效作用长度可以表示为[45]

$$L_{\text{overlap}} \approx \begin{cases} \min\left(L, \dfrac{ct_p}{2n}\right) & (L \leqslant Tc/2n) \\ \left(\left\langle \dfrac{2nL}{cT} \right\rangle - 1\right)\dfrac{ct_p}{2n} + \min\left\{\dfrac{ct_p}{2n}, L - \dfrac{1}{2}\left(\left\langle \dfrac{2nL}{cT} \right\rangle - 1\right)\left(\dfrac{Tc}{n}\right)\right\} & (L > Tc/2n) \end{cases}$$

(4-36)

式中:t_p 为脉冲激光的宽度;L 为光纤长度;T 为脉冲周期;n 为纤芯折射率;"〈 〉"表示取整,如〈2.3〉=3,用于计算一个斯托克斯脉冲激光可以在光纤内遇到的激光脉冲的数目。$L \leqslant Tc/2n$ 表示脉冲激光重频较低,一个激光脉冲产生的斯托克斯光不能与下一个激光脉冲相遇的情况;$L > Tc/2n$ 表示当光纤长度更长、激光重频更高时,一个激光脉冲产生的斯托克斯光脉冲可以和多个后续入射的激光脉冲发生相互作用的情况。

因此,合理设计光纤放大器参数,使有效作用长度足够短,能够有效抑制 SBS

效应。研究表明，在传能光纤中，脉冲激光对应的 SBS 阈值可近似表示为[45]

$$P_{\text{th-peak}} = 21 A_{\text{eff}}/g_B L_{\text{overlap}} \quad (4-37)$$

当 $L \leqslant Tc/2n$ 时，如果减小脉冲宽度 t_p 使 $L > \dfrac{ct_p}{2n}$，那么有效相互作用长度小于实际作用长度。因此，采用短脉冲激光能在一定程度上抑制 SBS，提高输出功率。

在上述的多种 SBS 抑制方法中，增大模场面积和减小光纤长度最简单和直接，但是增大模场面积会导致光束质量下降，要在较短的掺杂光纤中输出较高的功率，光纤中的热效应将非常严重。增加放大器的增益系数能有效抑制 SBS，但是同时需要考虑 ASE 的影响，需要合理优化放大器的参数。展宽增益谱有多种方法，其中的应力法、温度法理论上可行，但是在工程应用上存在一定的难度；窄线宽种子法是目前研究较多且输出功率最高的方法，但是由于激光线宽增加，对相干合成中的光程控制提出了较高的要求。采用短脉冲激光也是抑制 SBS 的有效方法，但是其峰值功率较高，易产生其他非线性效应，且在相干合成中需要进行严格的脉冲同步。

4.3 受激拉曼散射

4.3.1 受激拉曼散射的产生机理

SRS 属于非线性弹性散射，与 SBS 一样具有阈值特征。SRS 与 SBS 的主要区别在于 SBS 中参与的是声学声子，而 SRS 中参与的是光学声子。拉曼散射是指在任何分子介质中，自发拉曼散射将小部分（约为 10^{-6}）功率由一个光场转移到另一个频率下移的光场中，频率下移量由介质的振动模式决定。图 4-10(a) 为自发拉曼散射的示意图。

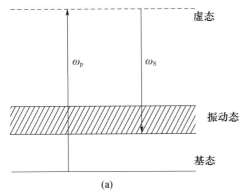
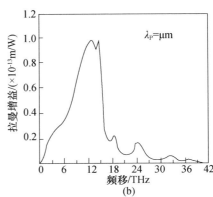

图 4-10 拉曼散射的物理过程示意图
(a) 自发拉曼散射；(b) 典型的拉曼增益谱。

从量子力学的角度,拉曼散射可以解释为一个能量为 $\hbar\omega_p$ 的光子被分子散射成另一个能量为 $\hbar\omega_s$ 的低频光子,同时分子完成两个振动态之间的跃迁。从光场角度看,入射光作为泵浦波产生称为斯托克斯波的频移光。自发拉曼散射光发生的是非相干辐射。而入射到非线性介质中的激光足够强时,生成的斯托克斯光发生的是相干辐射,其强度将在传输过程中得到放大;当泵浦功率超过某一阈值时,斯托克斯光近似呈指数增长,这就是受SRS。理论上,SRS是一个快变的过程,其响应时间小于 100fs[1]。如果脉冲激光的脉宽小于10fs,那么SRS也有可能得到较好的抑制。

与SBS类似,对于连续或准连续的情况,传能光纤中的SRS过程可以用以下两个耦合方程表示[1]:

$$\frac{dI_s}{dz} = g_R I_p I_s - \alpha_s I_s \tag{4-38}$$

$$\frac{dI_p}{dz} = -\frac{\omega_p}{\omega_s} g_R I_p I_s - \alpha_p I_p \tag{4-39}$$

式中:I_s、I_p 分别为斯托克斯光强和泵浦光强;α_s、α_p 分别为斯托克斯和泵浦光频率处的光纤损耗;$g_R(\Omega)$ 为拉曼增益系数;$\Omega = \omega_p - \omega_s$ 为描述SRS最重要的量,典型的石英光纤的归一化拉曼增益与频移(Ω)的变化关系如图4-10(b)所示[1]。在石英光纤中,拉曼增益谱宽可达40THz,峰值在13THz左右。在1μm处,峰值拉曼增益 $g_R = 1 \times 10^{-13}$。

SRS 阈值功率可以用连续激光的阈值公式近似计算[1]:

$$P_{th}^{SRS} = 16 A_{eff} / g_R L_{eff} \tag{4-40}$$

在增益光纤中,SRS的耦合波方程需要考虑信号光的放大作用,根据相关文献[46],结合前面SBS的理论模型,在不考虑其他非线性时,可以得到放大器中SRS的理论模型如下:

$$\pm \frac{dP_m^{p\pm}(\lambda_m^p, z)}{dz} = \Gamma_p P_m^{p\pm}(\lambda_m^p, z)[\sigma_m^{ep}(\lambda_m^p)N_2(z) - \sigma_m^{ap}(\lambda_m^p)N_1(z)] - \alpha_m^p(\lambda_m^p)P_m^{p\pm}(\lambda_m^p, z) \tag{4-41}$$

$$\pm \frac{dP_n^{s\pm}(\lambda_n^s, z)}{dz} = \Gamma_s P_n^{s\pm}(\lambda_n^s, z)[\sigma_n^{es}(\lambda_n^s)N_2(z) - \sigma_n^{as}(\lambda_n^s)N_1(z)] + 2\Gamma_s \sigma_n^{es}(\lambda_n^s)N_2(z)P_n^{s0}(\lambda_n^s)\Delta\lambda - \alpha_n^s(\lambda_n^s)P_n^{s\pm}(\lambda_n^s, z) \tag{4-42}$$

$$\pm \frac{dP_0^{s\pm}(\lambda_0^s, z)}{dz} = \Gamma_s P_0^{s\pm}(\lambda_0^s, z)[\sigma_0^{es}(\lambda_0^s)N_2(z) - \sigma_0^{as}(\lambda_0^s)N_1(z)] - \alpha_0^s(\lambda_0^s)P_0^{s\pm}(\lambda_0^s, z) - P_0^{s\pm}(\lambda_0^s, z)\sum_i g_i^{SRS}P_i^{SRS\mp}/A_{eff} \tag{4-43}$$

$$\pm \frac{dP_i^{SRS\mp}(\lambda_i, z)}{dz} = -\Gamma_{SRS} P_i^{SRS\mp}(\lambda_i^{SRS}, z)[\sigma_i^{eSRS}(\lambda_i^{SRS})N_2(z) - \sigma_i^{aSRS}(\lambda_i^{SRS})N_1(z)]$$

$$+ \alpha_i^{SRS}(\lambda_i^{SRS})P_i^{SRS\pm}(\lambda_i^{SRS},z) - P_0^{s\pm}(\lambda_0^s,z)\sum_i g_i^{SRS} P_i^{SRS\mp}/A_{eff}$$

(4-44)

$$N_2(z) = N_0 \frac{\left[\begin{array}{c}\Gamma_p \sum_{m=1}^M \lambda_m^p \sigma_m^{ap}(P_m^{p+} + P_m^{p-}) + \Gamma_s \sum_{n=0}^N \lambda_n^s \sigma_n^{as}(P_n^{s+} + P_n^{s-}) + \\ \Gamma_{SRS} \sum_{i=1}^I \lambda_i^{SRS} \sigma_i^{aSRS}(P_i^{SRS+} + P_i^{SRS-})\end{array}\right]}{\left[\begin{array}{c}\Gamma_p \sum_{m=1}^M \lambda_m^p (\sigma_m^{ap} + \sigma_m^{ep})(P_m^{p+} + P_m^{p-}) + \Gamma_s \sum_{n=0}^N \lambda_n^s (\sigma_n^{as} + \sigma_n^{es})(P_n^{s+} + P_n^{s-}) + \\ \Gamma_{srs} \sum_{i=1}^I \lambda_i^{SRS}(\sigma_i^{aSRS} + \sigma_i^{eSRS})(P_i^{SRS+} + P_i^{SRS-}) + \hbar c A_{eff}/\tau\end{array}\right]}$$

(4-45)

$$N_0 = N_1(z) + N_2(z) \quad (4-46)$$

$$P_n^{s0}(\lambda_n^s) = \hbar c^2/(\lambda_n^s)^3 \quad (4-47)$$

类似地,在光纤放大器中,SRS 阈值功率为[46]

$$P_{th}^{SRS} = \frac{16A_{eff}}{g_R L}\ln(G) \quad (4-48)$$

式中:G 为放大器的线性增益系数。事实上,由于 SRS 的峰值增益系数 (1×10^{-13} m/W) 为 SBS 的峰值增益系数 ($3\sim5\times10^{-11}$ m/W) 1/500~1/300,在其他参数相同的情况下,对比 SBS 与 SBS 的阈值公式可知,SRS 的阈值比 SBS 的阈值高两个量级。因此在通常的窄线宽放大器中,SRS 一般不会成为功率提升的限制因素。只有在宽谱激光或短脉冲激光中,SBS 得到了很好的抑制,SRS 才会成为放大器中功率提升的限制因素[47]。

4.3.2 受激拉曼散射的抑制方法

根据 SRS 的阈值公式可知,SRS 的阈值与光纤有效模场面积 A_{eff}、光纤有效长度 L_{eff} 或增益光纤长度 L、放大器增益系数 G 和 SRS 增益系数 g_R 有关。与 SBS 的抑制方法类似,增大光纤有效模场面积 A_{eff}、减小增益光纤长度 L 和提高放大器增益系数 G 是抑制 SRS 最直接的方法。此外,研究人员还通过降低拉曼散射光的增益和增加拉曼散射光的损耗等方法对 SRS 进行了抑制。

2006 年,Fini 等设计了一种环形折射率分布的掺镱光纤[48],如图 4-11(a) 所示。波长为 1080nm 的信号光束缚在增益区传输,如图 4-11(b) 所示。而拉曼散射光在增益区和环形区的有效折射率几乎相等,将近 1/2 的散射光将被耦合到非增益区,有效减小了拉曼散射光能够获得的有效增益,如图 4-11(c) 所示。他们通过实验发现,在相同功率水平下,与传统的增益光纤相比,采用该光纤能够将 SRS 噪声提高 17dB 以上。

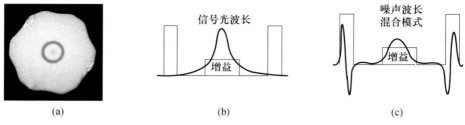

图 4-11 一种能够降低拉曼散射光增益的掺镱光纤

2006 年,Kim 等设计了一种具有长波滤除特性的 W 型掺镱光纤[49]。该光纤的纤芯直径为 7μm,内包层直径为 21μm,外包层折射率为 1.45,纤芯和内包层与外包层的折射率差 Δn 分别为 0.003 和 -0.002。该光纤中 LP_{11} 模和 LP_{01} 模的截止波长分别为约 580nm 和 1100nm,如图 4-12(a)所示。将该光纤缠绕成不同直径的圆时,LP_{01} 模的弯曲损耗表现出不同的波长截止特性,如图 4-12(b)所示。通过选择合适的弯曲半径,能够在保证纤芯中信号光损耗系数不变的同时增大拉曼散射光的损耗系数。他们在实验中采用 5cm 的弯曲半径,有效地抑制了 SRS 效应,获得了平均功率为 53W、峰值功率为 13kW 的脉冲激光输出。

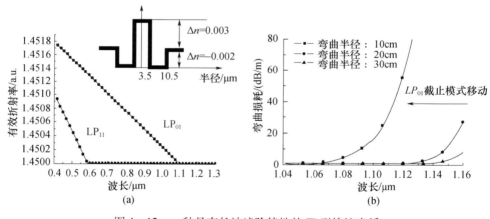

图 4-12 一种具有长波滤除特性的 W 型掺镱光纤

2010 年,Nodop 等首次通过采用长周期光栅增大光纤激光器中拉曼散射光的损耗,从而提高激光器中的 SRS 阈值,使其搭建的脉冲掺镱光纤放大器的最高输出功率提高 1 倍[50]。

4.3.3 前向拉曼兼容光纤激光器

在某些应用领域,研究人员只关注激光输出光功率,而对光谱特性没有严格要求。此时系统中产生的前向拉曼散射光与信号光一同在光纤纤芯中传输,其光束质量与信号光的光束质量相当,可以作为有效激光功率使用。虽然信号光到拉曼散射光的转化存在一定的量子亏损,使激光器系统的效率下降,但是由于光纤中的拉曼频率为 13.2 THz,当信号光波长为 1080 nm 时,对应拉曼散射光的中心波长为 1134 nm,两者间的量子亏损仅为 4.8%。SRS 对激光器系统的转换效率影响较小,一般情况下是可以接受的。但是,过强的后向拉曼散射则有损坏激光器的危险。因此,笔者课题组提出了"前向拉曼兼容光纤激光器"的概念,通过主动注入与前向拉曼散射光波长相同的信号光成分,抑制后向拉曼散射的同时提升系统输出功率[51]。

图 4-13 所示是前向拉曼兼容光纤激光器的一个典型实例。主信号光的种子源为 1080 nm 的光纤振荡器,其输出光功率为 3 W。一定功率的拉曼种子光(也可以称为辅助信号光)通过 WDM 耦合进入光纤放大器。光纤放大器中增益光纤为双包层结构,纤芯直径为 6 μm,包层直径为 125 μm,长度为 60 m,泵浦光源为中心波长为 915 nm 的 LD。

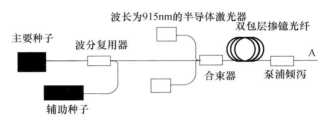

图 4-13 前向拉曼兼容光纤激光器的结构示意图

笔者课题组对此光纤放大器中产生的后向拉曼光进行了理论分析,并讨论了辅助信号光注入后对系统中后向拉曼光的影响[51]。当系统中泵浦光功率为 130 W,1080 nm 的主信号种子光功率为 3.0 W 时,光纤放大器中泵浦光、信号光和后向拉曼散射光的功率分布如图 4-14 所示。从图中可以看出,信号光放大后功率为 106 W,放大器中产生的后向拉曼光功率为 110 mW。

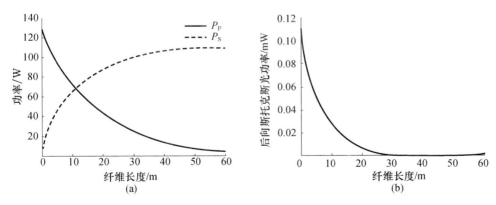

图 4-14 无辅助信号光时光纤放大器中的功率分布
(a) 泵浦光与信号光功率分布;(b) 后向拉曼光功率分布。

然后,在光纤放大器中同时注入100mW的辅助信号光,此时后向拉曼散射光包括两部分:主信号光产生的后向拉曼散射光与辅助信号光产生的后向拉曼散射光。改变辅助信号光的波长,计算系统中产生后向拉曼散射光的功率随辅助信号光波长的变化情况,其结果如图4-15所示。当辅助信号光的波长与主信号光的波长满足光纤中的拉曼频移时,系统中产生的后向拉曼散射光的功率最小。因此,为了抑制光纤放大器中产生的后向拉曼散射光,辅助信号光的波长应优先选择与主信号光在光纤中的拉曼散射光波长一致。

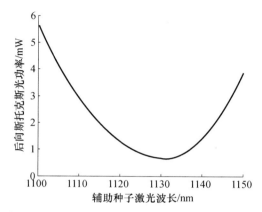

图4-15 后拉曼散射光功率与辅助信号光波长的关系

假设系统中泵浦光功率为130W,主信号光功率为3W,辅助信号光的中心波长为1134nm,改变辅助信号光的功率,计算系统中产生后向拉曼散射光的功率随辅助信号光功率的变化情况,其结果如图4-16所示。结果表明,系统中产生的后向拉曼散射光随辅助信号光功率的增加先迅速减小,后缓慢增加,且当辅助信号光功率为310mW时,系统产生的后向拉曼散射光的功率最小。这是由于:当辅助信号光的功率较小时,系统中产生的后向拉曼散射光主要是主信号光

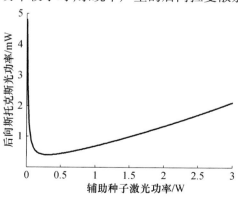

图4-16 后向拉曼散射光功率与辅助信号光功率的关系

产生的后向拉曼散射光,由于此时辅助信号光的功率较小,对其抑制效果较弱;当辅助信号光功率较大时,系统中辅助信号光获得较大增益,其一方面可以较好地抑制主信号光产生的后向拉曼散射光,另一方面其本身会产生一定量的后向拉曼散射光,从而使系统中的后向拉曼散射光又开始随辅助信号光功率的增加而增加,因此对于一定功率水平的光纤放大器要优化辅助信号光的功率,从而最大限度地减小系统中产生的后向拉曼散射光。

综上所述,当光纤放大器中注入一定量的辅助信号种子光时,可以抑制系统中产生的后向拉曼散射光的功率,且当辅助信号光的中心波长与光纤放大器的主信号光波长满足光纤的拉曼频移时,抑制效果最好。

4.4 自相位调制

4.4.1 自相位调制的产生机理

自相位调制(SPM)是指激光在光纤中传输时,光纤材料的折射率被自身光强调制而引起的相移现象。当光纤中存在非线性效应时,折射率为

$$n(\omega, I) = n(\omega) + n_2 I(t) \tag{4-49}$$

式中:n_2 为非线性折射率系数;ω 为激光的角频率;I 为光强。那么非线性折射率系数 n_2 将会导致非线性相移:

$$\varphi_{\mathrm{NL}}(t) = \left(\frac{2\pi}{\lambda}\right) n_2 I(t) \tag{4-50}$$

这样,当光纤中存在 SPM 时,输出激光会存在一个式(4-50)所示的相移量,进而引起激光光谱的变化。由于连续激光的峰值功率较低,SPM 主要体现在高峰值功率的脉冲激光中,下面简单介绍脉冲激光中 SPM 导致的相移和光谱展宽特性。

1. SPM 导致的非线性相移

对脉宽大于 5ps 的光脉冲在单模光纤内传输时,忽略色散效应,脉冲包络的慢变归一化振幅 $U(z,T)$ 满足传输方程[1]:

$$\frac{\partial U}{\partial z} = \frac{\mathrm{i}\mathrm{e}^{-\alpha z}}{L_{\mathrm{NL}}} |U|^2 U \tag{4-51}$$

式中:α 为光纤损耗系数;L_{NL} 为非线性长度,且

$$L_{\mathrm{NL}} = \frac{1}{\gamma P_0} \tag{4-52}$$

式中:P_0 为激光峰值功率;γ 为非线性系数,且

$$\gamma = \frac{n_2 \omega_0}{c A_{\mathrm{eff}}} \tag{4-53}$$

用 $U = V \mathrm{e}^{\mathrm{i}\varphi_{\mathrm{NL}}}$ 进行代换,令式(4-51)两边实部虚部相等,变为

$$\begin{cases} \dfrac{\partial V}{\partial z} = 0 \\ \dfrac{\partial \phi_{NL}}{\partial z} = \dfrac{e^{-\alpha z}}{L_{NL}} V^2 \end{cases} \quad (4-54)$$

由于振幅 V 不沿光纤长度 L 变化，因此直接对相位方程进行解析积分，可得通解为

$$U(L,T) = U(0,T) e^{i\phi_{NL}(L,T)} \quad (4-55)$$

式中：$U(0,T)$ 为 $z=0$ 处的归一化光场振幅，非线性相移为

$$\phi_{NL}(L,T) = |U(0,T)|^2 (L_{eff}/L_{NL}) \quad (4-56)$$

式中：L_{eff} 为光纤的有效长度，在被动光纤和增益光纤中，L_{eff} 可以分别表示为

$$L_{eff} = (1 - e^{-\alpha z})/\alpha \quad (4-57)$$

$$L_{eff} = (e^{gz} - 1)/g \quad (4-58)$$

式（4-55）表明，SPM 不影响脉冲时域特性，只会产生与光强有关的相移。产生的非线性相移 φ_{NL} 随着光纤长度 L 的增大而增大。SPM 导致的最大相移出现在脉冲的中心 $T=0$ 处。由于 $U(0,T)$ 是归一化的振幅，$|U(0,0)|^2 = 1$，SPM 导致的最大非线性相位移为[1]

$$\phi_{NL}(L,T) = \gamma P_0 L_{eff} \quad (4-59)$$

2. SPM 导致的光谱展宽

SPM 导致的光谱变化是 φ_{NL} 的时间相关性的直接结果，可以理解为瞬时变化的相位意味着沿着光脉冲有不同的瞬时光频率，距离中心频率 ω_0 的差值 $\delta\omega$ 为[1]

$$\delta\omega(T) = -\dfrac{\partial \phi_{NL}}{\partial T} = -\left(\dfrac{L_{eff}}{L_{NL}}\right)\dfrac{\partial}{\partial T}|U(0,T)|^2 \quad (4-60)$$

$\delta\omega$ 的时间相关性称为频率啁啾。这种由 SPM 导致的频率啁啾随着传输距离的增大而增大。当光脉冲沿光纤传输时，不断产生新的频谱分量。对于无初始啁啾的脉冲来说，这些 SPM 产生的频率分量展宽了频谱。

频率啁啾的定性特性取决于脉冲的形状。对一个入射场 $U(0,T)$ 为超高斯脉冲：

$$U(0,T) = e^{-\frac{1+iC}{2}\left(\frac{T}{T_0}\right)^{2m}} \quad (4-61)$$

式中：C 为初始啁啾参量；m 由脉冲边沿的锐度决定。对于这样的脉冲，SPM 导致的啁啾 $\delta\omega(T)$ 为

$$\delta\omega(T) = \dfrac{2m}{T_0}\dfrac{L_{eff}}{L_{NL}}\left(\dfrac{T}{T_0}\right)^{2m-1} e^{-\left(\frac{T}{T_0}\right)^{2m}} \quad (4-62)$$

式中：$m=1$ 则对应于高斯脉冲。对于较大的 m 值，入射脉冲的前后沿变得很陡，脉冲近似为矩形。因此，啁啾沿光脉冲的变化在很大程度上取决于脉冲的确切形状。

此外，输出脉冲的光谱形状可以通过对式（4-55）进行傅里叶变换获得，即

$$S(\omega) = \left| \int_{-\infty}^{\infty} U(0,T) e^{i\varphi_{NL}(z,T) + i(\omega-\omega_0)T} dT \right|^2 \quad (4-63)$$

在计算得到非线性相移后,对其进行傅里叶变换,就能得到其光谱形态。

4.4.2 自相位调制的补偿

SPM 导致的非线性相移会展宽激光光谱。在相干合成等类似的对激光线宽有严格要求的应用场合,需要通过一定的方法消除或减弱 SPM 的影响。SPM 补偿方式主要有负啁啾脉冲和相位调制补偿两种。

1. 负啁啾脉冲

对于正啁啾和负啁啾的脉冲激光,SPM 分别导致激光脉冲在光谱上的展宽和压缩。实际的脉冲激光几乎都是正啁啾的,但是可以通过一定的方法获得负啁啾的脉冲激光,从而实现输出激光的光谱压缩。

2000 年,美国的 Washburn 等利用一个棱镜对产生负啁啾脉冲[52],如图 4-17 所示。脉冲种子波长为 810nm,脉冲宽度为 110fs,平均功率为 40mW。脉冲在间距 $L_p = 3m$ 的双向几何棱镜对传输后变为负啁啾的,然后耦合到 0.5 m 长的单模光纤中。

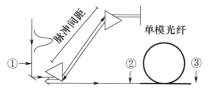

图 4-17 利用棱镜对预补偿 SPM 的实验原理

激光脉冲在①②③处的强度和光谱分布如图 4-18 所示。初始脉冲的光谱脉冲激光的 3dB 光谱宽度(FWHM)由 8.4nm 压缩到 2.4nm。

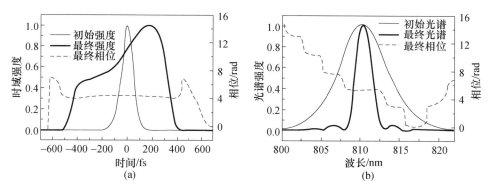

图 4-18 平均功率为 40mW 的脉冲分别在①、②、③测得的强度、光谱及其相位
(a)强度及其相位;(b)光谱及其相位。

2007 年,Y. Zaouter 等利用一对光栅产生负啁啾脉冲[53]。当脉冲激光的平均功率放大到 32W 时,其能量约为 10uJ,峰值功率为 1MW,脉冲为 10ps,脉冲的谱宽降低到了 400 pm,实现了近衍射极限的脉冲激光输出。

2. 相位调制补偿

对于纳秒脉冲,色散效应相对于 SPM 效应可以忽略。假设通过一个相位调制器对种子脉冲的相位进行调制,施加的调制相位为 $\varphi_M(T)$,则脉冲光在光纤中传输时的归一化振幅可以表示为

$$U(z,T) = U(0,T) e^{i[\varphi_{NL}(z,T) - \varphi_M(T)]} \tag{4-64}$$

定义 $B = \gamma P_{peak} L_{eff}$ 为非线性放大器中的 B 积分,当 $\varphi_M(T) = \varphi_{NL}(L,T) = B|U(0,T)|^2$ 时,脉冲激光在输出端的归一化振幅为 $U(0,T)$,SPM 引起的光谱展宽将得到完全补偿,输出光谱保持了脉冲种子的宽度。图 4-19 是 t_{FWHM} 为 3ns 的高斯型脉冲在一段长为 L 的光纤传输时不同位置的光谱形状,其中 B 积分设为 5π。当未进行 SPM 预补偿时,单频输入激光在光纤中传输后,由于 SPM 效应激光发生了严重的光谱展宽,如图 4-19(a) 所示。图 4-19(b) 是进行 SPM 预补偿时的光谱形状,输入端的激光因相位调制而发生光谱展宽,与图 4-19(a) 中光纤输出端的光谱形状相同。但是,激光在光纤中传输以后,相位调制信号和 SPM 导致的非线性相移正好抵消,光谱形状恢复到相位调制前的形状,与图 4-19(a) 中光纤输入端的光谱形状相同。

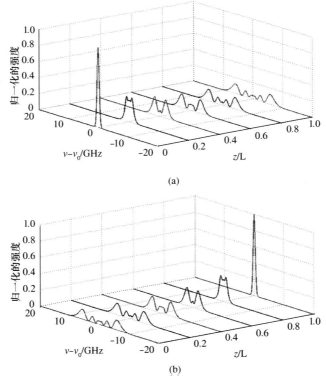

图 4-19 脉冲激光在光纤中不同位置的光谱形状
(a) 未进行 SPM 预补偿;(b) 进行 SPM 预补偿。

2002年,C. Xu等利用相位调制器在一个数字传输系统中对SPM引起的非线性相移进行了末端补偿[54]。2006年,美国康奈尔大学的James van Howe等利用相位调制器对一个飞秒脉冲中的1.0p非线性相移进行了补偿[55]。2009年,美国Deep Photonics公司的Michael J. Munroe等利用相位调制器对一个窄线宽纳秒光纤激光器中的SPM进行了预补偿[56]。激光光谱如图4-20所示,经过SPM预补偿后,输出光谱的FWHM值被压缩到1.2pm。

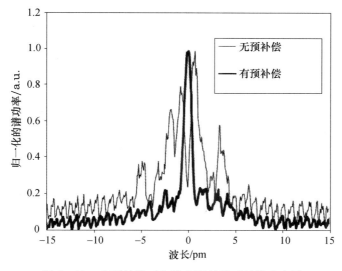

图4-20 有预补偿时和没有预补偿时的输出光谱

为了进一步提高单频纳秒脉冲激光的光谱信噪比,2013年,笔者课题组搭建了如图4-21所示的基于相位调制SPM预补偿的单频纳秒脉冲激光[57]。连续单频激光先后进行过电光强度调制器(EOIM)、电光相位调制器(EOPM)、光纤预放大器(FPA)和光纤放大器(FA),FA输出端接入一段传能光纤以引入更强的SPM来检验系统的SPM补偿能力。EOIM和EOPM由一个双通道的任意函数发生器(AFG)驱动。

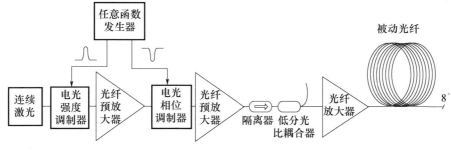

图4-21 SPM相位预补偿实验装置

实验过程中,将激光脉冲的重复频率和脉冲宽度分别设为 5MHz 和 8ns,用自由光谱宽度(FSR)为 4GHz 的 Fabry – Perot 扫描仪对传能光纤输出的激光光谱进行测量,测量结果如图 4 – 22 所示。

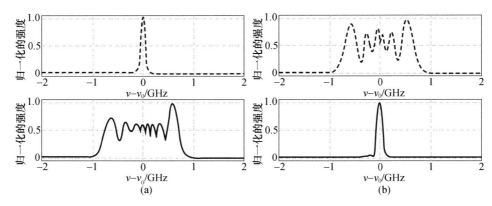

图 4 – 22　SPM 相位预补偿实验结果
(a)种子激光;(b)P_{peak} = 22.3 W。

图 4 – 22 中,虚线代表没有进行 SPM 相位预补偿的情况,实线表示进行了 SPM 相位预补偿的情况。而进行 SPM 预补偿时,输出激光从未进行 SPM 预补偿的 1.4GHz 压缩到 120MHz,相当于 4.5π 的非线性相移[57]。随后笔者课题组利用该方法获得了单频、单模、线偏、峰值功率 1.47kW 的纳秒脉冲激光输出[58]。

一般而言,在连续激光放大器中,由于峰值功率不高,SPM 对输出激光线宽的影响不大。在脉冲激光尤其是窄线宽纳秒脉冲激光放大器中,SPM 会严重影响激光的线宽,进而影响相干合成效果。但是,当各路脉冲激光波形一致、时域同步且各放大器 B 积分相同时,SPM 不会对相干合成产生影响[59]。

参考文献

[1] Agrawal G P. Nonlinear Fiber Optics[M]. NewYork:Academic, 2013.

[2] Kobyakov A, Sauer M, Chowdhury D. Stimulated Brillouin scattering in optical fibers[J]. Adv. Opt. Photon., 2010, 2 :1 – 59.

[3] Shelby R M, Levenson M D, Bayer P W. Resolved forward Brillouin scattering in optical fibers[J]. Phys. Rev. Lett., 1985, 54 (9):939.

[4] Oleg G Okhotnikov. Fiber Lasers[M]. Weinheim:Wiley – VCH, 2012.

[5] Hardy A, Oron R. Signal amplification in strongly pumped fiber amplifiers[J]. IEEE J. Quantum Electron., 1997, 33 (3):307 – 313.

[6] Hildebrandt M, Buesche S, Els P W B, et al. Brillouin scattering spectra in high-power single-frequency ytterbium doped fiber amplifiers[J]. Opt. Express, 2008, 16 (20): 15970-15979.

[7] Liu A, Chen X, Li M, et al. Comprehensive modeling of single frequency fiber amplifiers for mitigating stimulated Brillouin scattering[J]. J. Lightwave Technol., 2009, 27 (13): 2189-2198.

[8] Dawson J W, Messerly M J, Beach R J, et al. Analysis of the scalability of diffraction-limited fiber lasers and amplifiers to high average power[J]. Opt. Express, 2008, 16 (17): 13240-13266.

[9] Jeong Y, Nilsson J, Sahu J K, et al. Power Scaling of Single-Frequency Ytterbium-Doped Fiber Master-Oscillator Power-Amplifier Sources up to 500 W[J]. IEEE J. Sel. Top. Quantum Electron., 2007, 13 (3): 546-551.

[10] Wang X L, Zhou P, Xiao H, et al. 310 W single-frequency all-fiber laser in master oscillator power amplification configuration[J]. Laser Phys. Lett., 2012, 9 (8): 591.

[11] Zeringue C, Vergien C, Dajani I. Pump-limited, 203 W, single-frequency monolithic fiber amplifier based on laser gain competition[J]. Opt. Lett., 2011, 36 (5): 618-620.

[12] Dajani I, Zeringue C, Shay T. Investigation of nonlinear effects in multitone-driven narrow-linewidth high-power amplifiers[J]. IEEE J. Sel. Top. Quantum Electron., 2009, 15 (2): 406-414.

[13] Dajani I, Zeringue C, Bronder T J, et al. A theoretical treatment of two approaches to SBS mitigation with two-tone amplification[J]. Opt. Express, 2008, 16 (18): 14233-14247.

[14] Dajani I, Zeringue C, Lu C, et al. Stimulated Brillouin scattering suppression through laser gain competition: scalability to high power[J]. Opt. Lett., 2010, 35 (18): 3114-3116.

[15] Lu C, Dajani I, Zeringue C, et al. SBS suppression through seeding with narrow-linewidth and broadband signals: experimental results[J]. Proc. of SPIE, 2010, 7580: 75802L.

[16] Khitrov V, Farley K, Leveille R, et al. kW level narrow linewidth Yb fiber amplifiers for beam combining [J]. Proc. of SPIE, 2010, 7686: 76860A.

[17] Walton D, Gray S, Wang J, et al. High power, narrow linewidth fiber lasers[C]. Proc. of SPIE, 2006, 6102: 610205.

[18] Walton D, Gray S, Wang J, et al. Kilowatt-level, narrow-linewidth capable fibers and lasers[C]. Proc. of SPIE, 2007, 6453: 645314.

[19] Mermelstein M D, Andrejco M J, Fini J, et al. 11.2 dB SBS gain suppression in a large mode area Yb-doped optical fiber[J]. Proc. of SPIE, 2008, 6873: 68730N.

[20] Dragic P D, Chi-Hung L, Papen G C, et al. Optical fiber with an acoustic guiding layer for stimulated Brillouin scattering suppression[C]// Conference on Lasers & Electro-optics, 2005.

[21] Li M, Chen X, Wang J, et al. Al/Ge co-doped large mode area fiber with high SBS threshold[J]. Opt. Express, 2007, 15 (13): 8290-8299.

[22] Gray S, Walton D T, Xin C, et al. Optical Fibers With Tailored Acoustic Speed Profiles for Suppressing Stimulated Brillouin Scattering in High-Power, Single-Frequency Sources[J]. IEEE J. Sel. Top. Quantum Electron., 2009, 15 (1): 37-46.

[23] Gray S, Liu A, Walton D T, et al. 502 Watt, single transverse mode, narrow linewidth, bidirectionally pumped Yb-doped fiber amplifier[J]. Opt. Express, 2007, 15 (25): 17044-17050.

[24] Robin C, Dajani I, Pulford B. Modal instability-suppressing, single-frequency photonic crystal fiber amplifier with 811 W output power[J]. Opt. Lett., 2014, 39 (3): 666-669.

[25] Hansryd J, Dross F, Westlund M, et al. Increase of the SBS Threshold in a Short Highly Nonlinear Fiber by Applying a Temperature Distribution[J]. J. Lightwave Technol., 2001, 19 (11): 1691-1697.

[26] 冷进勇. 窄线宽光纤放大器的理论和实验研究[D]. 长沙：国防科学技术大学, 2011.

[27] Liu A. Suppressing stimulated Brillouin scattering in fiber amplifiers using nonuniform fiber and temperature gradient[J]. Opt. Express, 2007, 15 (3): 977 – 984.

[28] Zhang L, Cui S, Liu C, et al. 170 W, single – frequency, single – mode, linearly – polarized, Yb – doped all – fiber amplifier[J]. Opt. Express, 2013, 21 (5): 5456 – 5462.

[29] 韩凯. 光纤激光的多波长相干合成与光学参量振荡研究[D]. 长沙：国防科学技术大学, 2013.

[30] Weβeles P, Adel P, Auerbach M, et al. Novel suppression scheme for Brillouin scattering[J]. Opt. Express, 2004, 12 (19): 4443 – 4448.

[31] Nodop D, Schimpf D, Limpert J, et al. SBS suppression in high power fiber pulse amplifiers employing a superluminescence diode as seed source[C] // The European Conference on Lasers and Electro – Optics, Munich, 2011.

[32] Zeringue C M. A theoretical and experimental analysis of SBS suppression through modification of amplifier seed[D]. Albuquerque：University of New Mexico, 2011.

[33] Schmidt O, Wirth C, Rhein S, et al. 697 W 12 pm linewidth of fiber generated and amplified spontaneous emission (ASE) at 1 um[C] // The European Conference on Lasers and Electro – Optics, Munich, 2011.

[34] Schmidt O, Wirth C, Rhein S, et al. High power narrow – band ASE as source for beam combining applications[C]. Advanced Solid – State Photonics, 2011.

[35] Engin D, Lu W, Akbulut M, et al. 1kW cw Yb – fiber – amplifier with 0.5GHz linewidth and near – diffraction limited beam – quality for coherent combining application [C]. Proc. of SPIE, 2011, 7914：791407.

[36] White J O, Vasilyev A, Cahill J P, et al. Suppression of stimulated Brillouin scattering in optical fibers using a linearly chirped diode laser[J]. Opt. Express, 2012, 20 (14): 15872 – 15881.

[37] White J O, Petersen E, Edgecumbe J, et al. Using a linearly chirped seed suppresses SBS in high – power fiber amplifiers, allows coherent combination, and enables long delivery fibers[C]. Proc. of SPIE, 2014, 896(1): 896102.

[38] Nufern. Kilowatt laser amplifier platform[EB/OL]. (2009 – 12 – 28)[2016 – 11 – 21]. http://www.nufern.com/kilowatt – amp.php.

[39] Jones D C, Turner A J, Scott A M, et al. A multi – channel phase locked fibre bundle laser[C]. Proc. of SPIE, 2010, 7580：75801V.

[40] Goodno G D, McNaught S J, Rothenberg J E, et al. Active phase and polarization locking of a 1.4kW fiber amplifier[J]. Opt. Lett., 2010, 35 (10): 1542 – 1544.

[41] Su R T, Wang X L, Zhou P, et al. All – fiberized master oscillator power amplifier structured narrow – linewidth nanosecond pulsed laser with 505 W average power[J]. Laser Phys. Lett., 2013, 10 (1): 015105.

[42] Su R, Zhou P, Wang X, et al. High power narrow – linewidth nanosecond all – fiber lasers and their actively coherent beam combination[J]. IEEE J. Sel. Top. Quantum Electron., 2014, 20(5): 0903913.

[43] Geng J, Wang Q, Jiang Z, et al. Killowatt – peak – power, single – frequency, pulsed fiber laser near 2μm[J]. Opt. Lett., 2011, 36 (12): 2293 – 2295.

[44] Liu A, Norsen M A, Mead R D. 60 – W green output by frequency doubling of a polarized Yb – doped fiberlaser[J]. Opt. Lett., 2005, 30 (1): 67 – 69.

[45] Su R, Zhou P, Wang X, et al. Proposal of interaction length for stimulated Brillouin scattering threshold of nanosecond laser in optical fiber[J]. Opt. Laser Technol., 2014, 57 (SI):1 – 4.

[46] 王建华. 光纤钠导星激光器若干关键技术研究[D]. 长沙：国防科学技术大学, 2013.
[47] 粟荣涛. 窄线宽纳秒脉冲光纤激光相干放大阵列[D]. 长沙：国防科学技术大学, 2014.
[48] Fini J M, Mermelstein M D, Yan M F, et al. Distributed suppression of stimulated Raman scattering in an Yb – doped filter – fiber amplifier[J]. Opt. Lett. , 2006, 31 (17): 2550 – 2552.
[49] Kim J, Dupriez P, Codemard C, et al. Suppression of stimulated Raman scattering in a high power Yb – doped fiber amplifier using a W – type core with fundamental mode cut – off[J]. Opt. Express, 2006, 14 (12): 5103 – 5113.
[50] Nodop D, Jauregui C, Jansen F, et al. Suppression of stimulated Raman scattering employing long period gratings in double – clad fiber amplifiers[J]. Opt. Lett. , 2010, 35 (17): 2982 – 2984.
[51] 王文亮. 大功率光纤激光器受激拉曼散射研究[D]. 长沙：国防科学技术大学, 2014.
[52] Washburn B R, Buck J A, Ralph S E. Transform – limited spectral compression due to self – phase modulation in fibers[J]. Opt. Lett. , 2000, 25 (7): 445 – 447.
[53] Zaouter Y, Cormier E, Rigail P, et al. 30W, 10μJ, 10ps SPM – induced spectrally compressed pulse generation in a low non – linearity ytterbium – doped rod – type fibre amplifier[C]. Proc. of SPIE, 2007, 6453: 64530O.
[54] Xu C, Mollenauer L, Liu X. Compensation of nonlinear self – phase modulation with phase modulators [J]. Electron. Lett. , 2002, 38 (24): 1578 – 1579.
[55] Howe J van, Zhu G, Xu C. Compensation of self – phase modulation in fiber – based chirped – pulse amplification systems[J]. Opt. Lett. , 2006, 31 (11): 1756 – 1758.
[56] Munroe M J, Hamamoto M Y, Dutton D A. Reduction of SPM Induced Spectral Broadening in a High Peak Power, Narrow Linewidth, IR Fiber Laser Using Phase Modulation [C]. Proc. of SPIE, 2009, 7195: 71952N.
[57] Su R, Zhou P, Wang X, et al. Single – frequency nanosecond fiber laser based on self – phase modulation pre – compensation[C] // Conference on Lasers and Electro – Optics Pacific Rim, 2013.
[58] Su R, Zhou P, Ma P, et al. High – peak – power, single – frequency, single – mode, linearly – polarized, nanosecond all – fiber laser based on SPM compensation[J]. Appl. Opt. , 2013, 52 (30): 7331 – 7335.
[59] Su R, Zhou P, Wang X, et al. Impact of temporal and spectral aberrations on coherent beam combination of nanosecond fiber lasers[J]. Appl. Opt. , 2013, 52 (10): 2187 – 2193.

第 5 章
高功率光纤激光热致模式不稳定

热致模式不稳定是近年来才被发现和认知的一种限制高功率光纤激光功率提升的物理现象,它源于大模场面积光纤中模间干涉和量子亏损,发生后光纤中基模能量耦合到高阶模中,导致输出光束的光束质量退化,限制单模掺镱光纤激光输出功率提升[1,2]。受限于热致模式不稳定,美国国防预先研究计划局资助的"亚瑟神剑"项目和德国莱茵金属公司的光谱合成技术研究均未能按计划实现百千瓦级的高光束质量激光输出[3,4]。由于被发现和认知得较晚,与第 4 章介绍的几种典型非线性效应相比,目前对热致模式不稳定的有效抑制方案还不多,该现象已成为限制高功率光纤激光功率提升的主要因素之一。

5.1 热致模式不稳定的概念及物理机理

自 2010 年德国耶拿大学的研究人员报道热致模式不稳定现象以来[5],各国研究人员开展了大量理论和实验研究,包括德国耶拿大学、丹麦科技大学、美国空军实验室、克莱姆森大学、AS 光子公司、nLight 公司、俄罗斯科学院和笔者课题组等。本节将从概念、物理机理等方面对热致模式不稳定进行介绍。

5.1.1 热致模式不稳定的概念

热致模式不稳定指高功率光纤激光平均输出功率超过某个阈值功率后发生模式突变的物理现象,光纤激光的输出模式由稳定的基模变为能量在基模和高阶模之间动态耦合的非稳态模式,如图 5 – 1 所示[1]:当输出功率为 270W 时,近场光斑为稳定的基模高斯光斑;当输出功率为 275W 时,近场光斑在基模(LP_{01})和高阶模(LP_{11})之间不断动态耦合。

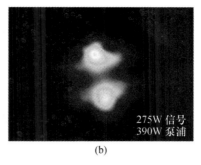

(a) (b)

图 5-1　模式不稳定现象出现后的近场光斑
（a）模式不稳定未发生；（b）模式不稳定发生。

5.1.2　热致模式不稳定的物理机理

目前，研究人员普遍认为高功率光纤激光模式不稳定发生的根源在于光纤中量子亏损引起的热效应以及大模场面积光纤中的模间干涉[6]：大模场面积光纤中，虽然主要能量集中在基模，但是不可避免地会激发少量的高阶模式。因此，光纤中的光场可以表示为

$$E = A_1\psi_1 e^{j(\beta_1 z - \omega t)} + A_2\psi_2 e^{j(\beta_2 z - \omega t)} \tag{5-1}$$

式中：A_1、A_2 分别为基模和高阶模的振幅；ψ_1、ψ_2 分别为基模和高阶模的模式分布；β_1、β_2 分别为基模和高阶模的传播常数；ω 为角频率。由式(5-1)可得光纤中的光强分布为

$$\begin{aligned} I &= A_1^2\psi_1^2 + A_2^2\psi_2^2 + 2A_1A_2\psi_1\psi_2 \cos[(\beta_2 - \beta_1)z] \\ &= A_1^2\psi_1^2 + A_2^2\psi_2^2 + 2A_1A_2\psi_1\psi_2 \cos\left[\frac{(n_{\text{eff2}} - n_{\text{eff1}})}{\lambda_s}2\pi z\right] \end{aligned} \tag{5-2}$$

式中：第三项为光纤中基模和高阶模模式干涉形成的周期性光强分布。干涉光强的周期 Λ_{laser} 与两个模式的有效折射率差成反比（$\Lambda_{\text{laser}} = \lambda_s/(n_{\text{eff2}} - n_{\text{eff1}})$）。当泵浦光注入、信号光被放大后，纤芯掺杂区会形成准周期的泵浦光提取，而量子亏损产热与泵浦光吸收相关，因此会形成准周期振荡的热负荷分布，最终形成准周期的温度分布。由于热光效应，纤芯中准周期温度分布调制纤芯中的折射率分布，形成周期为 Λ_{laser} 的长周期折射率光栅。

长周期光栅的相位匹配条件为[7]

$$\beta_2 - \beta_1 = m2\pi/\Lambda \tag{5-3}$$

式中：m 为光栅衍射级。由前述分析可知，热致折射率光栅满足长周期光栅的相位匹配条件，可以实现基模和高阶模的能量耦合。光纤纤芯中能量通过长周期折射率光栅的耦合过程可以用图 5-2 形象地解释[6]。图中梯形区域代表长周期折射率光栅的折射率改变区域，直线代表基模光束，弯曲线代表含有基模和高

阶模的光束。弯曲线起伏的幅度越大,代表高阶模占的比例越高,有更多的能量从基模耦合到高阶模,反之亦然。从图 5-2(a)看出,当基模光从左往右传输时,经过折射率变化区域,能量就会从基模耦合到高阶模,经过折射率变化周期排布的长周期折射率光栅后,能量就会不断地耦合到高阶模式中;从图 5-2(b)看出,当含高阶模的光从左往右传输时,经过折射率变化区域,能量就会从高阶模耦合到基模,经过折射率变化周期排布的长周期折射率光栅后,能量就会不断地耦合到基模中。

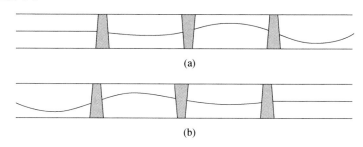

图 5-2 能量耦合原理
(a) 能量从基模向高阶模式耦合;(b) 能量从高阶模式向基模耦合。

若高阶模与基模角频率相等,则基模和高阶模光场干涉导致的长周期折射率光栅与干涉光场同相。对于非线性介质中的同向双波耦合,只考虑折射率调制的强度耦合方程为[8]

$$\frac{\partial I_1}{\partial z} - 2\alpha_0 I_1 + 2\Delta n_1 k_0 \sin\theta I_1 I_2 = 0 \quad (5-4\text{a})$$

$$\frac{\partial I_2}{\partial z} - 2\alpha_0 I_2 - 2\Delta n_1 k_0 \sin\theta I_1 I_2 = 0 \quad (5-4\text{b})$$

式中:θ 为干涉光场与折射率光栅的相移;I_1、I_2 分别为泵浦光束(基模)和信号光束(高阶模)的强度;α_0 为增益系数;Δn_1 为折射率对光强调制的响应系数;k_0 为波数。从式(5-4)可以看出,当 $\theta=0$ 时,泵浦光束和信号光束之间没有能量耦合,只有相移 θ 不为 0 才能发生能量耦合。因此,干涉光场与热致长周期光栅之间还需有相移才能发生能量耦合。A. V. Smith 等认为噪声(量子噪声、自发热瑞利散射、强度噪声)、泵浦调制等可以激发相对基模有一定频移的高阶模,导致模间干涉光场沿光纤移动,引起折射率光栅与干涉光场之间产生相移。A. V. Smith 等研究人员认为热致模式不稳定本质上是受激热瑞利散射[9,10]。耶拿大学 C. Jauregui 等提出相移是由非绝热波导改变引起的[11]:低功率时,折射率光栅与干涉光场同相;高功率时,光束无法快速适应波导的快速变化,从而导致折射率光栅与干涉光场不同相,产生相移。目前,虽然相移产生的物理原因尚无定论,但研究人员主要采用 A. V. Smith 等提出的频移假设来建立光纤激光热致模式不稳定的理论模型,且理论仿真结果与实验现象基本吻合。

5.2 热致模式不稳定的理论模型

2011 年,耶拿大学 C. Jauregui 等开始对光纤激光模式不稳定开展理论研究[12],此后,各国研究人员建立了包含全数值模型和解析/半解析模型的多个光纤激光热致模式不稳定的理论模型,对热致模式不稳定开展了大量理论研究。本节首先简要介绍光纤激光模式不稳定理论模型,然后以笔者课题组建立的理论模型为例,详细介绍光纤激光模式不稳定理论模型的推导过程。

5.2.1 热致模式不稳定理论模型简介

基于热致长周期光栅导致模式不稳定的基本物理机理,各国研究人员建立了多个理论模型来研究模式不稳定,可以分为两类:全数值模型,主要是德国耶拿大学[11,13]、美国 AS 光子公司[14,15]、美国空军研究实验室[16,17]、美国密歇根大学[18]、美国中佛罗里达大学[19]、俄罗斯科学院[20];解析和半解析模型,主要是丹麦科技大学[21,22]、美国克莱姆森大学[23]和中国国防科学技术大学(笔者课题组)[24]。各个模型的物理本质是一致的,主要区别在于光纤中模式传输的计算方法和热传导方程的求解方法不同,下面对各个模型进行简要介绍。

1. 德国耶拿大学

2011 年,德国耶拿大学的 C. Jauregui 等建立了基于 Kramers – Kronig 效应导致电致折射率光栅的模式不稳定全数值理论模型[12],2012 年,C. Jauregui 等又建立了基于热光效应导致热致折射率光栅的全数值模式不稳定理论模型[11,13]:首先利用数值方法求解热传导方程;然后将求解的温度分布在热光效应的作用下对光纤的折射率分布施加扰动;最后用快速傅里叶光束传输法计算折射率分布扰动后的光纤中的光场传输。C. Jauregui 等建立的数值模型没有考虑频移假设,也未分析数值计算噪声的影响。2013 年,C. Jauregui 等建立了半解析的经验模型[25],但由于需要将理论计算结果与实际实验结果进行拟合,应用范围受限。

2. 美国 AS 光子公司

2011 年,AS 光子公司的 A. V. Smith 等建立了模式不稳定的全数值理论模型[14,15]:基于频移假设和稳态周期加热假设,首先利用格林函数求解热传导方程,然后将求解的温度分布在热光效应的作用下对光纤的折射率分布施加扰动,最后用快速傅里叶光束传输法计算折射率分布扰动后的光纤中的光场传输。由于模型采用的假设较少且全数值计算,可以研究光纤参数、泵浦特性、种子特性等多种物理因素的影响。此外,模型可以采用并行计算,计算速度相对较快,计算 1m 仅需 15~90min[15]。

3. 美国空军研究实验室

2012—2013 年,美国空军研究实验室的 S. Naderi 等和 B. Word 等均建立了模式不稳定的全数值模型[16,]:基于频移假设和瞬态加热假设,首先分别利用 Crank – Nicholson 方法和交替方向隐式法(Alternating Direction Implicit,ADI)求解热传导方程,然后将求解的温度分布在热光效应的作用下对光纤的折射率分布施加扰动,最后将扰动的折射率代入耦合模方程或直接用快速傅里叶光束传输法计算折射率分布扰动后的光纤中的光场传输。由于模型采用瞬态加热假设,可以研究模式不稳定的瞬态特性,但是计算量大,S. Naderi 等的模型需要计算几天。2012—2013 年,S. Naderi 等和 B. Ward 等建立的模型并没有考虑频移[16,26]。2014 年,B. Word 等研究发现,数值计算过程中的噪声会导致非人为引入频移[17]。因此,2015 年,美国空军研究实验室最新的理论模型采用了频移假设[27,28]。

4. 美国密歇根大学

2013 年,美国密歇根大学的 I. N. Hu 等建立了热致模式不稳定的数值模型[18]:基于频移假设,首先利用极坐标系中的分离变量法求解热传导方程,然后将求解的温度分布在热光效应的作用下对光纤的折射率分布施加扰动,最后将扰动的折射率代入半解析的耦合模方程计算折射率分布扰动后的光纤中的光场传输。模型中量子亏损热的计算没有考虑粒子数反转的横向分布,因此,热分布与光强横向分布一致,与实际情况有差异。

5. 美国中佛罗里达大学

2015 年,美国中佛罗里达大学 Z. S. Eznaveh 等建立了模式不稳定的数值模型[19]:首先利用 ADI 求解热传导方程,然后将求解的温度分布在热光效应的作用下对光纤的折射率分布施加扰动,最后直接用快速傅里叶光束传输法计算折射率分布扰动后的光纤中的光场传输。中佛罗里达大学 Z. S. Eznaveh 等建立的数值模型没有考虑频移假设,没有分析数值计算噪声的影响。

6. 俄罗斯科学院

2014 年,俄罗斯科学院应用物理研究所的 M. Kuznetsov 等建立了模式不稳定的数值模型[20]:基于频移假设,首先利用数值方法求解热传导方程和瞬态上能级粒子数方程,然后根据求解的温度分布和上能级粒子数分布对光纤的折射率分布施加扰动,最后利用耦合模方法计算光场在折射率分布扰动后的光纤中的传输。由于 M. Kuznetsov 等建立的理论模型同时考虑了电致折射率光栅和热致折射率光栅,虽然 M. Kuznetsov 等主要用模型研究低功率的电致折射率光栅导致的模式不稳定,但上述模型研究亦可用于高功率光纤中热致模式不稳定的研究。

7. 丹麦科技大学

2012 年丹麦科技大学的 K. R. Hansen 等建立了模式不稳定的解析理论模型[29]：基于频移假设，首先利用格林函数求解热传导方程，然后将求解的温度分布在热光效应的作用下对光纤的折射率分布施加扰动，最后将扰动的折射率代入半解析的耦合模方程计算折射率分布扰动后的光纤中的光场传播。假设激光系统工作在阈值附近，K. R. Hansen 等进一步求得半解析的阈值公式，然而，模型中量子亏损热的计算没有考虑粒子数反转的横向分布，未考虑增益饱和的影响，因此，热分布与光强横向分布一致，与实际有差异。2014 年，K. R. Hansen 等对模型进行了改进[22]，改进后的模型可以考虑增益饱和的影响，但由于采用平顶光束的假设，与全数值模型计算结果有较大误差。

8. 美国克莱姆森大学

2013 年，美国克莱姆森大学的 L. Dong 等建立了模式不稳定的解析理论模型[23]：基于频移假设和稳态周期加热假设，首先利用温度模式求解热传导方程，然后将求解的解析温度分布在热光效应的作用下对光纤的折射率分布施加扰动，最后将扰动的折射率代入耦合模方程计算折射率分布扰动后的光纤中的光场传播，并求得解析的阈值公式。与丹麦科技大学模型类似，模型中量子亏损热的计算没有考虑粒子数反转的横向分布，因此，热分布与光强横向分布一致，与实际有差异。

9. 中国国防科学技术大学

笔者课题组建立了模式不稳定的半解析理论模型[24,30]：基于频移假设和稳态周期加热假设，首先利用速率方程理论求解光纤中的增益场分布并计算光纤中的热分布，然后利用分离变量法求解热传导方程，并将求解的解析温度分布在热光效应的作用下对光纤的折射率分布施加扰动，最后将扰动的折射率代入耦合模方程计算折射率分布扰动后的光纤中的光场传播，并求得半解析的阈值公式。由于考虑了光纤中的增益场分布，因此计算结果与数值模型和实验结果吻合得较好[31]。

5.2.2 热致模式不稳定理论模型推导

由于描述光纤中光束传输和求解热传导方程的数值方法成熟，目前已建立的光纤激光模式不稳定理论模型大部分为全数值模型。全数值模型虽然可以考虑大量的物理因素影响，计算结果也更精确，但模式不稳定的内在物理过程全由数值仿真表征，难以反映模式不稳定的物理过程以及各个影响因素与模式不稳定的内在联系。通过采用近似和求解热传导方程的解析解，丹麦科技大学、美国克莱姆森大学的研究人员和笔者课题组相继建立了光纤激光模式不稳定的解析模型，清楚地反映了模式不稳定与各个物理量的关系，而且理论研究不受有限的计算速度和计算资源的限制。下面介绍笔者课题组建立的热致模式不稳定理论模型,并对热致模式不稳定的物理机理进一步解释。

1. 光纤中的光场

在高功率光纤激光系统中,大部分光纤都是弱导光纤,光场可以用线偏模式近似[32]。因此,光纤中传输的信号光场可以表示为

$$E(r,\phi,z,t) = \sum_{m=0}^{\infty}\sum_{n=1}^{\infty} A_{mn}(z,t)\psi_{mn}(r,\phi)e^{j(\beta_{mn}z-\omega_{mn}t)} + c.c \quad (5-5)$$

式中:m、n 分别为方位角和径向的模式数;$A_{mn}(z,t)$、β_{mn}、$\psi_{mn}(r,\phi)$ 分别为慢变模式振幅、传播常数和归一化的线偏模式分布。在阶跃折射率光纤中,$\psi_{mn}(r,\phi)$ 可以表示为

$$\psi_{mn}(r,\phi) = \begin{cases} \dfrac{1}{\sqrt{2n\varepsilon_0 c N_{mn}}} \dfrac{J_m(U_{mn}r/R_{\text{core}})}{J_m(U_{mn})}\cos(m\phi) & (R_{\text{core}} \geq r \geq 0) \\ \dfrac{1}{\sqrt{2n\varepsilon_0 c N_{mn}}} \dfrac{K_m(W_{mn}r/R_{\text{core}})}{K_m(W_{mn})}\cos(m\phi) & (r > R_{\text{core}}) \end{cases}$$

(5-6)

其中

$$N_{0n} = \begin{cases} 2\pi\int_0^{\infty}\left[\dfrac{J_0(U_{0n}r/R_{\text{core}})}{J_0(U_{0n})}\right]^2 r\mathrm{d}r & (R_{\text{core}} \geq r \geq 0) \\ 2\pi\int_0^{\infty}\left[\dfrac{K_0(W_{0n}r/R_{\text{core}})}{K_0(W_{0n})}\right]^2 r\mathrm{d}r & (r > R_{\text{core}}) \end{cases} \quad (5-7a)$$

$$N_{mn(m\neq 0)} = \begin{cases} \pi\int_0^{\infty}\left[\dfrac{J_m(U_{mn}r/R_{\text{core}})}{J_m(U_{mn})}\right]^2 r\mathrm{d}r & (R_{\text{core}} \geq r \geq 0) \\ \pi\int_0^{\infty}\left[\dfrac{K_m(W_{mn}r/R_{\text{core}})}{K_m(W_{mn})}\right]^2 r\mathrm{d}r & (r > R_{\text{core}}) \end{cases} \quad (5-7b)$$

虽然上述模型可以包含大量光纤模式的能量耦合,但是实验和理论研究均表明,在热致模式不稳定刚发生时,通常只有基模和第一个高阶模(LP_{11})发生能量耦合[1,9]。对于实际应用,通常关心模式不稳定的阈值,因此,假设光纤激光系统工作在模式不稳定阈值以下或阈值附近,则理论模型只需考虑基模和 LP_{11} 模式之间的能量耦合。基于上述假设,信号光场的光强分布可以写为

$$I_s(r,\phi,z,t) = 2n_0\varepsilon_0 c E(r,\phi,z,t)E(r,\phi,z,t)^* \quad (5-8)$$
$$\approx I_0 + \tilde{I}$$

其中

第5章 高功率光纤激光热致模式不稳定

$$\begin{cases} I_0 = I_{11}(z,t)\psi_1(r,\phi)\psi_1(r,\phi) + I_{22}(z,t)\psi_2(r,\phi)\psi_2(r,\phi) \\ \tilde{I} = I_{12}(z,t)\psi_1(r,\phi)\psi_2(r,\phi)\mathrm{e}^{\mathrm{j}(qz-\Omega t)} + I_{21}(z,t)\psi_1(r,\phi)\psi_2(r,\phi)\mathrm{e}^{-\mathrm{j}(qz-\Omega t)} \\ I_{kl}(z,t) = 4n_0\varepsilon_0 c A_k(z,t)A_l^*(z,t) \\ q = \beta_1 - \beta_2 \\ \Omega = \omega_1 - \omega_2 \end{cases} \quad (5-9)$$

式(5-8)和式(5-9)忽略了高频项。

2. 光纤中的温度分布

光纤中的温度分布由热传导公式决定,即

$$\nabla^2 T(r,\phi,z,t) + \frac{Q(r,\phi,z,t)}{\kappa} = \frac{1}{\alpha}\frac{\partial T(r,\phi,z,t)}{\partial t} \quad (5-10)$$

式中:$\alpha = \kappa/\rho C$ 为热扩散系数;ρ 为密度;C 为比热容;κ 为热导率。由于高功率光纤放大器中的热主要是由量子亏损和吸收产生,若假设线性吸收 $\gamma(r,\phi)$ 的功率全都转化为热,则热传导公式中的 Q 可以近似表示为

$$Q(r,\phi,z,t) \cong g(r,\phi,z,t)\left(\frac{v_p - v_s}{v_s}\right)I_s(r,\phi,z,t) + \gamma(r,\phi)I_s(r,\phi,z,t) \quad (5-11)$$

其中放大器增益为

$$g(r,\phi,z,t) = [(\sigma_s^a + \sigma_s^e)n_u(r,\phi,z,t) - \sigma_s^a]N_{Yb}(r,\phi) \quad (5-12a)$$

$$n_u(r,\phi,z,t) = \frac{P_p(z,t)\sigma_p^a/hv_p A_p + I_s(r,\phi,z,t)\sigma_s^a/hv_s}{P_p(z,t)(\sigma_p^a + \sigma_p^e)/hv_p A_p + I_s(r,\phi,z,t)(\sigma_s^a + \sigma_s^e)/hv_s + 1/\tau} \quad (5-12b)$$

式中:n_u 为稳态上能级粒子数比例[6];v_p、v_s 分别为泵浦光和信号光频率;σ_s^a 和 σ_s^e 分别为信号光的吸收和发射截面;σ_p^a、σ_p^e 分别为泵浦光的吸收和发射截面;$N_{Yb}(r,\phi)$ 为掺杂离子浓度的横向分布;P_p 为泵浦功率;A_p 为泵浦包层的面积;τ 为粒子上能级寿命。线性吸收系数 $\gamma(r,\phi)$ 与极坐标有关,因此可以通过此系数考虑光子暗化效应导致的吸收,即可以考虑光子暗化的影响。泵浦功率的变化可以通过下式表示:

$$\frac{\mathrm{d}P_p(z,t)}{\mathrm{d}z} = \frac{P_p(z,t)}{A_p}\iint[(\sigma_p^a + \sigma_p^e)n_u(r,\phi,z,t) - \sigma_p^a]N_{Yb}(r,\phi)r\mathrm{d}\phi\mathrm{d}r \quad (5-13)$$

将式(5-12b)代入式(5-12a),放大器增益 $g(r,\phi,z,t)$ 可以表示为

$$g(r,\phi,z,t) = \frac{g_0}{1 + I_s/I_{\mathrm{saturation}}} \quad (5-14)$$

其中

$$g_0 = \frac{P_p(z,t)(\sigma_p^a \sigma_s^e - \sigma_p^e \sigma_s^a)/h v_p A_p - \sigma_s^a/\tau}{P_p(z,t)(\sigma_p^a + \sigma_p^e)/h v_p A_p + 1/\tau} N_{Yb}(r,\phi) \quad (5-15a)$$

$$I_{saturation} = [P_p(z,t)(\sigma_p^a + \sigma_p^e)/h v_p A_p + 1/\tau] \frac{h v_s}{\sigma_s^a + \sigma_s^e} \quad (5-15b)$$

由于放大器工作在低于或模式不稳定阈值附近,光纤中激发的高阶模成分远小于基模成分,因此,式(5-11)可以近似表示为[22]

$$Q(r,\phi,z,t) \approx \left(\frac{v_p - v_s}{v_s}\right) \frac{g_0}{1 + I_0/I_{saturation}} \times$$
$$\left[I_0 + \frac{\tilde{I}}{1 + I_0/I_{saturation}}\right] + \gamma(r,\phi) I_s(r,\phi,z,t) \quad (5-16)$$

研究表明,纵向的热扩散对模式不稳定中模式耦合的影响可以忽略[9],因此,不考虑纵向热扩散,式(5-10)可以简化为

$$\nabla_\perp^2 T(r,\phi,z,t) + \frac{Q(r,\phi,z,t)}{\kappa} = \frac{1}{\alpha} \frac{\partial T(r,\phi,z,t)}{\partial t} \quad (5-17)$$

假设光纤采用水冷,因此在光纤表面热传导方程的边界条件为

$$\kappa \frac{\partial T}{\partial r} + h_q T = 0 \quad (5-18)$$

式中:h_q为制冷液体的对流系数。联立式(5-16)~式(5-18),利用积分变换方法[33]可得光纤中温度分布为

$$T(r,\phi,z,t)$$
$$= \frac{1}{\pi} \Bigg\{ \frac{\alpha n_2}{\eta} \sum_v \sum_{m=1}^\infty \frac{R_v(\delta_m, r)}{N(\delta_m)} \times$$
$$\int_{t'=0}^t \begin{bmatrix} B_{11}(\phi,z) I_{11}(z,t') + B_{22}(\phi,z) I_{22}(z,t') \\ + B_{12}(\phi,z) I_{12}(z,t') e^{j(qz-\Omega t')} + B_{12}(\phi,z) I_{12}^*(z,t') e^{-j(qz-\Omega t')} \end{bmatrix} e^{-\alpha \delta_m^2 (t-t')} dt' +$$
$$\frac{\alpha}{\kappa} \sum_v \sum_{m=1}^\infty \frac{R_v(\delta_m, r)}{N(\delta_m)} \times$$
$$\int_{t'=0}^t \begin{bmatrix} B_{11}'(\phi,z) I_{11}(z,t') + B_{22}'(\phi,z) I_{22}(z,t') \\ + B_{12}'(\phi,z) I_{12}(z,t') e^{j(qz-\Omega t')} + B_{12}'(\phi,z) I_{12}^*(z,t') e^{-j(qz-\Omega t')} \end{bmatrix} e^{-\alpha \delta_m^2 (t-t')} dt' \Bigg\}$$
$$(5-19)$$

其中

$$B_{kl}(\phi,z) = \begin{cases} \int_0^{2\pi} d\phi' \int_0^R g_0 R_v(\delta_m, r') \cos v(\phi - \phi') \frac{\psi_k(r',\phi') \psi_k(r',\phi')}{1 + I_0/I_{saturation}} dr' & (k = l) \\ \int_0^{2\pi} d\phi' \int_0^R g_0 R_v(\delta_m, r') \cos v(\phi - \phi') \frac{\psi_k(r',\phi') \psi_l(r',\phi')}{(1 + I_0/I_{saturation})^2} dr' & (k \neq l) \end{cases}$$
$$(5-20a)$$

$$B_{kl}{}'(\phi,z) = \int_0^{2\pi} \mathrm{d}\phi' \int_0^R \gamma(r',\phi') R_v(\delta_m,r') \cos v(\phi-\phi') \psi_k(r',\phi') \psi_l(r',\phi') \mathrm{d}r' \quad (5-20\mathrm{b})$$

$$\frac{1}{N(\delta_m)} = \frac{1}{\int_0^R r R_v^2(\delta_m,r) \mathrm{d}r} = \frac{2}{J_v^2(\delta_m R)} \frac{\delta_m^2}{R^2 \left[\left(\dfrac{h_q}{\kappa}\right)^2 + \delta_m^2\right] - v^2} \quad (5-20\mathrm{c})$$

$$n_2 = \frac{\eta}{\kappa}\left(\frac{v_\mathrm{p}-v_\mathrm{s}}{v_\mathrm{s}}\right) \quad (5-20\mathrm{d})$$

式中：$v=0,1,2,3,\cdots$（当 $v=0$ 时，式（5-19）中括号外的 π 要更换为 2π）；η 为热光系数；R 为光纤内包层的半径；$R_v(\delta_m,r) = J_v(\delta_m r)$；$\delta_m$ 为方程 $\delta_m J_v{}'(\delta_m R) + h_q J_v(\delta_m R)/\kappa = 0$ 的正根。

3. 模式耦合方程

同时考虑增益和热光效应导致的光纤折射率变化，光纤总的折射率可以表示为

$$n = (n_0 + n_\mathrm{g} + n_\mathrm{NL}) \cong \sqrt{n_0^2 - \mathrm{j}\frac{g(r,\phi,z,t)n_0}{k_0} + 2n_0 n_\mathrm{NL}} \quad (5-21)$$

式中：n_g 为光纤中增益导致的折射率变化；n_NL 为热光效应导致的折射率变化。n_g 和 n_NL 都远小于 n_0。式（5-21）中 n_NL 为

$$\begin{aligned}
n_\mathrm{NL}(r,\phi,z,t) &= \eta T(r,\phi,z,t) \\
&= h_{11}(r,\phi,z,t) + h_{22}(r,\phi,z,t) + h_{12}(r,\phi,z,t)\mathrm{e}^{\mathrm{j}qz} + \\
&\quad h_{21}(r,\phi,z,t)\mathrm{e}^{-\mathrm{j}qz} + h_{11}{}'(r,\phi,z,t) + h_{22}{}'(r,\phi,z,t) + \\
&\quad h_{12}{}'(r,\phi,z,t)\mathrm{e}^{\mathrm{j}qz} + h_{21}{}'(r,\phi,z,t)\mathrm{e}^{-\mathrm{j}qz}
\end{aligned} \quad (5-22)$$

其中

$$h_{kl}(r,\phi,z,t) = \begin{cases} \dfrac{\alpha n_2}{\pi} \sum_v \sum_{m=1}^\infty \dfrac{R_v(\delta_m,r)}{N(\delta_m)} \int_0^t B_{kk}(\phi,z) I_{kk}(z,t') \mathrm{e}^{-\alpha \delta_m^2(t-t')} \mathrm{d}t' & (k=l) \\ \dfrac{\alpha n_2}{\pi} \sum_v \sum_{m=1}^\infty \dfrac{R_v(\delta_m,r)}{N(\delta_m)} \int_0^t B_{kl}(\phi,z) I_{kl}(z,t') \mathrm{e}^{-\alpha \delta_m^2(t-t')-\mathrm{j}\Omega t'} \mathrm{d}t' & (k \neq l) \end{cases} \quad (5-23\mathrm{a})$$

$$h_{kl}{}'(r,\phi,z,t) = \begin{cases} \dfrac{\eta \alpha}{\pi \kappa} \sum_v \sum_{m=1}^\infty \dfrac{R_v(\delta_m,r)}{N(\delta_m)} \int_{t'=0}^t B_{kk}{}'(\phi,z) I_{kk} \mathrm{e}^{-\alpha \delta_m^2(t-t')} \mathrm{d}t' & (k=l) \\ \dfrac{\eta \alpha}{\pi \kappa} \sum_v \sum_{m=1}^\infty \dfrac{R_v(\delta_m,r)}{N(\delta_m)} \int_{t'=0}^t B_{kl}{}'(\phi,z) I_{kl} \mathrm{e}^{-\alpha \delta_m^2(t-t')-\mathrm{j}\Omega t'} \mathrm{d}t' & (k \neq l) \end{cases} \quad (5-23\mathrm{b})$$

式中：h_{11}、h_{22}、h_{11}'、h_{22}' 为温度分布的对称分量，即光纤中的平均温度；h_{12}、h_{21}、h_{12}'、h_{21}' 为温度分布的非对称分量，即光场干涉导致的温度振荡分布，分别对应热分

布的对称和非对称分布。

将式(5-5)和式(5-21)代入波动方程：

$$\nabla^2 E(r,\phi,z,t) - \frac{n^2}{c^2}\frac{\partial^2 E}{\partial t^2} = 0 \tag{5-24}$$

并考虑时域和空域的慢变近似[18]，可以得到低于或在模式不稳定阈值附近的稳态模式耦合方程，即

$$\frac{\partial |A_1|^2}{\partial z} = \iint g(r,\phi,z)\psi_1\psi_1 r\mathrm{d}r\mathrm{d}\phi\, |A_1|^2 \tag{5-25a}$$

$$\frac{\partial |A_2|^2}{\partial z} = \left[\iint g(r,\phi,z)\psi_2\psi_2 r\mathrm{d}r\mathrm{d}\phi + |A_1|^2\chi(\Omega,z)\right]|A_2|^2 \tag{5-25b}$$

其中

$$\chi(\Omega,z) = 2\frac{n_0\omega_2^2}{c^2\beta_2}\mathrm{Im}\left[\iint(\bar{h}_{12} + \bar{h}_{12}{}')\psi_1\psi_2 r\mathrm{d}r\mathrm{d}\phi\right] \tag{5-26a}$$

$$\bar{h}_{kl}(r,\phi,z) = \frac{\alpha n_2}{\pi}\sum_v\sum_{m=1}^\infty \frac{R_v(\delta_m,r)}{N(\delta_m)}\frac{B_{kl}(\phi,z)}{\alpha\delta_m^2 - \mathrm{j}\Omega} \tag{5-26b}$$

$$\bar{h}_{kl}{}'(r,\phi,z) = \frac{\eta\alpha}{\pi\kappa}\sum_v\sum_{m=1}^\infty \frac{R_v(\delta_m,r)}{N(\delta_m)}\frac{B_{kl}{}'(\phi,z)}{\alpha\delta_m^2 - \mathrm{j}\Omega} \tag{5-26c}$$

式(5-26a)为非线性模式耦合系数，式(5-26b)为量子亏损对非线性模式耦合的贡献，式(5-26c)为线性吸收对非线性模式耦合的贡献。从式(5-26)可以得出，基模和高阶模之间的非线性耦合系数$\chi(\Omega,z)$与热分布(温度分布)中对称分量无关，非对称的热分布(h_{12})才导致模式的耦合。降低光纤温度只能减小对称的温度分布，因此，通过降低光纤温度难以减小模式耦合。式(5-26)表明，若频移$\Omega=0$，非线性耦合系数为0，模式耦合不会发生。此外，从式(5-26)还可以看出非线性耦合系数与热光效应、量子亏损以及光场和增益场的重叠有关，因此，模式不稳定的抑制可以从以下几方面入手：

(1) 改变光纤的材料，利用高热导率或(和)低热光系数的材料拉制光纤，减小n_2。

(2) 减小量子亏损，降低光纤内部的热负荷，减小n_2。

(3) 通过增益饱和改变增益场分布，减小光场与增益场的重合度，减小$\bar{h}_{kl}$。

4. 高阶模成分

式(5-25b)的解为

$$|A_2(L)|^2 = |A_2(0)|^2 \mathrm{e}^{\int_0^L \mathrm{d}z\iint g(r,\phi,z)\psi_2\psi_2 r\mathrm{d}r\mathrm{d}\phi}\mathrm{e}^{\int_0^L |A_1|^2\chi(\Omega,z)\mathrm{d}z} \tag{5-27}$$

将式(5-27)写为模式功率谱密度的形式，得

$$S_2(L,\Omega) = S_2(0,\Omega)\mathrm{e}^{\int_0^L \mathrm{d}z\iint g(r,\phi,z)\psi_2\psi_2 r\mathrm{d}r\mathrm{d}\phi}\mathrm{e}^{\int_0^L P_1(z)\chi(\Omega,z)\mathrm{d}z} \tag{5-28}$$

由式(5-28),高阶模的总功率为

$$P_2(L) = e^{\int_0^L dz \iint g(r,\phi,z)\psi_2\psi_2 r dr d\phi} \int_{-\infty}^{\infty} S_2(0,\Omega) e^{\int_0^L P_1(z)\chi(\Omega,z)dz} d\Omega \quad (5-29)$$

目前,导致模式不稳定相移原因尚无定论,研究人员认为量子噪声、注入信号的强度噪声[6,21]等噪声源可能激发频移的高阶模,导致相移产生。因此,本书主要研究量子噪声和注入信号强度噪声导致的模式不稳定。

(1) 若频移的高阶模来源于量子噪声,则功率谱密度可以表示为[21]

$$S_2(0,\Omega) = h\omega \quad (5-30)$$

将式(5-30)代入式(5-29)可得输出信号光中的高阶模比例为

$$\xi(L) \approx \frac{h\omega_0}{P_1(L)} \sqrt{\frac{2\pi}{\int_0^L P_1(z)|\chi''(\Omega_0,z)|dz}} \times \quad (5-31)$$

$$e^{\int_0^L [\iint g(r,\phi,z)\psi_2\psi_2 r dr d\phi]dz + \int_0^L P_1(z)\chi(\Omega_0,z)dz}$$

式中:L 为增益光纤的长度;Ω_0 为非线性模式耦合系数最大值对应的频移,即最大耦合频移;χ'' 为 χ 相对 Ω 的二阶导数。

(2) 若频移的高阶模来源于信号光的强度噪声,而强度噪声远大于量子噪声,模式不稳定的阈值会大幅降低[21]。对于频移的高阶模来源为信号光的强度噪声的情况,输入高阶模的功率谱密度可以表示为

$$S_2(0,\Omega) = P_{0,2}\delta(\Omega) + \frac{1}{4}R_N(\Omega)P_{0,2} \quad (5-32)$$

式中:$R_N(\Omega)$ 为输入信号的相对强度噪声。将式(5-32)代入式(5-29),得

$$\xi(L) \approx \xi_0 e^{\int_0^L dz \iint g(r,\phi,z)(\psi_2\psi_2-\psi_1\psi_1)r dr d\phi} + \frac{\xi_0}{4}\sqrt{\frac{2\pi}{\int_0^L P_1(z)|\chi''(\Omega_0,z)|dz}} \times$$

$$e^{\int_0^L dz \iint g(r,\phi,z)(\psi_2\psi_2-\psi_1\psi_1)r dr d\phi} R_N(\Omega_0) e^{\int_0^L P_1(z)\chi(\Omega_0,z)dz} \quad (5-33)$$

式中:ξ_0 为初始的高阶模成分。通过定义模式不稳定阈值为高阶模 LP_{11} 的比例达到总功率的5%($\xi(L)=0.05$)时对应的注入泵浦功率或输出信号光功率,就可以计算模式不稳定的阈值,从理论上解释模式不稳定的实验现象[24,34]、研究模式不稳定的影响因素和抑制方法[30,35]。

5.3 热致模式不稳定的研究方法及特点

5.3.1 热致模式不稳定试验研究方法

1. 空域探测研究方法

空域探测主要是通过对输出激光的光斑形态探测来研究模式不稳定。德国

耶拿大学的研究人员利用高速相机记录模式不稳定发生后的近场光斑,然后利用模式重构技术对光斑进行重构,研究不同时刻的模式成分,对模式不稳定发生后的能量耦合特性进行研究,试验结果如图 5-3 所示[36]。通过对图 5-3(b)中时域结果进行傅里叶分析,可以研究模式不稳定发生后模式耦合的频域特性。

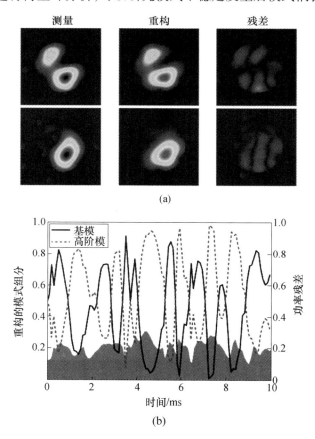

图 5-3 空域探测试验结果
(a) 模式重构结果;(b) 基模(FM)和高阶模(HOM)成分随时间变化。

2. 时域探测研究方法

采用空域探测时,若相机的帧频低于模式不稳定特征耦合频率(kHz),测量结果的准确性难以保证[37]。因此,通过空域探测研究模式不稳定对试验条件的要求较高。德国耶拿大学、美国空军研究实验室的研究人员和笔者课题组提出了多种利用光电探测器探测时域特性对模式不稳定进行研究的方法。

1) 空间取样探测

德国耶拿大学和美国空军研究实验室的研究人员提出了空间取样方法对模式不稳定的时-频域特性进行研究。德国耶拿大学提出的方法如图 5-4 所示[37]，在准直光束的光斑中心位置处放置一台带小孔的光电探测器，图中白色圆圈为小孔放置位置(见彩插)。模式不稳定未发生时，小孔中能量基本不变或有气流、平台抖动等导致的缓化。模式不稳定发生后，当输出能量耦合到基模时(图5-4(a))，小孔中能量增大；当输出能量耦合到高阶模时(图5-4(b)所示)，小孔中能量减小。因此，小孔中的能量就会发生快速变化，如图5-4(c)所示。利用傅里叶变换对时域信号进行分析，就可以研究模式不稳定发生后模式耦合的时-频域特征。美国空军研究实验室的研究人员利用单模光纤对远场光斑中心区域的能量进行空间取样，也可以对模式不稳定进行研究[26]。

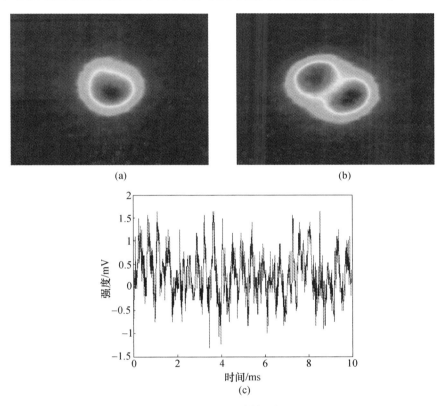

图5-4 空间取样探测法
(a)能量耦合到基模；(b)能量耦合到高阶模；(c)模式不稳定发生后的典型试验结果。

2) 散射光探测

采用空间采样法研究模式不稳定，要获得高信噪比的时域结果，对小孔的尺寸和小孔相对于光斑的位置有一定的要求[37]，存在光路调节困难的不足。模式不稳定发生后，输出光束的光斑会发生变化，从而导致经功率计靶面散射光强也受到调制[38]。因此，笔者课题组提出了通过探测功率计靶面散射光功率来监测模式不稳定的新方法[39]，即在功率计靶面附近放置光电探测器探测功率计散射光,典型试验研究结果如图5-5所示[31]。采用散射光探测法,不需将激光进行准直和光路调节,克服了传统研究方法需要复杂光路调节的不足,为模式不稳定的监测和研究提供了新的手段。

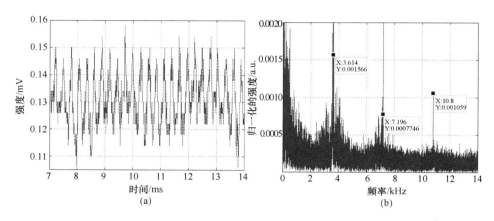

图5-5 散射光探测的典型试验结果
(a) 时域特性;(b) 频域特性。

5.3.2 热致模式不稳定的典型特点

利用前述热致模式不稳定试验研究方法,国内外研究人员对光纤激光热致模式不稳定开展了大量试验研究。对实验结果进行系统梳理,发现热致模式不稳定具有以下典型特点:

(1) 模式不稳定发生具有"阈值性"[1]。只有输出功率超过阈值功率后,模式不稳定才发生;当输出功率降到阈值功率以下时,模式不稳定现象消失,输出光的近场光斑变为稳定的高斯形态,如图5-1所示。

(2) 模式不稳定会导致输出光束的光束质量和指向稳定性变差[1,40]。模式不稳定发生后,输出光束中存在高阶模,导致光束质量和指向稳定性退化,如图5-6所示。当信号光输出功率超过模式不稳定阈值700W后,M^2因子突然从不到1.4跳变到大于1.8。

(3) 模式不稳定发生后,模式间能量耦合具有"往复性"。模式不稳定出现后,能量在基模和高阶模式之

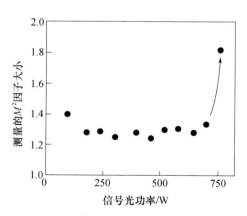

图5-6 M^2因子随信号光功率的变化

间往复转移,往复转移发生在毫秒量级的时间尺度上,如图 5-7 所示[41]。

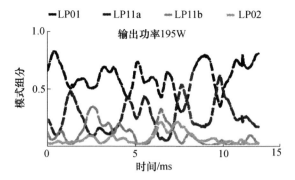

图 5-7 模式不稳定现象发生后输出光束模式成分随时间变化

(4)模式不稳定刚发生时,模式间能量动态耦合具有"周期性"[37,42]。在模式不稳定发生后,模式不稳定的频谱中具有等间距的尖峰,如图 5-8 中 158W 功率对应的频谱分布所示,频率分布中大部分能量集中在 0.22kHz、0.43kHz、0.65kHz、0.86kHz 等几个等间距特征频率处,表明在阈值附近模式不稳定性具有"周期性"。随着输出功率升高,模式不稳定现象中能量动态耦合的周期性消失而趋于"混沌"[37,42],当输出功率超出模式不稳定功率阈值后,频谱会向高频方向展宽,输出光束的模式变化会趋于无规律,失去周期性,处于混沌状态,如图 5-8 中 342W 功率对应的频谱分布所示。

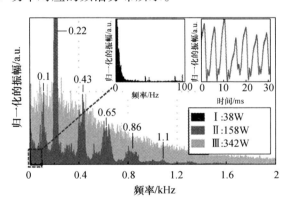

图 5-8 模式不稳定动态能量耦合的频谱分布

(5)模式间能量动态耦合的周期性特征频率与输出功率有关[24,43]。随着功率的增加,模式间能量周期性耦合的特征频率会向高频方向漂移,如图 5-10 所示。当输出功率超过模式不稳定阈值(180W)时,频谱分布出现多个等间距的尖峰,而且随着输出功率增加,频率尖峰的中心频率会向高频方向漂移。

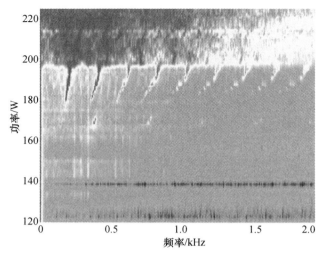

图 5-9 模式不稳定时域频谱分布随输出功率的变化

(6) 模式不稳定现象中能量动态耦合的频谱分布具有上限[37,44]。模式不稳定引起起伏的频率分布存在频率上限,对于不同的光纤,频率上限的具体值不同;由于模式不稳定现象是由热效应引起,而热效应不是瞬时效应,受热扩散时间影响,频域特征必然存在上限,如图 5-10 所示(170/40 光纤:模场直径为 29μm,纤芯直径为 40μm,包层直径为 200μm,掺杂区域直径为 30μm;LPF30 光纤:模场直径为 46μm,纤芯直径为 53μm,包层直径为 170μm,掺杂区域直径为 42μm;LPF45 光纤:模场直径为 60μm,纤芯直径为 81μm,包层直径为 255μm,掺杂区域直径 62μm)。不同光纤结构,热效应引起的频率上限不同;170/40 光纤的频率分布的上限为 9kHz;LPF30 光纤的频率分布的上限为 4.5kHz;LPF45 光纤的频率分布的上限为 2.5kHz。

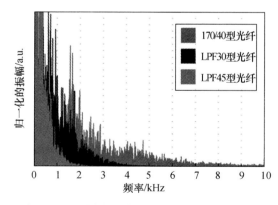

图 5-10 不同光纤模式不稳定现象的频谱分布

(7) 模式不稳定现象具有毫秒量级的建立时间和弛豫时间[45]。当突然使输出功率超过模式不稳定阈值功率后，模式不稳定现象不会立即出现，而是有几毫秒的滞后，如图5-11（a）所示，P_{th}为模式不稳定阈值；当主放泵浦或种子突然关闭时，热致长周期折射率光栅会持续一段时间，即存在弛豫时间，弛豫时间随功率的变化如图5-11（b）所示。

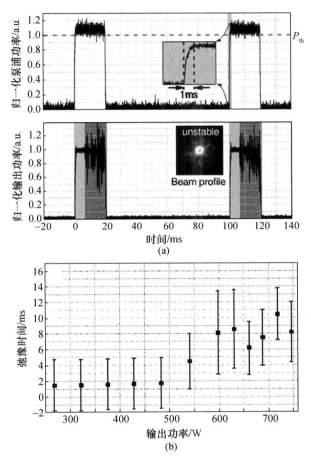

图 5-11 模式不稳定的建立和弛豫时间
(a) 建立时间示意图；(b) 弛豫时间随功率变化。

(8) 模式不稳定与光子暗化有关[46,34]。当模式不稳定反复发生后，模式不稳定现象出现的阈值功率会不断下降，最终达到一个稳定值，不再下降；对达到稳定后的光纤，利用消除光子暗化的方法漂白后，模式不稳定的阈值功率会上升，但难以达到初始水平，且随着模式不稳定发生次数的增加，阈值功率又会下降，并回到稳定值。上述过程如图5-12所示，DMF1064为在1050～1070nm波段输出单模激光的分布式模式过滤（Distributed Mode Filtering，

DMF)光纤。对于 DMF1064,下一次模式不稳定现象出现的阈值功率比前一次的阈值功率低,最终阈值功率稳定在 240W 左右;光漂白 20h 后,阈值功率大幅提高,但随着模式不稳定发生次数的增加再次下降,并最终仍然稳定在 240W 左右。

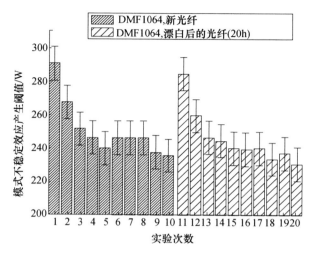

图 5 - 12　模式不稳定阈值功率随测试次数的变化

(9) 模式不稳定与光纤的直径/模场直径有关[47]。通常,纤芯直径/模场直径越大,模式不稳定现象出现的阈值功率越低,模式不稳定的能量耦合发生的越慢,如图 5 - 13 所示。

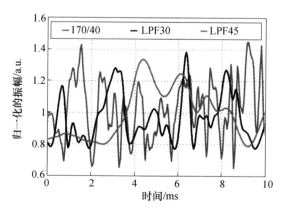

图 5 - 13　不同模场直径光纤中的模式不稳定时域特性

(10) 当光纤激光线宽小于特定值时,模式不稳定阈值与光纤激光的线宽无关[26,48,49]。通常,纤芯直径 20μm 的低 NA 大模场面积光纤中,当信号光线宽小于 1nm 时,可以不考虑有限的信号线宽对模式不稳定阈值的影响;纤芯直径 30μm 的低 NA 大模场面积光纤中,当信号光线宽小于 2nm 时,可以不考虑有限的信号线宽对模式不稳定阈值的影响。

(11) 模式不稳定仅与光纤激光的平均功率有关[1]。对于脉冲工作的光纤激光器,当平均输出功率超过模式不稳定阈值后,模式不稳定才发生,而峰值功率可以远高于模式不稳定阈值。

(12) 模式不稳定阈值与信号光、泵浦光波长有关[50-52]。模式不稳定阈值随信号光波长和泵浦光波长变化,如图 5-14 所示。

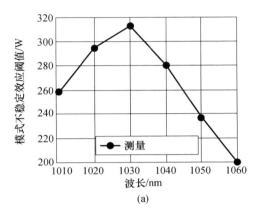

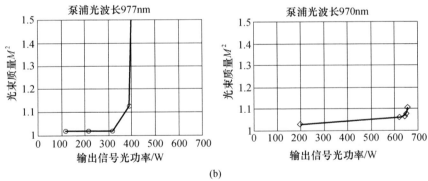

图 5-14 模式不稳定阈值与信号波长和泵浦波长的关系
(a) 模式不稳定阈值随信号波长的变化;(b) 模式不稳定阈值随泵浦波长的变化。

(13) 模式不稳定会导致全光纤结构光纤激光器功率滞涨[31,50]。模式不稳定发生后,输出激光能量在基模和高阶模之间不断往复转移,虽然放大器对泵浦光的提取效率不受模式不稳定影响,但由于弯曲损耗的作用,激光中的高阶模会泄漏到包层中被包层模剥除器倾泻,导致放大器实际的斜率效率下降,如图 5-15 所示:当输出功率超过阈值 685W 后,斜率效率逐渐下降,最终出现功率滞涨。

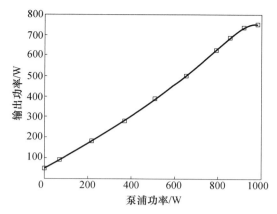

图 5-15 模式不稳定现象发生前后的功率曲线

5.4 热致模式不稳定的抑制技术

热致模式不稳定是由于量子亏损和模间干涉产生长周期折射率光栅引起。因此,抑制热致模式不稳定主要从抑制高阶模、减小量子亏损、增加增益饱和、改善光纤的热光性能等方面入手。

5.4.1 抑制高阶模

模式不稳定将基模能量耦合到高阶模中,因此,研究人员提出通过抑制高阶模提高模式不稳定阈值的方法,主要有设计高阶模抑制的新型光纤、对光纤掺杂区域进行控制、弯曲选模等方法。

1. 设计新型光纤

由于模式不稳定现象与高阶模激发有关,因此,可以设计抑制高阶模产生、对高阶模大损耗、更"单模"的新型光纤抑制模式不稳定现象。德国耶拿大学的研究人员提出了大间距光纤(Large Pitch Fiber,LPF),结构如图 5-16 所示[47],其中 Λ 为空气孔间距,中间六边形为掺杂区域。大间距指间距 Λ 大于 10 倍波长。由于该光纤具有开放的波导结构,对高阶模有很强的非定域作用,离域的高阶模增益大大减小,同时,非定域作用还可以抑制光纤中高阶模的激发。因此,大间距光纤可以将模式不稳定阈值功率提高,实验结果表明可

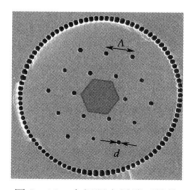

图 5-16 大间距光纤端面结构

以提高3倍[53]。

丹麦科技大学的研究人员提出了DMF[54]，光纤结构如图5-17所示，包括纤芯区域、高折射率区和空气孔，图5-17（b）为图5-17（a）中虚线部分的实物结构图。

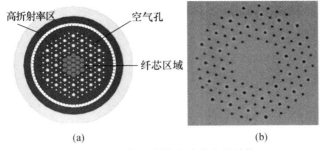

图5-17 分布式模式过滤光纤结构
（a）结构示意图；（b）实物图。

DMF通过设计光纤的折射率分布，将高阶模耦合到高折射率的包层中，不在纤芯中传输，从而抑制高阶模。图5-18给出了注入光偏离光纤纤芯中心位置时，分布式模式过滤光纤的输出近场光斑。从图中可以看出，高阶模在高折射率部分传输，而纤芯中没有激发高阶模。该结构可以提高基于大模场面积光纤的光纤放大器的模式不稳定阈值功率，实验中提高到1.5倍[46]。

图5-18 分布式模式过滤光纤近场光斑

2013年，英国南安普敦大学的研究人员提出了多沟光纤（multi trench fiber）[55]，并从实验上验证了光纤具有很强的高阶模抑制能力[56]，因此，多沟光纤有望用于提升模式不稳定阈值。

2. 掺杂区域控制

热致模式不稳定是光波场和折射率调制相互作用的结果，折射率调制是由温度场导致的，而温度场与光纤内的增益分布有关，如果能够改变纤芯内的掺杂区域分布，使光波场和折射率调制的重叠度降低，降低纤芯模式非线性耦合系数，也可以实现模式不稳定的抑制。因此，德国耶拿大学的T. Eidam等在2011年提出了通过部分掺杂来提高模式不稳定的功率阈值的方法[1]。部分掺杂即掺杂区域小于纤芯区域，如图5-19所示[57]，其中方框内区域为纤芯，深色为掺杂区域，其余为非掺杂区域。这样的掺杂结构可以使光波场和折射率调制的重叠度降低，从而提高模式不稳定的阈值功率。2012年，美国空军研究实验室的

C. Robin 等也提出了增益裁剪光纤来抑制模式不稳定[16,58,59]，原理与部分掺杂抑制模式不稳定一致，均通过减小光波场和折射率调制的重叠度来提高模式不稳定阈值。采用增益裁剪光纤，美国空军研究实验室的研究人员将模式不稳定的阈值功率从 500 W 提升到大于 990 W。

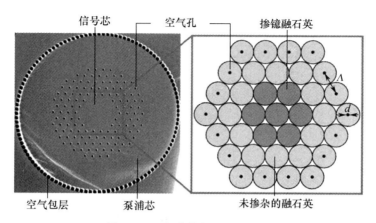

图 5 - 19　部分掺杂光纤示意图

3. 弯曲选模

根据介质波导理论，当光纤弯曲时，纤芯中的模式沿弯曲半径方向会有泄漏，产生弯曲损耗。弯曲损耗与模式有关，高阶模的弯曲损耗大于基模的弯曲损耗。因此，通过优化光纤的弯曲半径可以增加高阶模式损耗，从而抑制高阶模增加模式不稳定的阈值[30,60]。2014 年，笔者课题组利用弯曲选模，将模式不稳定的阈值提高了 2 倍，实现了 1.5 kW 的近衍射极限线偏输出，最终输出功率仅受限于合束器的承受功率，实验结果如图 5 - 20 所示[61]。

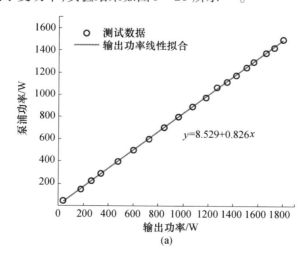

(a)

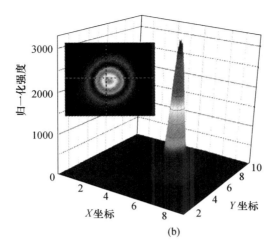

图 5-20 弯曲选模实验结果
(a) 放大器的功率曲线;(b) 1.5kW 时光斑。

5.4.2 减小量子亏损

模式不稳定与光纤激光纤芯中量子亏损导致的热效应有关,因此,研究人员提出通过减小量子亏损抑制模式不稳定的方法。2014 年,笔者课题组采用同带泵浦方案减小光纤中的量子亏损,将模式不稳定的阈值提高 4.7 倍,输出功率仅受限于泵浦功率[31,62]。

5.4.3 增强增益饱和

理论研究表明,增强光纤放大器的增益饱和效应,可以提升模式不稳定的阈值[63],而减小纤芯包层比、改变信号/泵浦波长、增加信号光功率等,均可以增强系统的增益饱和程度。

1. 减小光纤的纤芯包层比

减小光纤的纤芯包层比可以增强光纤的增益饱和效应,抑制模式不稳定效应[30]。美国空军研究实验室通过增加泵浦包层直径减小纤芯包层比,将泵浦包层直径从 300μm 增加到 500μm,模式不稳定的阈值提高了 19%[58]。笔者课题组将光纤泵浦包层直径从 250μm 增加到 400μm,模式不稳定的阈值提高了 42%[31]。

2. 改变光纤信号波长

当信号光波长向 1030nm 靠拢时,信号光发射截面 σ_s^e 增大,光纤增益饱和效应增强,模式不稳定的阈值提高[34]。德国耶拿大学的研究人员报道,当信号光波长为 1030nm 时,模式不稳定的阈值相比于信号波长为 1060nm 可以提高

58%[51]。洛克希德·马丁公司的研究人员将信号波长从 1072nm 改变到 1054.5nm 时,模式不稳定阈值提高了 16%[50]。

3. 改变泵浦源的波长

通过改变泵浦源的波长,使泵浦波长偏离 976nm 吸收峰,可以减小泵浦光吸收截面 σ_p^a,增强光纤中的增益饱和效应,提升模式不稳定阈值[35]。美国洛克希德·马丁公司的研究人员利用 970nm 的半导体激光泵浦相同的光纤激光器,相比于 977nm 泵浦,将模式不稳定的阈值功率从 400W 提高到了 650W,提高了 62%[51]。笔者课题组利用 915nm 的半导体激光泵浦相同的光纤激光器,相比于 976nm 泵浦,将模式不稳定的阈值功率从 653W 提高到了 1.26kW,提高了 93%[35]。

4. 增加信号光功率

通过增加信号光的功率,也可以增强光纤中的增益饱和效应,提升模式不稳定阈值[16]。丹麦科技大学利用提高种子激光功率的方法,将模式不稳定现象出现的阈值功率从不到 216W 提高到 292W[46]。德国耶拿大学研究人员通过提高种子激光功率的方法,将模式不稳定阈值从 1.2kW 提高到了 1.8kW[5]。

5.4.4 其他方法

1. 消弱热致长周期折射率光栅

模式不稳定现象是由热致长周期光栅引起,因此,消除长周期光栅或缩短光栅的长度,是抑制模式不稳定现象的有效方法之一。基于上述原理,德国耶拿大学的研究人员提出利用声光偏转器(AOD),通过主动控制高阶模式激发来削弱长周期光栅影响,提高模式不稳定现象出现的阈值功率,如图 5-21 所示[41]。种子光经过声光偏转器后,经透镜耦合到主放大器中。声光偏转器可以将种子光偏转不同的角度,经聚焦透镜后,出射信号光的角度偏转转换为主放光纤注入断面的横向空间偏移,这样,信号光在主放光纤纤芯的位置就可以通过电路进行控制,实现光纤中激发模式的主动电路控制。

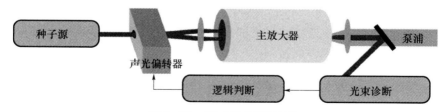

图 5-21 模式激发控制结构

控制声光偏转器上施加的信号,使信号光入射到主放光纤纤芯的两个关于中心对称的位置,则光纤内激发的模式成分相同,两个位置处模式不稳定出现的阈值功率不变,唯一不同是模式干涉形成的干涉图样之间有 π 相位的相移,如图 5-22 所示。

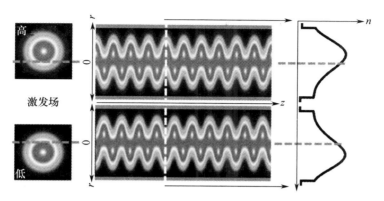

图 5-22　不同位置注入时纤芯中干涉光场分布

当信号光分别在两个位置入射的时间足够长时,会引起热致长周期折射率光栅也有 π 的相移。当信号光入射在两个位置之间迅速切换时,两个位置激发的热致光栅将会互相影响而削弱,提高模式不稳定现象出现的阈值,如图 5-23 所示。德国耶拿大学的研究人员利用该方法,将模式不稳定现象阈值功率提高了 3 倍。需要说明的是,该方法在模式不稳定的过渡区时,只能将光斑稳定,而无法提高基模的成分。

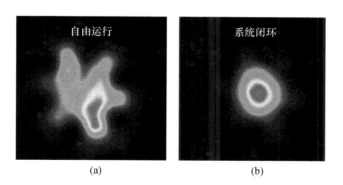

图 5-23　模式不稳定性抑制效果图
(a) 控制开环;(b) 控制闭环。

2. 多芯光纤

2013 年,德国耶拿大学的 H. J. Otto 等还提出利用多芯光纤来增加模式不稳定的阈值,光纤结构如图 5-24 所示[64]。需要指出的是,在多芯光纤中,单个纤芯的模式不稳定阈值并没有增加。

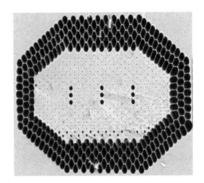

图 5-24 多芯光纤结构

3. YAG 晶体光纤

改善光纤基质材料的热光特性也是抑制模式不稳定现象的一种有效途径[65]，如采用 YAG 晶体光纤[31]。理论计算表明，当几何结构参数、系统参数相同时，YAG 晶体光纤的模式不稳定阈值是硅基光纤模式不稳定阈值的 5 倍[31]。

参考文献

[1] Eidam T, Wirth C, Jauregui C, et al. Experimental observations of the threshold-like onset of mode instabilities in high power fiber amplifiers [J]. Opt. Express, 2011, 19 (14): 13218-13224.

[2] Smith A V, Smith J J. Overview of a steady-periodic model of modal instability in fiber amplifiers [J]. IEEE J. Sel. Top. Quantum Electron, 2014, 20, 1-12.

[3] Nufern to build 46 fiber amps for US military [EB OL]. (2009-12-28) [2016-11-2]. http://optics.org/news/3/4/17.

[4] Wirth C, Schmidt O, Tsybin I, et al. High average power spectral beam combining of four fiber amplifiers to 8.2kW [J]. Opt. Lett., 2011, 36(16): 3118-3120.

[5] Wirth C, Schreiber T, Rekas M, et al. High-Power linear-polarized narrow linewidth photonic crystal fiber amplifier [C]. Proc. of SPIE, 2010, 7580: 75801H.

[6] Smith A V, Smith J J. Mode instability in high power fiber amplifiers [J]. Opt. Express, 2011, 19(11): 10180-10192.

[7] Vasiliev S A, Medvedkov O I. Long-period refractive index fiber gratings: properties, applications, and fabrication techniques [C]. Proc. of SPIE, 2000, 4083: 212-223.

[8] Chi M, Huignard J P, Petersen P M. A general theory of two-wave mixing in nonlinear media [C]. J. Opt. Soc. Am. B, 2009, 26(8): 1578-1584.

[9] Smith A V, Smith J J. Influence of pump and seed modulation on the mode instability thresholds of fiber amplifiers [J]. Opt. Express, 2012, 20(22): 24545-24558.

[10] Smith A V, Smith J J. Spontaneous Rayleigh Seed for Stimulated Rayleigh Scattering in High Power Fiber Amplifiers [J]. IEEE Photonics J., 2013, 5: 7100807.

[11] Jauregui C, Eidam T, Otto H J, et al. Physical origin of mode instabilities in high-power fiber laser systems

[J]. Opt. Express,2012,20(12):12912-12925.

[12] Jauregui C,Eidam T,Limpert J,et al. The impact of modal interference on the beam quality of high-power fiber amplifiers [J]. Opt. Express,2011,19(4):3258-3271.

[13] Jauregui C,Eidam T,Otto H J,et al. Temperature-induced index gratings and their impact on mode instabilities in high-power fiber laser systems [J]. Opt. Express,2012,21(1):440-451.

[14] Smith A V,Smith J J. Steady-periodic method for modeling mode instability in fiber amplifiers [J]. Opt. Express,2013,21(3):2606-2623.

[15] Smith A V ,Smith J J. Overview of a steady-periodic model of modal instability in fiber amplifiers [J]. IEEE J. Sel. Top. Quant. Electron,2014,20(6):1-12.

[16] Naderi S,Dajani I,Robin C,et al. Investigations of modal instabilities in fiber amplifiers through detailed numerical simulations [J]. Opt. Express,2013,21(13):16111-16129.

[17] Ward B. Numerical analysis of modal instability onset in fiber amplifiers [C]. Proc. of SPIE,2014,8961:89611U.

[18] Hu I N,Zhu C,Zhang C,et al. Analytical time-dependent theory of thermally-induced modal instabilities in high power fiber amplifiers [C]. Proc. of SPIE,2013,8601:860109.

[19] Eznaveh Z S,Lopez Galmiche G,Antonio Lopez E,et al. Bi-directional pump configuration for increasing thermal modal instabilities threshold in high power fiber amplifiers [C]. Proc. of SPIE, 2015, 9344:93442G.

[20] Kuznetsov M,Vershinin O,Tyrtyshnyy V,et al. Low-threshold mode instability in Yb^{3+}-doped few-mode fiber amplifiers [J]. Opt. Express,2014,22(24):29714-29725.

[21] Hansen K R,Alkeskjold T T,Broeng J,et al. Theoretical analysis of mode instability in high-powerfiber amplifiers [J]. Opt. Express,2013,21(2):1944-1971.

[22] Hansen K R,Lægsgaard J. Impact of gain saturation on the mode instability threshold in high-power fiber amplifiers [J]. Opt. Express,2014,22(9):11267-11278.

[23] Dong L. Stimulated thermal Rayleigh scattering in optical fibers [J]. Opt. Express, 2013, 21:2642-2656.

[24] Tao R,Ma P,Wang X,et al. A novel theoretical model for mode instability in high power fiber lasers[C]// Advanced Solid State Lasers. Shanghai,2014.

[25] Jauregui C,Otto H J,Stutzki F,et al. Passive mitigation strategies for mode instabilities in high-power fiber laser systems [J]. Opt. Express,2013,21(16):19375-19386.

[26] Ward B,Robin C,Dajani I. Origin of thermal modal instabilities in large mode area fiber amplifiers [J]. Opt. Express,2012,20(10):11407-11422.

[27] Naderi S,Dajani I,Grosek J,et al. Theoretical Treatment of Modal Instability in High Power Cladding-Pumped Raman Amplifiers [C]. Proc. of SPIE,2015,9344:93442X.

[28] Ward B. Maximizing power output from continuous-wave single-frequency fiber amplifiers [J]. Opt. Lett. ,2015,40(4):542-545.

[29] Hansen K R,Alkeskjold T T,Broeng J,et al. Thermally induced mode coupling in rare-earth doped fiber amplifiers [J]. Opt. Lett,2012,37(12):2382-2384.

[30] Tao R,Ma P,Wang X,et al. Liu. 1.3 kW monolithic linearly polarized single-mode master oscillator power amplifier and strategies for mitigating mode instabilities [J]. Photonics Research,2015,3:86-93.

[31] 陶汝茂. 高功率窄线宽近衍射极限光纤激光放大器热致模式不稳定研究[D]. 长沙:国防科学技术大学研究生院,2015.

[32] Yoda H, Polynkin P, Mansuripurm. Beam quality factor of higher order modes in a step – index Fiber [J]. J. Lightw. Technol. ,2006,24(3):1350 – 1355.

[33] Ozisik M N. Heat Conduction [M]. 2nd ed. New York:John Wiley & Sons, Inc. ,1993.

[34] Tao R, Ma P, Wang X, et al. Study of wavelength dependence of mode instability based on a semi – analytical model [J]. IEEE J. Quantum Electron. to be Published,2015,51(8):1 – 6.

[35] Tao R, Ma P, Wang X, et al. Mitigating of Modal Instabilities in Linearly – Polarized Fiber Amplifiers by Shifting Pump Wavelength [J]. Journal of Optics,2015,17:045504.

[36] Stutzki F, Otto H J, Jansen F, et al. High – speed modal decomposition of mode instabilities in high – power fiber lasers [J]. Opt. Lett,2011,36(23):4572 – 4574.

[37] Otto H J, Stutzki F, Jansen F, et al. Temporal dynamics of mode – instabilities in high power fiber lasers and amplifiers [J]. Opt. Express,2012,20:15710 – 15722.

[38] Vorontsov M A, Kolosov V V, Poinau E. Target – in – the – loop wavefront sensing and control with a Collett – Wolf beacon:speckle – average phase conjugation [J]. Appl. Optics. ,2009,48(1):A13 – A29.

[39] Tao R, Ma P, Wang X, et al. Study of Mode Instabilities in High Power Fiber Amplifiers by Detecting Scattering Light [C]// International Photonics and OptoElectronics Meetings. Wuhan,2014.

[40] Tao R, Ma P, Wang X, et al. 1.4kW all – fiber Narrow – linewidth polarization – maintained fiber amplifier [C]// International Symposium on High – Power Laser Systems and Applications. Chengdu,2014.

[41] Otto H J, Jauregui C, Stutzki F. Controlling mode instabilities by dynamic mode excitation with an acousto – optic deflector [J]. Opt. Express,2013,21:17285 – 17298.

[42] Tao R, Ma P, Wang X, et al. Experimental study on mode instabilities in all – fiberized high – power fiber amplifiers [J]. Chinese Optics Letters,2014,12(s):S20603.

[43] Johansen M M, Laurila M, Maack M D, et al. Frequency resolved transverse mode instability in rod fiber amplifiers [J]. Opt. Express,2013,21(19):21847 – 21856.

[44] 陶汝茂,周朴,王小林,等. 高功率全光纤结构主振荡功率放大器中模式不稳定现象的实验研究 [J],物理学报,2014,63(8):085202.

[45] Haarlammert N, de Vries O, Liem A, et al. Build up and decay of mode instability in a high power fiber amplifier [J]. Opt. Express,2012,20(12):13274 – 13283.

[46] Laurila M, Jørgensen M M. Hansen K R, et al. Distributed mode filtering rod fiber amplifier delivering 292W with improved mode stability [J]. Opt. Express,2012,20 (5):5742 – 5753.

[47] Jansen F, Stutzki F, Otto H J, et al. Thermally induced waveguide changes in active fibers [J]. Opt. Express,2012,20(4):3997 – 4008.

[48] Smith J J, Smith A V. Influence of signal bandwidth on mode instability threshold of fiber amplifiers[J]. Fiber Lasers XII Fechnology Systems & Applications,2014:9344.

[49] Tao R, Ma P, Wang X, et al. Influence of core on Thermal – Induced Mode Instabilities in High Power Fiber Amplifiers[J]. Laser Physics Letters,2015,12:8.

[50] Brar K, Leuchs M S, Henric J, et al. Threshold power and fiber degradation induced modal instabilities in high power fiber amplifiers based on large mode area fibers [C]. Proc. of SPIE,2014,8961:8961R.

[51] Otto H J, Modsching N, Jauregui C, et al. Wavelength Dependence of Maximal Diffraction – Limited Output Power of Fiber Lasers [C]//Advanced Solid State Lasers Conference. Shanghai,2014.

[52] Hejaz K, Norouzey A, Poozesh R, et al. Controlling mode instability in a 500 W ytterbium – doped fiber laser [J]. Laser Phys. ,2014,24:025102.

[53] Stutzki F, Jansen F, Eidam T, et al. High average power large – pitch fiber amplifier with robust single –

mode operation [J]. Opt. Lett. ,2011,36(5):689-691.

[54] Laurila M, Saby J, Alkeskjold T T, et al. Q-switching and efficient harmonic generation from a single-mode LMA photonic bandgap rod fiber laser [J]. Opt. Express,2011,19(11):10824-10833.

[55] Jain D, Baskiotis C, Kim J, et al. Bending performance of large mode area muli-trench fibers [J], Opt. Express,2013,21:26663-26670.

[56] Jain D, Baskiotis C, Kim J, et al. First demonstration of single trench fiber for delocalization of higher order modes [C]//Conference on Laser and Electro-Optics. California,2014.

[57] Eidam T, Hödrich S, Jansen F, et al. Preferential gain photonic-crystal fiber for mode stabilization at high average powers [J]. Opt. Express,2011,19(9):8656-8661.

[58] Robin C, Dajani I, Zeringue C, et al. Gain-tailored SBS suppressing photonic crystal fibers for high power applications [C]. Proc. of SPIE,2012,8237:82371D.

[59] Robin C, Dajani I, Pulford B. Modal instability suppressing, single-frequency PCF amplifier with 811W output power [J]. Opt. Lett. ,2014,39:666-669.

[60] Smith A V, Smith J J. Maximizing the mode instability threshold of a fiber amplifier [J]. physics,2013, 1301:3489.

[61] Huang L, Ma P, Tao R, et al. 1.5kW ytterbium-doped single-transverse-mode, linearly polarized monolithic fiber master oscillator power amplifier [J]. Appl. Optics,2015,54(10):2880-2884.

[62] 肖虎,冷进勇,张汉伟,等. 2.14kW 级联泵浦光纤放大器[J]. 强激光与粒子束,2015,27(01):27010103.

[63] Smith A V, Smith J J. Increasing mode instability thresholds of fiber amplifiers by gain saturation [J]. Opt. Express,2013,21:15168-15182.

[64] Otto H J, Klenke A, Jauregui C, et al. Four-fold increase of the mode instability threshold with a multi-core photonic crystal fiber [C]//Presented at Frontiers in Optics Postdeadline. New York,2013.

[65] Jauregui C, Limpert J, Tünnermann A. High-power fibre lasers [J]. Nature Photonics,2013,7: 861-867.

第 6 章 相干合成光束质量评价与系统分析

第 4、5 章介绍了单束光纤激光的关键技术。从本章开始到第 8 章,本书分别从系统分析、单元激光和控制方法等三个方面详细介绍基于主动相位控制的光纤激光相干合成技术。本章首先以典型主动相位控制相干合成系统为例,介绍相干合成系统的基本理论;其次介绍相干合成光束质量的评价方法,指出光束传输因子(Beam Propagation Factor,BPF)适合相干合成光束的评价;最后以 BPF 为判据,分析不同因素对相干合成光束质量的影响。

6.1 基本理论模型

6.1.1 相干合成的基本结构

典型的相干合成系统结构如图 6-1 所示,主振荡器输出激光经过放大后被分束器分为 M 路,各路光束先后通过活塞波前校正器(相位调制器)和级联放大器链路,放大输出光经过准直器阵列准直输出,然后利用合束器件将各路光束按照一定方式排布成阵列输出,且输出子光束之间光轴相互平行。输出阵列光束被高透镜分为两束,主激光(透射光,包含绝大部分激光功率)入射到功率计或发射装置,采样光(反射光)经过透镜模拟远场。经过透镜汇聚后的光被分束

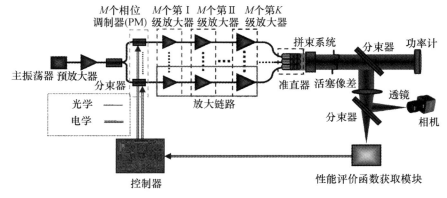

图 6-1 典型相干合成系统结构

镜分为两束,透射光入射到探测器模块;反射光进入相机,用于观察远场干涉图样。控制器根据探测器获取信号和波前校正器上的控制参量,利用相应的控制方法,实现各路激光的活塞相位锁定。

由图6-1可以看出,典型的相干合成系统主要由五部分组成:①种子激光器;②光纤放大器模块;③性能评价模块;④相位控制模块;⑤光束拼接模块。其中第②~⑤部分涉及非线性效应产生机理及抑制、优化算法、孔径填充等基础物理问题和核心关键技术,分别在本书第4、5、7、8章予以详细介绍。

6.1.2 相干合成的数学模型

根据光束的发射方式,相干合成系统可以分为两类:①平行发射的相干合成;②共形发射相干合成。在平行发射相干合成系统中,各输出光束的光轴彼此平行,各路光束的相干是通过光束在传输过程中的衍射效应,使光场相互叠加发生干涉实现的(图6-2(a))。在实验中一般利用透镜来模拟远场。如果光束的占空比较低,为了在远场得到较高的能量集中度,需要较长的传输距离。为了实现任意距离内相干合成阵列都有较高的能量集中度,需要采用共形发射方式[1]:通过倾斜控制,使各输出光束在目标上干涉(图6-2(b))。

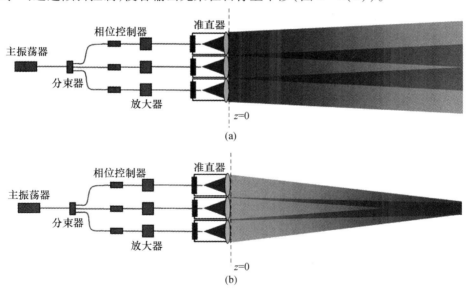

图6-2 共形发射相干合成系统结构

相干合成的效果最终体现在目标处的光强分布。假设发射处光场为 $E_{in}(x,y,z,t)$,根据菲涅尔衍射积分,传输到目标 z 处光场 $E_{out}(\xi,\eta,z,t)$ 表示为

$$E_{out}(\xi,\eta,z,t) = -\frac{\mathrm{j}e^{\mathrm{j}kz}}{\lambda z}\int\int_{-\infty}^{\infty} E_{in}(x,y,z,t)e^{\mathrm{j}\frac{k}{2z}[(\xi-x)^2+(\eta-y)^2]}\mathrm{d}x\mathrm{d}y \quad (6-1)$$

对于第 m 路光束，x,y 方向光场可以表示为

$$\begin{cases} E_m^{(x)}(x,y,z,t) = A_m e^{-j\varphi_m}\cos\vartheta_m \\ E_m^{(y)}(x,y,z,t) = A_m e^{-j\varphi_m}\sin\vartheta_m \end{cases} \quad (6-2)$$

式中：$A_m = A_m(x-x_m, y-y_m, z-z_m, t)$ 为光场的振幅，(x_m, y_m, z_m) 为第 m 路光束中心坐标；$\varphi_m = \varphi_m^{(t)}(x,y,z,t) + \varphi_m^{(a)}(x,y,z,t) + \varphi_m^{(p)}(z,t)$ 为相位项（$\varphi_m^{(t)}$ 为第 m 路光束的倾斜波前、$\varphi_m^{(a)}$ 为高阶波前畸变和 $\varphi_m^{(p)}$ 为整体相移（活塞相位），且 $\varphi_m^{(t)}$、$\varphi_m^{(a)}$ 为 (x,y) 的函数，而 $\varphi_m^{(p)}$ 与 (x,y) 无关）；ϑ_m 为第 m 路光束的偏振方向与 x 轴的夹角。

假设有 M 路光束参与合成，那么发射处总的光场为

$$\begin{cases} E_{in}^{(x)}(x,y,z=0,t) = \sum_{m=1}^{M} E_m^{(x)}(x,y,z=0,t) \\ E_{in}^{(y)}(x,y,z=0,t) = \sum_{m=1}^{M} E_m^{(y)}(x,y,z=0,t) \end{cases} \quad (6-3)$$

根据菲涅尔衍射原理，传输到距离 z 处光场 $\boldsymbol{E}_{out}(\boldsymbol{\xi},\boldsymbol{\eta},z,t)$ 表示为

$$\begin{cases} E_{out}^{(x)}(\xi,\eta,z,t) = -\dfrac{je^{jkz}}{\lambda z}\iint_{-\infty}^{\infty} E_{in}^{(x)}(x,y,z=0,t) e^{j\frac{k}{2z}[(\xi-x)^2+(\eta-y)^2]} dxdy \\ E_{out}^{(y)}(\xi,\eta,z,t) = -\dfrac{je^{jkz}}{\lambda z}\iint_{-\infty}^{\infty} E_{in}^{(y)}(x,y,z=0,t) e^{j\frac{k}{2z}[(\xi-x)^2+(\eta-y)^2]} dxdy \end{cases}$$

$$(6-4)$$

相干合成光强为两个正交方向合成光强之和[2]，即

$$I_{out}(\xi,\eta,z,t) = I_{out}^{(x)}(\xi,\eta,z,t) + I_{out}^{(y)}(\xi,\eta,z,t) \quad (6-5)$$

其中：

$$\begin{cases} I_{out}^{(x)}(\xi,\eta,z,t) = \alpha \left| \iint_{-\infty}^{\infty} \sum_{m=1}^{M} E_m^{(x)}(x,y,z=0,t) e^{j\frac{k}{2z}[(\xi-x)^2+(\eta-y)^2]} dxdy \right|^2 \\ I_{out}^{(y)}(\xi,\eta,z,t) = \alpha \left| \iint_{-\infty}^{\infty} \sum_{m=1}^{M} E_m^{(y)}(x,y,z=0,t) e^{j\frac{k}{2z}[(\xi-x)^2+(\eta-y)^2]} dxdy \right|^2 \end{cases}$$

$$(6-6)$$

式中：$\alpha = \dfrac{1}{\lambda^2 z^2}$。将式(6-2)代入式(6-6)，有

$$\begin{cases} I_{out}^{(x)}(\xi,\eta,z,t) = \alpha \left| \iint_{-\infty}^{\infty} \sum_{m=1}^{M} A_m e^{-j\varphi_m}\cos\vartheta_m e^{j\frac{k}{2z}[(\xi-x)^2+(\eta-y)^2]} dxdy \right|^2 \\ I_{out}^{(y)}(\xi,\eta,z,t) = \alpha \left| \iint_{-\infty}^{\infty} \sum_{m=1}^{M} A_m e^{-j\varphi_m}\sin\vartheta_m e^{j\frac{k}{2z}[(\xi-x)^2+(\eta-y)^2]} dxdy \right|^2 \end{cases}$$

$$(6-7)$$

6.1.3 相干合成的影响因素

根据菲涅尔衍射积分,目标处单路光束光场为

$$\begin{cases} E_{\text{out},m}^{(x)}(\xi,\eta,z,t) = \alpha \iint_{-\infty}^{\infty} A_m e^{-j\varphi_m} \cos\vartheta_m e^{j\frac{k}{2z}[(\xi-x)^2+(\eta-y)^2]} dxdy \\ E_{\text{out},m}^{(x)}(\xi,\eta,z,t) = \alpha \iint_{-\infty}^{\infty} A_m e^{-j\varphi_m} \sin\vartheta_m e^{j\frac{k}{2z}[(\xi-x)^2+(\eta-y)^2]} dxdy \end{cases} \quad (6-8)$$

在目标处光场中,偏振态与坐标 (x,y) 无关,可以将目标处光场简化为

$$\begin{cases} E_{\text{out},m}^{(x)}(\xi,\eta,z,t) = A'_m e^{-j\varphi'_m} \cos\vartheta_m \\ E_{\text{out},m}^{(y)}(\xi,\eta,z,t) = A'_m e^{-j\varphi'_m} \sin\vartheta_m \end{cases} \quad (6-9)$$

根据光的干涉原理,x 方向的合成光强为

$$I_{\text{out}}^{(x)} = \text{Re} \left| \sum_{m=1}^{M} [A'_m e^{-j\varphi'_m} \cos\vartheta_m] \sum_{m=1}^{M} [A'_m e^{j\varphi'_m} \cos\vartheta_m] \right| \quad (6-10)$$

整理可得

$$I_{\text{out}}^{(x)} = \frac{1}{2} \sum_{m=1}^{M} I_m \langle 1+\cos 2\vartheta_m \rangle + \sum_{m_i=1}^{M} \sum_{m_j \ne m_i}^{M} \langle A'_{m_i} A'_{m_j} \cos(\varphi'_{m_i} - \varphi'_{m_j}) \cos\vartheta_{m_i} \cos\vartheta_{m_j} \rangle$$

$$(6-11)$$

式中:$\langle \cdot \rangle$ 为时间平均。同理,y 方向合成光强为

$$I_{\text{out}}^{(y)} = \frac{1}{2} \sum_{m=1}^{M} I_m \langle 1-\cos 2\vartheta_m \rangle + \sum_{m_i=1}^{M} \sum_{m_j \ne m_i}^{M} \langle A'_{m_i} A'_{m_j} \cos(\varphi'_{m_i} - \varphi'_{m_j}) \sin\vartheta_{m_i} \sin\vartheta_{m_j} \rangle$$

$$(6-12)$$

那么合成光强为

$$I_{\text{out}} = \sum_{m=1}^{M} I_m + \sum_{m_i=1}^{M} \sum_{m_j \ne m_i}^{M} \langle A'_{m_i} A'_{m_j} \cos(\varphi'_{m_i} - \varphi'_{m_j}) \cos(\vartheta_{m_i} - \vartheta_{m_j}) \rangle \quad (6-13)$$

共形发射时,利用旋转坐标系给出单路光束光场:

$$\begin{cases} E_m^{(x)}(X,Y,Z) = A_m(X,Y,Z) e^{-j\varphi_m(X,Y,Z)} \cos\vartheta_m \\ E_m^{(y)}(X,Y,Z) = A_m(X,Y,Z) e^{-j\varphi_m(X,Y,Z)} \sin\vartheta_m \end{cases} \quad (6-14)$$

新坐标系 (X,Y,Z) 与原始坐标系 (x,y,z) 的关系:

$$\begin{cases} X = x\cos\theta_y + z\sin\theta_y \\ Y = y\cos\theta_x + x\sin\theta_x \sin\theta_y - z\sin\theta_x \cos\theta_y \\ Z = y\sin\theta_x - x\cos\theta_x \sin\theta_y + z\cos\theta_x \cos\theta_y \end{cases} \quad (6-15)$$

式中:θ_x 为光束沿着 x 轴(yoz 平面)转过的角度;θ_y 为光束沿 y 轴(xoz 平面)转过的角度。共形发射时,为了使发射光束中心在目标处与目标中心重合,需要满足

$$\sin\theta_x = \frac{(y_t - y_m)}{\sqrt{(y_t - y_m)^2 + (z_t - z_m)^2}} \quad (6-16)$$

$$\sin\theta_y = -\frac{(x_t - x_m)}{\sqrt{(x_t - x_m)^2 + (z_t - z_m)^2}} \quad (6-17)$$

为了保证各光束从发射到目标处的传输距离相等(都为 z_t),还需要同时满足

$$\sqrt{(x_t - x_m)^2 + (y_t - y_m)^2 + (z_t - z_m)^2} = z_t \quad (6-18)$$

共形发射时,如果直接给出目标处各路光场,那么合成光强与式(6-13)类似:

$$I_{\text{out}} = \sum_{m=1}^{M} I_m + \sum_{m_i=1}^{M}\sum_{m_j\neq m_i}^{M} \langle A'_{m_i} A'_{m_j} \cos(\varphi'_{m_i} - \varphi'_{m_j})\cos(\vartheta_{m_i} - \vartheta_{m_j})\rangle$$

$$(6-19)$$

只不过这里的振幅和相位的具体表达式有所差异。

根据式(6-13)、式(6-19),合成光强实际上是由单路光束的波前 φ_m(包括倾斜波前 $\varphi_m^{(t)}$、高阶波前畸变 $\varphi_m^{(a)}$、活塞相位 $\varphi_m^{(p)}$)和偏振态 ϑ_m 共同决定。此外,由于上述各个参数都是坐标 (x_m, y_m) 的函数,目标处合成光强还与各路光束空间排布有关。简化考虑,认为相干合成中相邻两路光束的距离相等,都为 d,定义占空比为 $f = 3\omega_0/d$(以 $r = 1.5\omega_0$ 为半径的面积内包含了高斯光束99%的能量)。那么,合成光束光强与空间排布 (x_m, y_m) 和占空比 f 有关。

综上所述,在不考虑大气湍流情况下,相干合成的效果与合成光束空间排布 (x_m, y_m)、占空比 f、单路光束光强分布 A_m^2、单路光束偏振态 θ_m、单路光束波前畸变 φ_m(包括倾斜波前 $\varphi_m^{(t)}$、高阶波前畸变 $\varphi_m^{(a)}$、活塞相位 $\varphi_m^{(p)}$)等因素有关。

6.2 光束评价标准

高能激光对目标的作用效果不仅取决于激光器输出功率,而且与激光的光束质量有密切关系。作为衡量激光光束优劣的一项重要指标,光束质量的评价是激光技术领域的基础性研究课题,国内外曾召开多次研讨会并出版多本学术专著对这一前沿课题进行探讨[3-5]。目前,研究人员已经提出了多种单束激光光束质量评价方法[6-12],如Strehl 比、M^2 因子、β 因子等,并对这些方法的适用范围和不确定性进行了详尽分析。普遍认为,目前各种评价方法各有优势和局限性[13-18]。目前,仍有许多新的方案在不断被提出[19,20]。

光束质量也是评判相干合成激光实际效能的重要指标。选取合适的光束质量评价方法对相干合成型高能激光系统的设计及实用性能评价至关重要,在美国高能激光联合技术办公室(JTO)联合高功率固体激光器(JHPSSL)项目中,主

承包商 Northrop Grumman 公司采用自行提出的光束质量评判出光束质量良好的光束却远不能满足实际需求,JTO 的负责人 Seeley 在 2009 年 OFC 会议的报告中指出这是一个教训[21],并表示在最新的 RELI(Robust Electric Laser Initiative)项目中将采用新的光束质量评价方式。

尽管目前已有多种类型的光束质量测量仪器产品,但国内外科研人员仍在不断提出并研制新的光束质量测量装置[22-25]。任意一种高能激光光束质量评价标准,在实际测量过程中必须满足下列准则[5]:

(1)测量次数少(最好是单次测量)。由于高能激光器长时间持续出光需要较高的经济成本,因此最理想的情形下是单次测量即可获得评价结果;

(2)探测器的噪声对测量结果影响不大;

(3)适用于评价各种激光谐振腔的出射光束;

(4)不同高能激光系统(含光束变换系统等)出射激光光束质量之间的可比较性;

(5)测量结果具有唯一性且不会因此带来争论或有悖于基本物理定律;

(6)测量结果能为实际应用提供直接参考。

基于上述准则,本节对相干合成光束质量的评价方式进行探讨,指出适用于评价合成光束质量的评价因子,并据此对影响相干合成效果的各种因素进行全面分析。

6.2.1 M^2 因子

M^2 因子定义为实际光束的光斑半径与其远场发散角的乘积与理想基模高斯光束的相应乘积之比[9],即

$$M^2 = \frac{(\omega_{实际}\theta_{实际})}{(\omega_{理想}\theta_{理想})} \quad (6-20)$$

式中:对于理想基模高斯光束,$\omega_{理想}\theta_{理想} = \lambda/\pi$。$M^2$ 因子的计算主要在计算 $\omega_{实际}$ 和 $\theta_{实际}$,而 $\omega_{实际}$ 和 $\theta_{实际}$ 都是根据二阶矩定义求得。相干合成光束的远场光强往往是非高斯分布,由二阶矩计算的光斑半径是不准确的,因为它夸大了旁瓣对于光束半径的影响[26]。如以 M^2 因子作为评价标准,根据文献[27]中图5、文献[28]中图7计算结果可以得出相干合成光束质量将随着参与合成激光数目的增多而急剧下降的结论。激光科学界泰斗 Siegman 教授在美国光学学会 1998 年年会的报告中曾进行过这样的计算[29]:如图 6-3(a)所示的 6 单元光束阵列,其相干合成与非相干合成远场光强分布分别如图 6-3(b)、(c)所示,其光束质量优劣十分明显。但计算结果表明,相干合成与非相干合成 M^2 因子大小均为 3.4。因此,M^2 因子实际上无法准确评判合成光束的能量集中程度,不适合评价相干合成光束的质量。

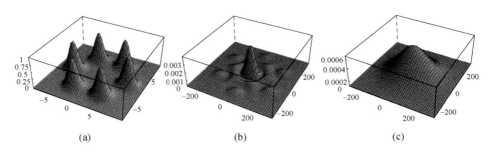

图 6-3 6 单元光束合成

(a) 近场光强分布;(b) 相干合成远场光强分布;(c) 非相干合成远场光强分布。

6.2.2 Strehl 比

Strehl 比的定义为实际光束峰值功率与理想光束峰值功率的比值[30],即

$$\mathrm{SR} = \frac{I_{0实际}}{I_{0理想}} \qquad (6-21)$$

Strehl 比可以直观地反映激光在远场的峰值强度信息,但是不能给出平均光强信息。仍以图 6-3(a)所示的 6 单元光束阵列为例,假设其近场排布的紧凑程度不同(图 6-4),对应的远场光强分布如图 6-5 所示。

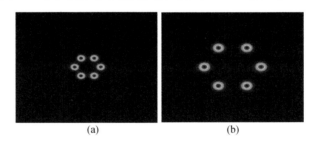

图 6-4 两种近场排布紧凑程度不同的激光阵列

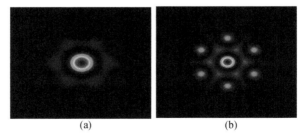

图 6-5 两种近场排布紧凑程度不同的激光阵列远场光强分布

图 6-5(a)中激光功率大都集中在中央主瓣,光束质量明显优于图 6-5(b),但两种情形下峰值功率都是一致的,如图 6-6 所示,也即两种情形下 Strehl 比

相等。因此,Strehl 比因子实际上无法准确评判合成光束的能量集中程度,不适合评价相干合成光束质量。

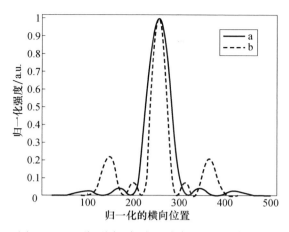

图 6-6　两种不同远场光强分布沿 y 方向剖面图

6.2.3　BQ

Northrop Grumman 公司在其固体激光相干合成的实验中定义光束质量为 $BQ=(P/P_{idea})^{-1/2}$,其中 P 定义为实测发散角(λ/D)内的桶中功率,P_{idea} 是相干合成的理想情形下远场发散角(λ/D)大小的桶中功率。该公司通过对 2 路、7 路固体激光相干合成分别获得 19 kW 和 105 kW 激光输出,光束质量分别为 $BQ=1.73$ 和 $BQ\approx 3$,可以认为接近衍射极限,但仔细计算可以得出,$BQ=1.73$ 和 $BQ\approx 3$ 对应发散角(λ/D)大小的桶中功率仅占总功率的 33% 和 11%,也即 105 kW 固体激光的亮度和一台 10 kW 量级的单模激光亮度并无差异。因此,$BQ=\sqrt{P_{idea}/P}$ 在一定程度上弱化了光束质量的要求,不便于直观评判光束质量的优劣。

6.2.4　BPF

美国 DARPA/在 MTO 办公室提出了光束传输因子的概念[31],其定义为远场半径为 $1.22\lambda L/D$ 大小的桶中功率与激光总功率的比值,L 为光束传输距离,D 为光束发射孔径的最小外接圆直径。在上述定义下,光束传输因子的理想值不为 1,不便于直观分析光束质量的优劣。参考光束传输因子的概念,笔者课题组对其进行了修正,并提出 BPF 这一评价相干合成光束质量的方法[32-34],用于定量分析远场靶面上的能量集中度。BPF 的计算方法为

$$BPF = 1.19(P/P_{total}) \tag{6-22}$$

式中:P 为远场半径为 $1.22\lambda L/D$ 大小的桶中功率;P_{total} 为输出光束的总功率。

1.22λL/D 和 1.19 是从理想均匀平面波的圆孔衍射得到的判据,1.19 是圆孔衍射远场 Ariy 斑内能量占总能量 83.8% 的倒数。从本质而言,判断该半径的圆域内能量的多少就是判断实际光束与理想均匀平面波的差别。如果圆域半径取值超过 1.22λL/D,如 2.44λL/D,则如文献[10]中图 1,可能出现该圆域半径内总功率超过理想均匀平面波,但光束在远场中心轴上的能量集中度极低,且高阶旁瓣的能量集中度也远不如中心只有一个主瓣时的情形。因此,1.22λL/D 作为远场靶面能量集中度的标准是较为合适的。BPF 的理想值为 1,在实际情形中 BPF 值总是小于 1,BPF 的值越接近于 1,表明光束能量集中度越高,光束质量越好。

M^2 因子、β 因子的测量需对激光能量衰减、取样后利用面阵探测器探测远场光斑强度分布,计算远场光斑半径,受面阵探测器(如 CCD)的噪声及能量衰减、取样器件的不均匀性影响,测量结果不确定性很大[11,35];而 Strehl 比只能给出远场轴上的峰值光强,实际上高能激光与远场目标的作用需要在具有一定作用面积 S 内进行,因此 Strehl 比不能直接反映光束聚焦能力。相比之下,BPF 作为一种评价标准,不仅满足上述所有准则,而且在实际操作中,测量也较为简单。高功率激光功率测量方法现已较为成熟[36]。只需测量激光光束总的输出功率以及远场靶面上半径为 1.22λL/D 的圆内激光功率即可。与基于远场光斑半径的评价方法相比,BPF 的测量误差要低得多。另外,对于测量的光束,BPF 计算远场半径为 1.22λL/D 大小的桶中功率与发射功率的比值,相当于对远场靶面的尺寸做了归一化处理。因此,测量结果仅是激光束本身聚焦能力的表征,与激光谐振腔的类型无关,也与光束发射系统、发射口径等非激光器本身的参数无关。表 6-1 所列为各种评价因子是否满足本节开始部分提出的 6 个测量准则情况。

表 6-1 各种评价因子对评价准则的符合程度

评价准则	M^2因子	β因子	Strehl 比	BPF
准则 1	×	√	√	√
准则 2	×	×	×	√
准则 3	×	√	√	√
准则 4	×	√	√	√
准则 5	×	×	√	√
准则 6	√	×	×	√

2011—2014 年,中国工程物理研究院牵头,联合国内优势单位联合制定了国家标准《高能激光光束质量评价与测试方法》,BPF 已被列入了该标准[37]。需要说明的是,当光束不稳定、存在较大幅度的抖动时,瞬时 BPF 的测量将有所

偏差。但如果把光束抖动也算作光束质量的下降,则无此问题。

6.3 影响因素分析

本节利用 BPF 作为评价因子,分析相干合成系统中光束占空比、偏振态、活塞相位噪声、倾斜波前等参数对合成效果的影响,其余因素的影响可以参考相关文献[38,39]。

以单模激光相干合成为例(激光单元近场排布如图 6-7 所示,以周期性结构向外排布。N 圈阵列共含有 $M = 1 + 3N(N+1)$ 个阵列单元)。假设各路光束均为高斯光束,单路光束光强为 1,光腰为 $\omega_0 = 10\text{mm}$,波长为 1080nm。

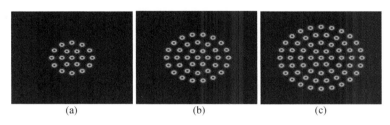

图 6-7 19 路、37 路、61 路激光阵列近场排布
(a) 19 路;(b) 37 路;(c) 61 路。

6.3.1 阵列光束数目

图 6-8 给出了占空比 $f = 1$ 时,19 路、37 路、61 路激光相干合成后的远场光强分布,其中单路光束大小不变。可以看出,随着激光数目的增多,相干合成远场光斑形态并未发生明显变化,因此光束质量应保持不变。

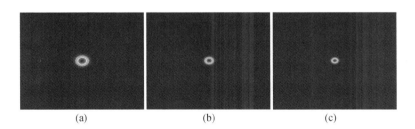

图 6-8 19 路、37 路、61 路激光阵列相干合成远场光强分布
(a) 19 路;(b) 37 路;(c) 61 路。

图 6-9 给出了相干合成激光阵列 BPF 与激光数目之间的关系。可以看出,BPF 的大小与激光数目关系不大。

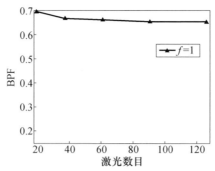

图 6-9　相干合成激光阵列 BPF 与激光数目的关系

6.3.2　占空比

图 6-10 给出了 19 路圆形排布光束共形相干合成时,几个典型的占空比得到的目标处光强分布。由图可知,占空比越大,合成光强中央主瓣能量越高。

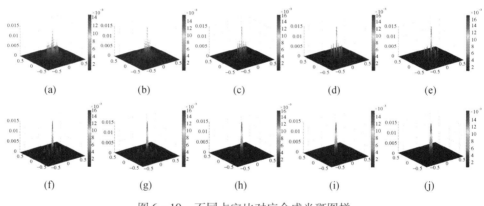

图 6-10　不同占空比对应合成光斑图样

(a) $f=0.1$；(b) $f=0.2$；(c) $f=0.3$；(d) $f=0.4$；(e) $f=0.5$；(f) $f=0.6$；
(g) $f=0.7$；(h) $f=0.8$；(i) $f=0.9$；(j) $f=1.0$。

图 6-11 给出了不同占空比情况下的 BPF 曲线,结果表明,占空比越高,BPF 值越大。当占空比为 1 时,BPF 取得最大值为 0.69。高斯光束特殊的光场分布导致阵列光束内部光强分布不均匀,使占空比为 1 时的 BPF 较理想平面波值小。在实际应用中,可以采用光束截断、光束整形等方法提高合成光束质量。

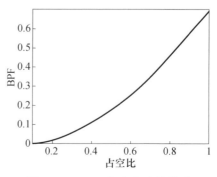

图 6-11　BPF 与占空比的关系

6.3.3 偏振态

在忽略其他参数影响的情况下,定义 ϑ_m 的标准差 σ_ϑ 为偏振误差,对阵列中含有 19 路激光、阵列占空比 $f=1$ 的情形进行仿真,得到典型偏振误差情况下光强分布如图 6-12 所示。

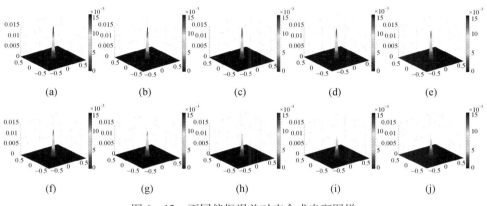

图 6-12 不同偏振误差对应合成光斑图样

(a) $\sigma_\vartheta = 0$;(b) $\sigma_\vartheta = 5$;(c) $\sigma_\vartheta = 10$;(d) $\sigma_\vartheta = 15$;(e) $\sigma_\vartheta = 20$;
(f) $\sigma_\vartheta = 25$;(g) $\sigma_\vartheta = 30$;(h) $\sigma_\vartheta = 35$;(i) $\sigma_\vartheta = 40$;(j) $\sigma_\vartheta = 45$。

经过多次计算取平均,得到偏振误差与 BPF 的关系如图 6-13 所示。从仿真结果可知,要获得理想相干合成效果 80%(90%)的 BPF(理想相干合成指占空比为 1,无任何误差的相干合成效果),各路光束偏振误差应该控制在 32°(22°)以内;当偏振误差在 10°以内时,合成光束的 BPF 大于无偏振误差时 BPF 的 97%。因此,在实际相干合成中偏振角误差控制在度量级是完全可行的,因此在仔细校准的前提下,偏振方向对于远场光束质量的影响不大。

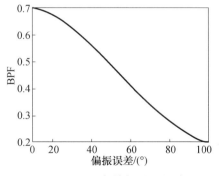

图 6-13 BPF 与偏振误差的关系

6.3.4 相位误差

在忽略其他参数影响的情况下,对阵列中含有 19 路激光、阵列占空比为 1 的情形进行计算,当相位误差 σ_p(标准差,单位:rad)取不同值时,激光阵列远场光斑图样如图 6-14 所示。可见,相位误差越小,中央主瓣能量越高,光束质量越好。

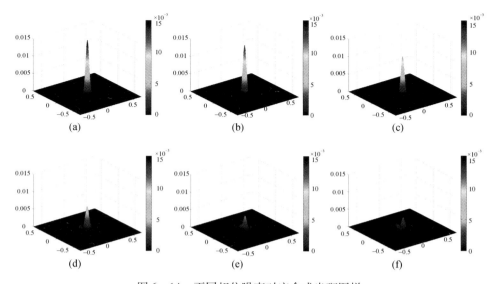

图 6-14 不同相位噪声对应合成光斑图样
(a) $\sigma_p=0$；(b) $\sigma_p=\pi/10$；(c) $\sigma_p=\pi/5$；(d) $\sigma_p=3\pi/10$；(e) $\sigma_p=2\pi/5$；(f) $\sigma_p=\pi/2$。

经过多次计算取平均计算，得到相位噪声与 BPF 的关系如图 6-15 所示。从仿真结果可知，要获得理想相干合成效果 80% 的 BPF，各路光束相位误差应该控制在 0.54rad($\lambda/11$) 以内；要获得理想相干合成效果 90% 的 BPF，各路光束相位误差应该控制在 0.36rad($\lambda/17$) 以内。在实际相干合成中，将相位噪声控制在 $\lambda/20$ 是完全可行的。

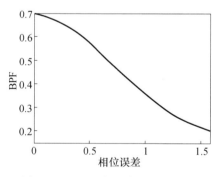

图 6-15 BPF 与相位误差的关系

6.3.5 倾斜波前

在实际相干合成系统中，装配误差、指向误差、机械振动和大气扰动等因素的影响，都可能导致目标处光束不能有效重合，从而影响合成光束质量。倾斜波前的存在，实际上相当于光束偏离了预定发射光轴一定角度。一般情况，利用坐标变换法推导对存在倾斜误差时远场光强分布表达式。在共形发射相干合成中，实际上已经考虑了坐标变换。根据式(6-19)，可以对存在倾斜波前对相干合成的效果进行计算。

定义各路光束偏离设计值的标准差 σ_T 为系统的倾斜误差，并对该误差进行归一化：$X=\sigma_T/\theta_d$，其中 $\theta_d=\lambda/D$，D 为发射光束的外接圆直径。对阵列中含有19路激光、阵列占空比 $f=1$ 的情形进行计算,当倾斜误差 σ_T 取不同值时,激光阵列远场光斑图样如图6-16所示。可见,倾斜误差越小,光束质量越好。

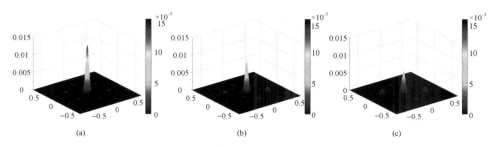

图6-16 不同倾斜误差对应合成光斑图样
(a) $\sigma_T=1$;(b) $\sigma_T=2$;(c) $\sigma_T=3$。

经过多次计算取平均计算,得到 BPF 与归一化倾斜误差的关系如图6-17所示。为了得到理想相干合成 80% 的合成效果,需要将归一化倾斜误差控制在 0.56 以内。对于本节仿真选取的参数,归一化倾斜误差 0.56 对应的角度为 $4\mu rad$。实际应用中,将该倾斜误差控制在 $4\mu rad$ 以内,对倾斜控制系统的要求相当高。

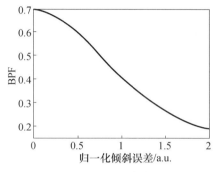

图6-17 BPF 与归一化倾斜误差的关系

综上计算结果表明,要获得良好的相干合成效果,需要对单束激光的偏振态、指向角度,以及阵列光束的相位差、占空比等参数进行严格控制。第7、8章将介绍对上述参数进行控制的方法以及实际效果。

参考文献

[1] 周朴. 光纤激光相干合成技术研究[D]. 长沙:国防科学技术大学,2009.

[2] Li B,Lü B. The polarization property and irradiance distribution of incoherent and coherent Gaussian beam combinations[J]. Optik,2003(113):535-540.

[3] Weber H. Special issue on laser beam quality[J]. Opt & Quant Electron.,1992,24(6):861-1135.

[4] Morin M,Giesen A. Third international workshop on laser beam and optics characterization[J]. Proc. of SPIE,1996,2870:8-10.

[5] Ross T S. Laser beam quality metrics[M]. Washington:SPIE Press,2013.

[6] 苏毅,万敏. 高能激光系统[M]. 北京:国防工业出版社,2006.

[7] 吕百达. 激光光学[M]. 北京:高等教育出版社,2003.

[8] 康小平,何仲. 激光光束质量评价概论[M]. 上海:上海科学技术文献出版社,2007.

[9] Siegman A E. New developments in laser resonators[J]. Proceedings of SPIE,1990,1224:2-14.

[10] 杜祥琬. 实际强激光远场靶面上光束质量的评价因素[J]. 中国激光,1997,24(2):327-332.

[11] 刘泽金,陆启生,赵伊君. 高能非稳腔激光器光束质量评价的探讨[J]. 中国激光,1998,25(3):193-196.

[12] 冯国英,周寿桓. 激光光束质量综合评价的探讨[J]. 中国激光,2009,36(7):1643-1653.

[13] 吕百达,康小平. 对激光光束质量一些问题的认识[J]. 红外与激光工程,2007,36(1):47-51.

[14] 杨成龙. 非稳腔激光束质量评价的几个问题[J]. 激光杂志,1997,18(4):4-10.

[15] 吕百达. 关于激光光束质量若干问题的分析[J]. 激光技术,1998,22(1):14-17.

[16] 钱列加,范滇元,张筑虹,等. 有关光束质量的若干基本问题及其新进展[J]. 中国激光,1994,21(12):981-987.

[17] 吴晗平. 激光光束质量的评价与应用分析[J]. 光学精密工程,2000,8(2):128-132.

[18] 王云萍,黄建余,乔广林. 高能激光光束质量的评价方法[J]. 光电子·激光,2001,12(10):1029-1033.

[19] Shlomo Ruschin,Elad Yaakobi,Eyal Shekel. Gaussian content as a laser beam quality parameter[J]. Applied Optics,2011,50:4376.

[20] Miller Harold C. A laser beam quality definition based on induced temperature rise[J]. Optics Express, 2012,20:28819-28828.

[21] Seeley D. High energy laser joint technology office electric laser initiatives[C]. OFC, 2009.

[22] Ke Y,Zengm C,Xie P,et al. Measurement system with high accuracy for laser beam quality[J]. Applied Optics,2015,54(15):4876-4880.

[23] Schmidt Oliver A,Christian Schulze,Daniel Flamm,et al. Real-time determination of laser beam quality by modal decomposition[J]. Optics Express,2011,19(7):6741.

[24] Christian Schulze,Daniel Flamm,Michael Duparré,et al. Beam-quality measurements using a spatial light modulator[J]. Optics Letters,2012,37(22):4687.

[25] 周寿桓,冯国英. 大口径薄片激光器中的谐振模式及光束质量诊断. 光学学报,2011,31(9):0900110.

[26] Shakir S A,Culver B,Nelson B,et al. Power scaling of passively phased fiber amplifier arrays[J]. Proc. of SPIE,2008,7070:70700N-70701N.

[27] 董洪成,陶春先,赵元安,等. 高斯光束的合成特性分析[J]. 强激光与粒子束,2009,2(21):171-176.

[28] Li Y,Qian L,Lu D,et al. Coherent and incoherent combining of fiber array with hexagonal ring distribution[J]. Optical Fiber Technology, 2009,15(3):226-232.

[29] Siegman A E. How to (maybe) measure laser beam quality[Z]. 1997.

[30] Born M, Wolf E. Principles of Optics [M]. London: The United Kingdom: Cambridge University Press,1999.

[31] Stickley C M. Architecture for diode high energy laser systems[EB/OL]. [2016-11-21] http://www.darpa.mil/mto/programs/adhels/index.htm.

[32] 刘泽金,周朴,许晓军. 高能激光通用评价标准的探讨[J]. 中国激光,2009,36(4):773-778.

[33] Zhou P,Liu Z,Xu X,et al. Numerical analysis of the effects of aberrations on coherently combined fiber laser beams[J]. Applied Optics,2008,47(18):3350-3359.

[34] Zhou P,Liu Z,Xu X,et al. Beam quality factor for coherently combined fiber laser beams[J]. Optics & Laser Technology,2009,41(3):268-271.

[35] 田英华,叶一东,向汝建. 光束质量测量的不确定度分析[J]. 强激光与粒子束,2008,20(7):1076-1078.
[36] Laser power and energy meter[EB/OL]. [2016-11-21] http://www.coherent.com/labmax.
[37] 高能激光光束质量评价与测试方法(SAC/TC284).
[38] Goodno G D, Shih C C, Rothenberg J E. Perturbative analysis of coherent combining efficiency with mismatched lasers[J]. Opt. Express, (2010), 18(24):25403-25414.
[39] Leshchenko V E. Coherent combining efficiency in tiled and filled aperture approaches[J]. Opt. Express, (2015), 23(12):15944-15970.

第7章 单元光束控制技术

根据第 6 章的分析可知,为提高相干合成的效果,需对各路激光的光程、指向性、偏振态以及阵列激光的空间排布和相位差进行控制。为便于描述,本书将光程、指向和偏振态归于单元光束特性,而将空间排布和相位差归于阵列光束特性。本章介绍单元激光的特性控制。

7.1 光程控制技术

由于激光具有一定的时间相干性,任何两路光束干涉的一个基本前提是光程差必须保证在相干长度以内。由第 5 章可知,目前 1kW 以上的窄线宽激光的线宽均在 5~10GHz 以上。对于中心波长为 1080nm 的光纤激光:线宽为 5GHz 时,相干长度为 6cm;线宽为 10GHz 时,相干长度为 3cm。对于赫兹线宽高功率激光的相干合成,首先需要将各路光束之间的相位差控制在厘米量级以产生稳定的干涉。要想获得良好的相干合成效果,需要将各路光束之间的相位差控制在毫米量级[1]。此外,当参与相干合成的激光是脉冲光时,子光束之间的光程差还会引起脉冲错位、群延时等效应,严重影响相干合成效果。这种情况下,需要更为精确的光程控制使得各路脉冲在时间上严格同步。本节介绍光程控制的几种常见方法,包括匹配被动光纤长度法、空间光路调节法、光学延迟线法、光纤拉升/相位延迟法等。

7.1.1 匹配被动光纤长度法

利用匹配被动光纤长度来控制光程差,主要包括光程差测量和补偿两步:第一步利用一个短脉冲激光测量各路合成光束之间的光程差;第二步是根据测量结果增加或者缩短各路合成光束的传能光纤长度。该方法的典型实验结构如图 7-1 所示。

匹配被动光纤长度法光程测量和补偿的具体步骤如下:
(1) 利用短脉冲激光(简称探针光)替代相干合成中的种子光源,将脉冲激

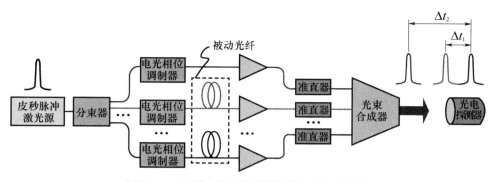

图 7-1 匹配被动光纤长度法的典型实验结构

光注入相干合成的分束器和放大器链路中。这里要求脉冲激光与待合成激光的波长相同,脉冲宽度尽量短。对于脉冲同步的应用场合,探针光的脉宽以小于所需同步脉冲脉宽的同步误差对应的时间为宜。例如,若需要同步脉冲的脉宽为1ns,其允许的同步误差为10%(1%),那么探针光的脉宽尽量小于100ps(10ps)。

(2) 利用高速光电探测器和示波器探测脉冲激光经过各个链路后到达目标处的时间 t_i,以光程最长链路(定义为第 1 路)的传输时间 $t_1 = t_{max}$ 为基准,计算其余链路与该链路之间的延时 $\Delta t_i = t_{min} - t_i (i \neq 1)$。这里要求探测器和示波器的带宽足够高,能够采样得到真实的脉冲波形。

(3) 根据延时 Δt_i,计算各链路与基准光束之间的光程差 $\Delta L_i = (c/n)\Delta t_i$。其中 c 为光在真空中的光速,n 为传能光纤的纤芯折射率。

(4) 在第 i 路光纤上熔接长度为 ΔL_i 的传能光纤,即可保证各个链路的光程基本相同。

理论上,匹配被动光纤长度控制光程差的光程控制精度由光纤切割、熔接等工艺的处理精度决定。在实验室条件,将各路光程控制在厘米量级是可行的。因此,对于一些光程调节范围大、精度要求不太高(1~2cm)的应用场合(如相干长度大于 10cm 的连续光相干合成、脉宽在纳秒量级的窄线宽脉冲激光的相干合成),可以利用被动光纤长度匹配的方法进行光程调节。

7.1.2 空间光路调节法

空间光路调节是通过调整空间输出准直器的相对位置或者控制反射镜之间的距离来实现光程控制。在利用准直器直接拼接实现的相干合成方案中(第 8 章),主要通过调整各个准直器之间的前后距离,保证各路光束在目标处的光程差控制在相干长度以内。对于其他类型的光束合成方案,需要利用由多个反射镜组成的空间光路调节装置来实现光程控制。一个典型的空间光路调节装置如图 7-2 所示。实验中,可以在激光光路中插入四面高反镜(M_1、M_2、M_3 和 M_4),

其中 M_1 和 M_2 可以整体移动,通过调节 M_1 和 M_2 的位置就能改变激光的光程。

上述方法在激光路数较少时具有很强的实用性。但是在多路相干合成中,由于元件数量多、空间布局复杂,实现难度较大。为此,笔者课题组设计了具有光程调节能力的多光束合束器[2],如图7-3所示。以7路光为例,将45°高反镜片和光程调节装置安装到台阶状底座上,贴有两面45°高反镜的光程调节装置上,通过在底座滑槽上移动来改变光程。参与合束的各光束从合束器的一侧入射,经过光程调节装置两次反射后,再经45°高反镜发射,最终形成阵列光束输出。

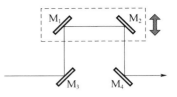

图7-2 空间光路调节实现光程控制的原理示意图

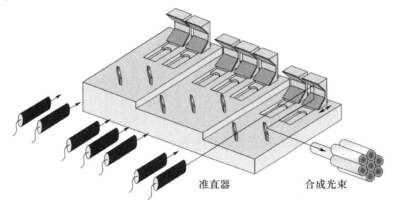

图7-3 具有光程调节能力的多光束合束器

空间光路调节法控制光程差,其控制精度主要由支撑镜面的光学调整架决定。调整架精度越高,光程控制精度越高。图7-4为NewPort公司的五维调整架MAX605[3],其调节范围为25mm,调节精度可达10μm。利用该调整架进行光程差控制,相应的控制范围大于2cm,控制精度为10μm,正好弥补了匹配被动光纤方式的光程控制精度不足的问题。

图7-4 典型高精度空间光路调节装置

7.1.3 光纤延迟线法

在脉冲激光(尤其是超短脉冲)相干合成中,激光3dB线宽可达22nm甚至更宽[4],对应的相干长度小于5μm。这种情况下,就需要利用光学延迟线实现更高精度的光程差控制。光纤延迟线的基本原理是将准直输出的激光经过延时后注入耦合光路中,通过精密控制两个准直器之间的空间位移控制实现光程控制。由于光纤延迟线输入/输出界面采用全光纤结构,无须空间光路调节。此外,光纤延迟线还具有调节精度高、可以对多路激光进行精确的光程控制等优点。以 NewPort 公司的 MDL 系列延迟线为例[5](图7-5),其调节范围大于 1cm,延迟分辨率为 0.3μm,最严苛的测试条件下控制精度优于3μm。

图7-5　NewPort 公司的 MDL 系列延迟线

2013 年,在 4 路脉宽小于 30fs 的脉冲激光相干合成中,德国耶拿大学研究人员利用延迟线对光谱宽度为 22nm,相干长度小于 5μm 的 4 路光束进行精确的光程控制,实现了平均功率 135W,峰值功率 11GW 的超高峰值功率相干合成输出[4]。光纤延迟线具有光程控制精度高、可自动控制的优点,但是光纤延迟线会引入大于 1.0dB 的额外损耗,在相干合成系统设计时必须考虑。

7.1.4　光纤拉伸/相位延迟法

前述三种光程控制方案能将光程差精度控制在 3μm 左右。如果待合成的光谱更宽或者需要更高精度的群延时控制[6],可以选择光纤拉伸/相位延迟法。光纤拉伸法是通过拉伸或者压缩光纤的长度来改变光程差;相位延迟法是通过控制施加在相位调制器的相位大小来改变光程差。

以 OPTIPHASE 的压电驱动系列光纤伸缩器(Fiber Stretcher,图7-6(a))为例[7],其 PM 1-Layer 保偏光纤拉伸器的电压响应精度为 0.035μm/V,响应电压范围为 -500~500V,响应频率大于 100kHz,插入损耗小于 0.5dB。因此,其光程控制精度可小于 0.035μm,控制范围在 -17.5~17.5μm。以 Photline 公司的 150MHz 相位调制器 NIR-MPX-LN-0.1(图7-6(b))为例[8],其半波电压为 2.5V,最大调制电压为 -20~20V,响应频率大于 100MHz,插入损耗小于 3dB。因此,对于 1μm 的激光,其光程控制范围为 [-10μm,10μm],而其控制精度则可以小于 0.01μm(具体值由施加在相位调制器上的控制电压精度决定)。总的来说,利用光纤拉伸/相位延迟法进行光程控制,具有精度高、响应速度快的特点。

2011 年,美国 Northrop Grumman 公司的 Goodno 等人利用光纤伸缩器,对 10.5nm 的宽谱光源相干合成中的群延时进行精确的控制,获得了比只有锁相控制而没有群延时控制更好的实验结果[6],如图7-7 所示。

图 7 - 6 OPTIPHASE 公司光纤伸缩器(a)和 Photline 公司的相位调制器(b)

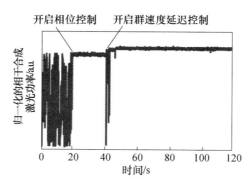

图 7 - 7 群延时控制前后相干合成锁相效果

7.1.5 各种光程控制方法的比较

根据前述分析,对几种光程控制方法进行简单对比,如表 7 - 1 所列。在实际应用中,可以根据控制精度、控制范围等参数需求合理选择不同的光程控制方法。

表 7 - 1 各种光程控制方法的比较

方法	控制精度 /μm	控制范围 /μm	响应时间 /s	插入损耗 /dB	功率水平 /W	可否在线控制	适用于非光纤相干合成
匹配被动光纤法	<20000	>20000	—	约0	<10	否	否
空间光路调节法	约10	>20000	—	约0	>10	是	是
光纤延迟线法	约0.3-3	约10000	约1	约1	<1	是	否
光纤伸缩法	约0.035	-17.5~17.5	10^{-5}	约0.5	<1	是	否
相位延迟法	<0.01	-10~10	10^{-8}	约3	<0.5	是	否

7.2 倾斜控制技术

实现相干合成的前提是保证合成光束在目标处的空间位置重合,如果不进行有效的倾斜控制,光束质量将会严重下降[9,10]。本节首先介绍倾斜控制的关键器件,然后介绍具体的控制方案和国内外研究进展。

7.2.1 倾斜控制器件及其原理

目前,能够用于倾斜波前控制的器件主要有液晶材料空间光调制器、高速倾斜镜和自适应光纤准直器等[11-19]。

由于液晶分子的棒状结构及排列特性,利用液晶的电致双折射效应,可以对光束进行相位的调制。如图7-8(a)所示,当对不同的液晶分子施加一定的电压时,液晶分子排布发生变化,从而产生不同的相位分布。当入射光束垂直入射到液晶空间光调制器表面时,通过控制液晶空间光调制器各个相移器的电压,就能实现对入射光束波前的相位调制[11]。如果在入射波前上施加一个倾斜相差,就可以实现光束偏转方向的控制[12]。常见的液晶材料光调制器包括液晶光学相控阵、液晶微透镜阵列、液晶偏振光栅[12-14]等,图7-8(b)为BNS公司液晶空间光调制器的实物图。

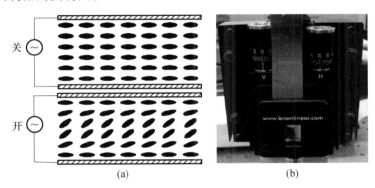

图7-8 液晶空间光制器原理与实物
(a)液晶空间光调制器原理;(b)液晶空间光调制器实物。

倾斜镜是在外加电压控制信号的情况下,反射表面可发生整体倾斜的光学镜面。倾斜镜要求有毫秒级响应速度及1/10″的角分辨率,一般的机电结构不能满足,所以常采用压电陶瓷(PZT)驱动。倾斜镜驱动器用多片PZT叠加并联而成,如图7-9(a)所示,反射镜由驱动器支承在基板上,驱动器可以分别驱动反射镜在X、Y两个方向上进行正反运动[15]。与传统的电动机驱动器件相比,高速倾斜镜具有运动惯性小、响应速度快、角分辨精度高等显著优点。图7-9(b)描述了实际光学系统的光束控制系统结构[16]。

自适应光纤准直器是集光束准直和倾斜控制于一体的器件[17-19],其原理如图7-10(a)所示,在常规准直器的光纤发射端的X、Y方向安装四个微型压电陶瓷片,通过PZT的电致伸缩效应,改变光纤输出端面在发射透镜焦平面的位置,实现输出光束的二维倾斜控制。相对于高速倾斜镜,自适应光纤准直器具有结

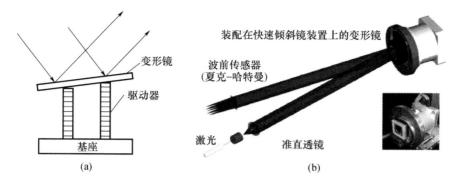

图 7-9 倾斜镜原理与波前控制实现方案
(a) 倾斜镜原理;(b) 倾斜镜光束控制方案。

构紧凑、精确控制、惯性小、谐振频率高、结构紧凑等优点。美国陆军实验室最早开发了低功率自适应光纤准直器[17],并实现了 6 路毫瓦量级低功率光纤激光的相干合成。国内,中国科学院光电技术研究所研发了高功率自适应光纤准直器[18],如图 7-10(b)所示。该准直器倾斜控制范围可达 ±0.3mrad,在输出功率为 175W 的情况下,没有明显的功率损耗、壳体表面温升小于 5°C

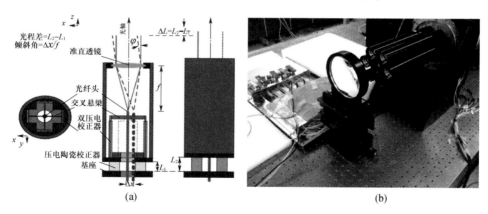

图 7-10 自适应光纤准直器原理与实物
(a) 自适应光纤准直器原理;(b) 自适应光纤准直器阵列。

传统驱动光纤端面的自适应光纤准直器推力较小,只能驱动质量较小的光纤端头,而目前高功率光纤激光的输出都需要采用大尺寸的光纤端帽。基于此,笔者课题组提出了基于块状 PZT 和柔性铰链结构的新型自适应光纤准直器[19],结构如图 7-11 所示。柔性铰链将光纤端帽支架连接到基座上,在基座与端帽支架间装有两块块状 PZT,分别负责 X、Y 两个方向上的光束偏转。与压电双晶片相比,块状 PZT 的推力提高至少两个量级,因此可轻松推动端帽运动。

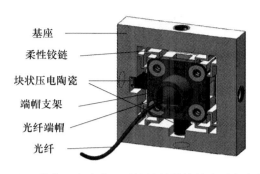

图 7-11　基于块状压电陶瓷和柔性铰链结构的自适应光纤准直器

基于该准直器测试得到的端帽位移随 PZT 电压的变化关系如图 7-12 所示，端帽位移与 PZT 电压之间保持着较好的线性关系。

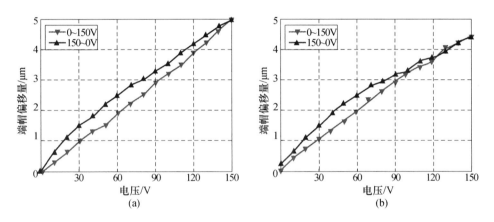

图 7-12　自适应光纤准直器端帽位移随压电陶瓷电压的变化关系
(a) X 方向；(b) Y 方向。

基于块状 PZT 和柔性铰链结构的自适应光纤准直器的频率响应特性如图 7-13 所示。由于端帽及支架质量较大，因此其响应频率较低，最高响应频率约为 700 Hz。

在上述三种倾斜控制器件中，基于液晶材料的光调制器控制精度高、范围广，但其响应频率低、功率承受能力不高、大范围偏转效率低下等问题在一定程度上限制了在高功率的使用；高速倾斜镜在高功率光纤激光相干合成的倾斜波前控制中具有很大的优势，但由于增加了非全光纤的光路，系统光路复杂性增加；自适应光纤准直器能够在对光纤激光准直的同时实现光束的倾斜控制，控制速度快、精度高、易于与全光纤结构的激光模块一体集成，有望成为高功率相干合成中倾斜控制的有效方案。

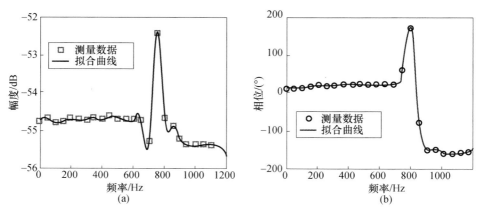

图 7-13　自适应光纤准直器的频率响应特性
（a）振幅；（b）相位。

7.2.2　倾斜控制实现方案简介

在光纤激光相干合成中，倾斜控制与基于优化算法的相位控制除了控制对象不同，在控制算法与实现方式方面没有本质的区别，相关的控制原理和实现方法可以参考文献[20]，本书仅介绍同时进行倾斜和锁相的两种方案。

第一种是串行控制方案，如图 7-14 所示，倾斜控制和锁相控制采用同一个性能评价函数获取模块和同一个控制器，控制过程中，首先对各路光束进行倾斜波前控制，然后保持倾斜控制参量不变，对各路光束进行锁相控制。这种串行控制的方式，一般情况只能用于只存在静态倾斜波前的情况，不适合存在动态倾斜误差的情形。

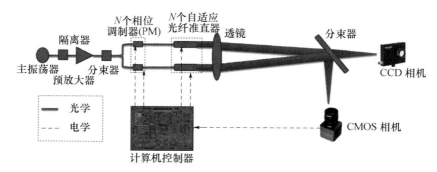

图 7-14　倾斜和锁相串行控制系统结构示意图

另一种是并行控制方案，如图 7-15 所示，倾斜控制和锁相控制采用两套独立的控制模块，在实验时，两路系统独立工作，即在进行倾斜控制的同时进行活塞相位控制。该系统解决了动态波前控制的问题,但是由于两套控制模块相互独立,两类控制信号施加过程中没有一定的逻辑控制,各自的性能评价函数存在一定干扰,使得合成效果受到一定程度的影响[21]。

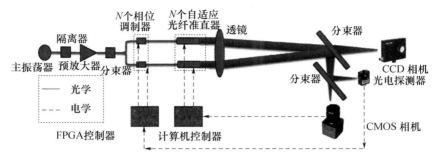

图 7-15 倾斜和锁相并行控制系统结构示意图

目前,液晶空间光调制器尚难承受高功率辐照,国内外研究人员主要利用倾斜镜和自适应光纤准直器进行倾斜控制。2007 年,美国马里兰大学科研人员利用三个自适应光纤准直器同时实现了相干合成的锁相控制和倾斜波前补偿[22]。实验结果如图 7-16 所示。当系统中仅仅有锁相控制而没有倾斜控制时,系统性能评价函数在 0.5 左右;当同时进行锁相和倾斜控制时,性能评价函数提高到 1.4 左右。

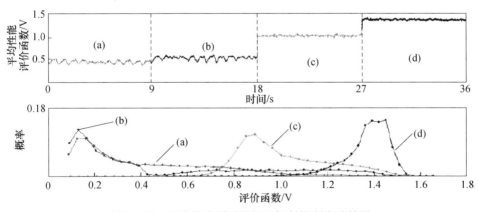

图 7-16 三路激光同时锁相和倾斜控制实验结果
(a) 无锁相和倾斜控制;(b) 仅锁相控制;(c) 仅倾斜控制;(d) 锁相和倾斜同时控制。

2009 年,美国马里兰大学科研人员进行了 7 路自适应光纤准直器的相干合成[9],其实验结果如图 7-17 所示。当只进行锁相控制(PL_ONLY)时,性能评价函数均值在 0.4 左右,对应的光斑形态较为弥散;如果同时进行倾斜和相位锁定(TT&PL),性能评价函数提高到 0.6 以上,且合成光斑形态接近理想状态,光束质量得到明显提高。

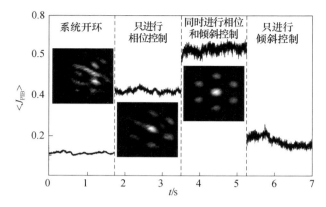

图 7 – 17 七单元倾斜控制相干合成试验结果

2012 年 7 月,美国 Northrop Grumman 公司科研人员将光纤输出头固定在 PZT 上,利用基于 SPGD 算法的倾斜控制方式实现光轴对准[23],试验结果如图 7 – 18 所示。当没有倾斜控制时,各路光束光轴不重合,在目标处光斑分散为多个。当进行倾斜控制时,各路光束光轴重合。

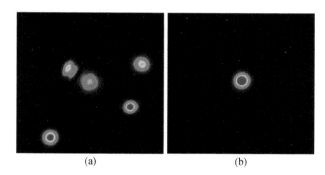

图 7 – 18 相干偏振控制中的倾斜控制试验结果
(a) 无倾斜控制;(b) 倾斜控制后。

在国内,2011 年,中国科学院光电技术研究所耿超等人利用自行研发的自适应光纤光学准直器,实现了活塞和倾斜同时控制的相干合成[10],试验结果如图 7 – 19 所示。该试验结果表明,只有在同时进行倾斜和锁相控制时才能得到较好的合成效果。

2012 年,笔者课题组利用中国科学院光电所研制的自适应光纤准直器,实现了 6 路激光的同时倾斜和锁相控制[21];同年,在利用该准直器实现有效倾斜控制的基础上,实现了两路高功率激光相干合成,输出功率为 350W[24]。

2014 年,笔者课题组自行研制的柔性铰链结构自适应光纤准直器实现了 2 路光纤激光相干合成[19],图 7 – 20 为倾斜像差校正前后远场光斑图样。

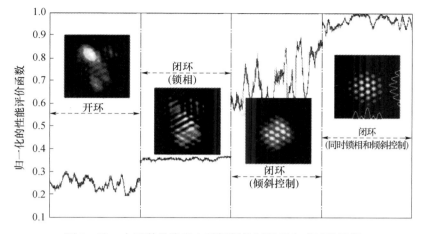

图 7-19 中国科学院光电所倾斜控制相干合成试验结果

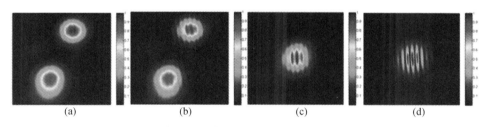

图 7-20 基于柔性铰链结构的自适应光纤准直器的 2 路相干合成

7.3 偏振控制技术

在光纤激光相干合成中,为了获得较好的合成效果,理想的方法是利用全保偏器件组成的保偏放大器进行相干合成。但是大功率保偏器件制作工艺复杂、价格昂贵,全保偏放大器链路将导致系统成本集成难度提高、成倍增加。如果能够将低功率的前级保偏器件与高功率的后级非保偏器件结合,通过偏振控制的方法在输出端实现高消光比的激光输出,就能够有效降低系统的成本。

在非保偏光纤中,造成偏振态变化的因素有很多,包括光纤内部因素和外部因素两个方面。内部因素包括由于制作工艺缺陷导致的波导形状双折射、由于材料缺陷导致的残余应力双折射;外部因素主要是随机应力造成的,如弯曲、扭绞、振动、受压等机械应力的影响所导致的不规则双折射以及光学器件和光纤链路引入的偏振损耗。在增益光纤中,光纤增益对偏振也存在一定的影响[25],在大模场光纤中,不同模式的偏振特性不同。上述原因引起的偏振态变化或退化,会导致相干合成效率下降。因此,采用非保偏放大器放大、采用偏振控制获得高消光比输出,是获得高功率线偏光的有效技术手段之一。

7.3.1 偏振控制的基本原理

偏振控制的基本原理是利用光场相互垂直的 x、y 方向分量的相位延迟控制来实现预期的偏振光输出。

将沿 z 方向传播的光场分为相互垂直的 x、y 方向分量,可以描述为

$$\begin{cases} E_x = E_{0x}\cos(\omega t - kz + \varphi_x) \\ E_y = E_{0y}\cos(\omega t - kz + \varphi_y) \end{cases} \quad (7-1)$$

式中:E_{0x}、E_{0y} 为光场在 x、y 方向的振幅;ω 为光频率,k 为波矢;φ_x、φ_y 为 x、y 分量光场的相位。将式(7-1)中消去时间变量 t,得

$$\left(\frac{E_x}{E_{0x}}\right)^2 + \left(\frac{E_y}{E_{0y}}\right)^2 - 2\left(\frac{E_x}{E_{0x}}\right)\left(\frac{E_y}{E_{0y}}\right)\cos\Delta\varphi = \sin\Delta\varphi \quad (7-2)$$

式中:$\Delta\varphi = \varphi_y - \varphi_x$。式(7-2)实际上是一个椭圆方程,相位差 $\Delta\varphi$ 和振幅比 E_x/E_y,共同决定了方程表示的椭圆的形状,从而决定了光束的偏振态:当相位差为 $\Delta\varphi = m\pi(m=0,\pm 1,\pm 2,\cdots)$ 时,为线偏振光;当相位差为 $\Delta\varphi = (2m+1)\pi/2$ 时,为圆偏振光;当相位差为 $\Delta\varphi \neq m\pi$ 和 $(2m+1)\pi/2$ 时,为椭圆偏振光。

根据晶体光学知识,半波片将光场 x、y 分量的相位延迟 $\Delta\varphi = (2m+1)\pi$[26]。线偏光入射到半波片时,出射光场仍为线偏振光,只是振动方向较入射光振动方向转过了 2θ(θ 为光轴与输入光振动方向的夹角)。由上述分析可知,当光场 x、y 方向两个分量光场的相位差 $\Delta\varphi = m\pi$ 时,为线偏振光。因此,利用偏振补偿器控制光场 x、y 方向两个分量的相位差为 $\Delta\varphi = m\pi$,就能够获得线偏振光输出。然后,在线偏振光后放置一个半波片,通过旋转半波片的角度,可以获得期望方向的线偏振光。这样就能使各个光束的偏振态一致。

7.3.2 偏振控制实现方案简介

偏振控制在光通信中已经得到了广泛的研究,基本控制方案大都是首先对与偏振态相关的性能评价函数进行测量和计算[27-29],然后利用偏振控制器进行偏振补偿。目前,光通信中偏振控制主要算法有粒子数优化算法、局部粒子群算法、模拟退火算法等。

在光纤通信系统中,偏振控制大都在激光输出的末端进行;在高功率光纤放大器中,偏振控制既可以在高功率激光输出端进行,也可以在低功率的前级预补偿。考虑到器件的功率承受能力,相干合成中一般采用前端预补偿的方案。该方案原理如图 7-21 所示,线偏种子激光器经过偏振控制器后,被非保偏放大器链路放大,放大器输出光经过偏振分束器后分为不同偏振方向的两束,其中一束(假设为 s 光)送到探测器作为性能评价函数。探测器将探测到光信号转换

为电信号后送入算法控制器,算法控制器根据相应的控制算法,在对性能评价函数进行极值寻优的过程中,实现偏振态的控制。

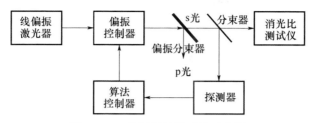

图 7-21 偏振预补偿系统示意图

实际上,与锁相控制类似,现代自动控制理论中的各种优化算法都能用于偏振态的控制。在实验中,考虑到偏振控制器的响应速率有限,为了与相干合成锁相控制统一,可以优先考虑 SPGD 算法。

2010 年,美国诺格公司实现了功率为 1.4kW 的全光纤放大器的偏振控制[1],实验原理如图 7-22 所示。在放大器的低功率前级采用商用的偏振控制器作为控制器件,在输出端通过偏振分束器和探测器获取性能评价函数,利用 SPGD 算法进行偏振控制。实验中,他们将偏振补偿后的光束用于相干合成,获得了对比度接近于 100% 的合成效果。

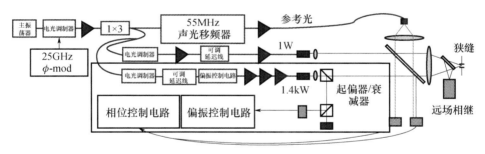

图 7-22 美国诺格公司 1.4kW 放大器的偏振预补偿实验

2013 年,笔者课题组实现了同时进行偏振控制和锁相控制的相干合成实验[30]。实验中,利用 SPGD 算法同时进行偏振控制和活塞锁相控制,实验结果如图 7-23 所示。结果表明,进行偏振控制后,性能评价函数均值从 0.8 提高到 0.9;相干合成干涉图样条纹对比度从 80.1% 提高到 87.2%,说明偏振控制能够有效提高相干合成效果。2015 年,利用偏振控制器对非保偏光的偏振分量进行直接控制,通过 SPGD 算法对输出的偏振消光比进行优化,最终实现了自适应的非保偏-保偏光的偏振转换,获得了 14.1dB 的线偏振光输出,并利用该系统将任意方向偏振态的线偏振光转换为期望偏振态的高消光比线偏光,其输出线偏光的平均消光比约为 12dB[31]。

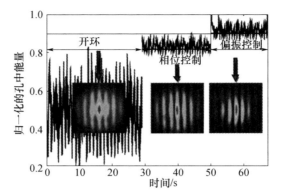

图 7-23 偏振控制前后相干合成效果

参考文献

[1] Goodno G D, Mcnaught S J, Rothenberg J E, et al. Active phase and polarization locking of a 1.4 kW fiber amplifier[J]. Optics Letters, 2010, 35(10):1542-1544.

[2] 粟荣涛,周朴,马阎星,等. 具有光程调节能力的多光束合束器:CN201210011185[P]. 2012.

[3] Thorlabs. 6轴 NanoMax™ 挠性位移台,纳米定位[EB/OL]. [2016-11-21]. http://www.thorlabs.us/NewGroupPage9.cfm? ObjectGroup_ID=1100.

[4] Hädrich S, Klenke A, Hoffmann A, et al. 135 W, 0.5 mJ, sub-30 fs Pulses Obtained by Nonlinear Compression of Coherently Combined Fiber CPA[C]// Paris:OSA, 2013, France.

[5] Newport. MDL Serials[EB/OL]. (2007)[2016-11-21]. https://www.newport.com/medias/sys_master/images/images/h00/h32/8797207658526/MDL-User-Manual-112707.pdf.

[6] Weiss S B, Weber M E, Goodno G D. Group delay locking of coherently combined broadband lasers[J]. Optics Letters, 2012, 37(4):455-457.

[7] Optiphase. High-speed Fiber Stretcher[EB/OL]. (2013-08-06)[2016-11-21]. http://www.optiphase.com/data_sheets/PZ1_Data_Sheet_Rev_F.pdf.

[8] Photonics. NIR-MPX-LN series 1000 nm band Phase Modulators[EB/OL]. (2016-07)[2016-11-21]. https://photonics.ixblue.com/files/files/pdf/Modulators/NIR-MPX-LN_SERIES.pdf.

[9] Vorontsov M A, Weyrauch T, Beresnev L A, et al. Adaptive Array of Phase-Locked Fiber Collimators Analysis and Experimental Demonstration[J]. IEEE J. Sel. Top. Quantum Electron., 2009, 15(2):269-280.

[10] 耿超,李新阳,张小军,等. 倾斜相差对光纤激光相干合成的影响与模拟校正[J]. 物理学报, 2011, 60:114202.

[11] McManamon P F. Agile nonmechanical beam steering[J]. Optics & Photonics News, 2006, 17(3):24-29.

[12] 邹永超. 基于液晶相控阵的大角度光束偏转技术研究[D]. 长沙:国防科学技术大学, 2011.

[13] Wang X, Wang B, Pouch J, et al. Liquid Crystal on Silicon (LCOS) Wavefront Corrector and Beam Steerer[J]. Proc. of SPIE, 2003, 5162:139-146.

[14] Stockley J, Serati S, Xun X, et al. Liquid crystal spatial light modulator for multispot beam steering[J].

Proc. of SPIE,2004,5160:208-215.

[15] 郑彬,凌宁. 高速倾斜镜的频率响应函数测量[J]. 光学工程,1999,26:58.

[16] 张小军,凌宁. 高速压电倾斜镜动态特性分析[J]. 强激光与粒子束,2003,15:966.

[17] Beresnev L A,Weyrauch T,Vorontsov M A,et al. Development of adaptive fiber collimators for conformal fiber-based beam projection systems[J]. Proc. of SPIE,2008,7090(709008):1-10.

[18] Chao G,Xinyang L,Xiaojun Z,et al. Coherent beam combination of an optical array using adaptive fiber optics collimators[J]. Optics Communications,2011,284:5531-5536.

[19] Zhi D,Ma P,Ma Y,et al. Novel adaptive fiber-optics collimator for coherent beam combination[J]. Optics express,2014,22(25):31520-31528.

[20] 王雄. 光纤激光相干合成倾斜波前控制技术研究[D]. 长沙:国防科学技术大学,2012.

[21] Wang X,Wang X L,Zhou P,et al. Coherent beam combination of adaptive fiber laser array with tilt-tip and phase-locking control[J]. Chin. Phys. B,2013,22(2):24206.

[22] Liu L. Analysis And Experimental Demonstration Of Conformal Adaptive Phase-locked Fiber Array For Laser Communications And Beam Projection Applications[D]. MangLand:University of Maryland,2008.

[23] Goodno G D,Weiss S B. Automated co-alignment of coherent fiber laser arrays via active phase-locking [J]. Optics Express,2012,20(14):14945-14953.

[24] Wang X,Wang X,Zhou P,et al. 350-W Coherent Beam Combining of Fiber Amplifiers With Tilt-Tip and Phase-Locking Control [J]. IEEE Photonics Technology Letters,2012,19(24):1781-1784.

[25] 扈路坦. 光纤中偏振的不稳定性研究[D]. 上海:上海交通大学,2003.

[26] 叶玉堂,饶建珍,肖峻. 光学教程[M]. 北京:清华大学出版社,2005.

[27] 张晓光,方光青,赵鑫媛,等. 光纤中偏振稳定控制的实验研究[J]. 光学学报,2009,29(4):888-891.

[28] 李伟文,章献民,陈抗生,等. 模拟退火算法在无端偏振控制器中的应用[J]. 光子学报,2005,34(6):820-824.

[29] 王铁城,刘铁根,万木森,等. 偏振复用系统中解复用端的偏振控制算法[J]. 光学与光电技术,2008,6(6):9-12.

[30] 熊玉朋,粟荣涛,李霄,等. 基于偏振自适应和主动相位控制的相干合成的实验研究[J]. 强激光与粒子束,2013,25(1):5-6.

[31] 董苏惠,王小林,粟荣涛,等. 基于SPGD算法的非保偏-保偏光自适应偏振转换[J]. 强激光与粒子束,2015,27(5):051011.

第8章 阵列光束控制技术

8.1 孔径填充技术

合成光束远场能量集中度由近场各路光束的占空比决定,高占空比孔径填充是获得较高的能量集中度的关键。根据孔径填充的实现方式,可以分为分孔径合成和共孔径合成两种方式。分孔径合成指各子光束由分立的孔径输出,在发射近场各路光束中心存在一定距离,最终表现为多路活塞相位差恒定的光束输出;而共孔径相干合成指各子光束由一个共同的孔径发射,在发射近场各路光束光轴完全重合,最终表现为1路光束输出。

典型的分孔径相干合成结构如图8-1所示,各路光束经过合束装置后,光束之间的距离得到压缩,但是输出仍是包括多个独立口径的光束。各个孔径之间通过相位锁定,在近场获得恒定的相位差,在远场获得稳定的干涉。分孔径相干合成目标光束的峰值功率为非相干合成的M倍(M是激光单元的数目),但是其中心主瓣功率与占空比有关。提高光束的占空比是获得高光束质量的关键。

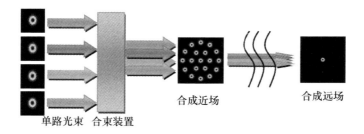

图8-1 典型的分孔径相干合成结构

典型的共孔径相干合成系统如图8-2所示,各路光束经过合束装置后,输出光束光轴完全重合。共孔径相干合成能够极大地提高合成光束的中心主瓣能量。

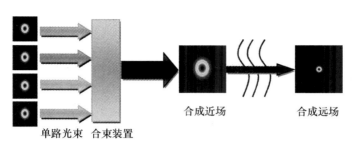

图 8-2 典型的共孔径相干合成系统

在上述两种孔径拼接方式中,首先需要将光纤输出的光束准直,再进行光束拼接。因此,激光准直器是必不可少的器件。本节首先简单介绍高占空比光纤准直器的实现,然后简单介绍分孔径相干合成和共孔径相干合成的基本原理和典型实现方案。

8.1.1 光纤激光准直器

光纤激光准直器是实现激光从光纤波导到自由空间光束扩束、准直的关键器件。在相干合成中,不仅要求准直器能够承受较高功率密度,而且要有较高的占空比。本书定义准直器的占空比为

$$f_{co} = \frac{3\omega_0}{d_{co}} = \frac{d_{co} - 2b_{co}}{d_{co}} \tag{8-1}$$

式中:$3\omega_0$ 为包含高斯光束 99%($1/e^2$)能量的直径;d_{co} 为准直器外壁直径;b_{co} 为光斑 $1.5\omega_0$ 半径处距离准直器外壁的距离。要提高准直器占空比,可以在提高光斑大小的同时,尽量减小准直器的壁厚。

实际工程中,在保证准直器的机械强度条件下,准直器的厚度可以降低至 1.5~2mm。此时,合理设计准直器准直扩束结构,使输出光斑尺寸尽可能接近机械口径,能够获得较高的占空比。目前,商用的基于光纤端帽和准直透镜的光纤激光准直器已经能够承受大于 5kW 的功率,但是占空比一般在 0.5 左右[1],难以直接用于光束合成中。为了获得高光束质量的相干合成效果,国内外研究机构对高占空比的光束准直器进行了深入的研究。2008—2011 年,美国戴顿大学 Vorontsov 等对高占空比的自适应光纤准直器进行了详细的研究[2,3],他们设计的准直器最大外径为 33mm,光斑直径可达 29.4mm,占空比为 0.89。2012 年,中国科学院光电技术研究所设计了高占空比的自适应光纤准直器,占空比接近 0.6[4]。

8.1.2 分孔径相干合成

在分孔径相干合成中,光束占空比定义为

$$f = \frac{3\omega_0}{d} \qquad (8-2)$$

式中:$3\omega_0$ 为包含光束 99%($1/e^2$)能量的直径;d 为相邻两光束中心间距。为了提高合成光束的占空比,需要在提高光束口径的同时减小两路光束之间的距离。

在利用准直器直接拼接的光束合成方式中,合成光束占空比可定义为

$$f = \frac{d - d_0 - 2b_{co}}{d} \qquad (8-3)$$

式中:d_0 为相邻准直器外边缘之间的距离;b_{co} 为光斑 $1.5\omega_0$ 半径处距离准直器外边沿的距离。因此,在该光束拼接方式中,通过减小 d_0 和 b_{co} 可以提高光束占空比。目前,分孔径相干合成孔径填充的主要方法有透射式光束拼接和反射式光束拼接。透射式光束拼接无须腔外反射镜,直接将输出光通过透镜、准直器等按照一定空间排布输出,主要包括准直器直接拼接[3]和微透镜阵列拼接[5,6]等方式;反射式光束拼接利用腔外反射镜将光束多次反射后拼束,以提高光束占空比,主要有分立反射镜拼接[7]、圆台棱锥拼接[8]、台阶状合束器拼接[9]和高占空比类卡塞格林型光束合成[10]等方式。

1. 透射式光束拼接方案

1)准直器直接拼接

准直器直接拼接方法如图 8-3 所示,将多个准直器按照一定的空间位置排布,光束的占空比由准直器有效光斑口径 $3\omega_0$ 和相邻两个准直器之间的距离 d 决定。为了获得高的占空比,需要在提高光斑有效口径的同时、减少相邻准直器间的距离。2011 年,美国戴顿大学和陆军实验室合作,利用自适应光纤准直器方案,实现了 7 路 100mW 量级的目标在回路相干合成,传输距离达 7km[11]。2012 年,笔者课题组利用这种方案,实现了两路总功率为 350W 的相干合成,图 8-3(b)即为实验中使用的国产自适应光纤准直器阵列(由中国科学院光电所研制)。

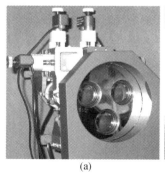

图 8-3 准直器直接拼接方法

(a)美国空军实验室 3 路光束拼接;(b)国防科学技术大学 7 路光束拼接。

2013年,美国戴顿大学、Optonicus公司[12]、美国陆军实验室又报道了7路、19路、21路大口径高占空比光束拼接系统,如图8-4(a)~(c)所示。在三种光束拼接结构中,光斑直径为29.4mm,相邻光束直接的距离为37mm,占空比为0.8[13]。图8-4(d)~(f)是对应光束拼接系统在传输7km后理想合成光斑的形态,从结果可知,合成光束具有较高的能量集中度。

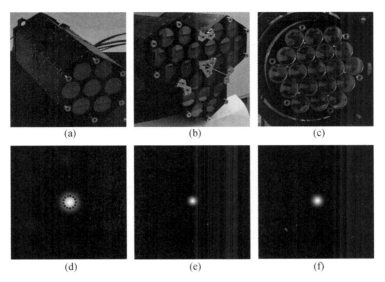

图8-4 Vorontsov等研制的大口径高占空比光束拼接装置及其传输7km时的合成效果
(a) 7路光束拼接;(b) 21路光束拼接;(c) 19路光束拼接;
(d) 7路合成效果;(e) 21路合成效果;(f) 19路合成效果。

采用准直器直接进行光束拼接的方法使用分立元件少、实现容易、稳定性较好。该方案是目前美国DARPA"亚瑟神剑"项目的重要方案,美国军方宣称已经利用实现了16路总功率为11.2kW和19路总功率为21kW的高功率相干合成[14]。

2) 微透镜阵列光束拼接

为了获得更高的占空比并降低大阵元光束拼接系统的难度,国外多家研究单位采用微透镜阵列的光束拼接方法,典型实验装置如图8-5(a)所示[5,15]。采用该方法进行光束拼接时,首先要将光纤输出端或端帽固定在硅基V形槽内,保持各路光纤严格平行,且输出端在同一竖直平面内;然后将微透镜阵列置于光纤输出端,保证光纤输出端严格位于微透镜阵列的焦点上。采用该方法实现的拼接系统结构紧凑稳定、占空比高、易向大阵元数量扩展。

2011年,美国麻省理工学院林肯实验室利用该光束拼接方案,实现了8路光纤激光相干合成,总输出功率达4kW[5]。在最高输出功率时,实验结果

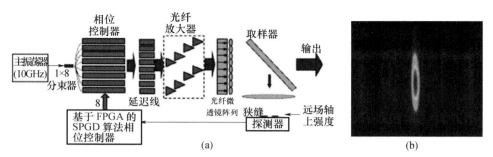

图 8-5 基于微透镜阵列光束拼接原理和典型实验结果

(a) 线阵微透镜阵列用于相干合成;(b) 4kW 合成效果。

如图 8-5(b)所示,从合成效果来看,该合束系统的占空比在 0.6 左右。由于需要严格控制各路光纤和微透镜的位置,该方法初始调节较为困难[15]。

2. 反射式光束拼接方案

1) 分立反射镜光束拼接

采用分立元件进行光束拼接的典型装置如图 8-6(a)所示[16],其中共有 4 路光束进行拼接,各路光束经过多个反射镜后拼接在一起输出。相比于准直器直接拼接,采用该方法可以一定程度消除准直器厚度导致的占空比降低、获得较高的占空比,而且各路光束的单独调节较为容易。利用该方案,获得的典型输出光斑如图 8-6(b)所示[17]。2011 年,中国科学院上海光机所利用该方案实现了 4 路相干合成,总输出功率达到 1062W[17]。但是该方案由于分立元件过多,大量的光学调整架会影响光路的稳定性,难以向大阵元相干合成扩展。

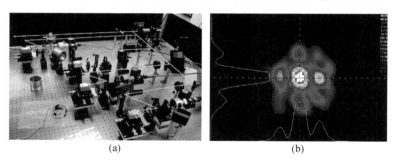

图 8-6 采用分立反射镜进行光束拼接与典型实验结果

(a) 分离反射镜光束拼接实物;(b) 合成光斑形态。

2) 基于圆台棱锥的拼接

基于圆台棱锥拼接原理的相干合成最早由我国哈尔滨工业大学的科研人员提出。如图 8-7(a)所示[8],将圆台侧面制作成 6 个与底面成 45°的对称平面,让 6 路光束从 6 个侧平面以 45°角入射,第 7 路光束从圆台中央透射,光束最终以图 8-7(a)中右侧形式输出。利用该光束拼接方案,研究人员实现了占空比为

0.6 的光束拼接,合成得到的典型实验结果如图 8 – 7(b)所示。该方法在保证高占空比的同时,减少了分立元件,使系统更加紧凑稳定。但是该方法要求光束的入射平面与出射方向垂直,这增加了光学器件的放置难度,而且在向大阵元数量扩展时也存在困难。

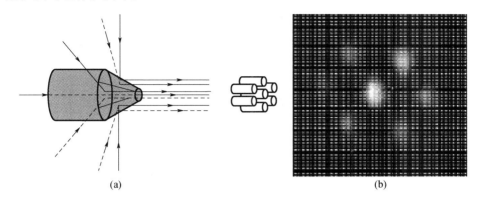

图 8 – 7　基于圆台棱锥光束拼接原理和典型实验结果
(a) 光束拼接原理;(d) 典型合成效果。

3) 台阶状合束器拼接

台阶状合束器拼接方案基本原理如图 8 – 8(a)所示[9],参与合成的光束从合成器两侧入射,经合束器上的 45°高反镜反射后,从合束器前端输出,图 8 – 8(b)为 19 路光束合成时的光束拼接的上视图,图 8 – 8(c)是拼接后的光斑分布。2011 年,笔者课题组利用该类光束拼接方案实现了合成占空比为 0.4、总功率为 1.8kW 的 9 路激光相干合成[18]。合成实物和典型结果如图 8 – 8(d)、(e)所示。

4) 高占空比类卡塞格林型光束拼接

高占空比类卡塞格林型光束拼接方案[10]如图 8 – 9(a)所示。基本原理是通过环形排布的反射镜将来自不同方位角的光束反射后,与环形中心直接透射的光束拼接为一束。该方案理论上要求各个反射面为抛物面[19],实际应用时,可以设计各独立的反射面为平面,不同面构成的包络为抛物面即可。图 8 – 9(b)是笔者课题组设计的光束拼接系统实物图。

分孔径相干合成的孔径填充的本质是减小合成光束中心之间的距离、提高远场光束质量。各种合成方案中,单路激光功率、光束质量、反射器件的功率损耗是影响合成效率的主要因素。目前,采用石英材料的空间光学元件吸收系数为 $5 \times 10^{-5} cm^{-1}$,考虑光学元件的厚度小于 1cm,100kW 激光照射到器件上时,吸收功率为 5W。如果结合合理的膜系设计,单个光学元件可能具备承受 100kW 的能力。

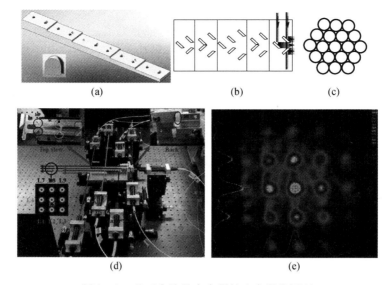

图 8-8 基于台阶状合束器的光束拼接原理
(a) 合束器实物图;(b) 光束拼接原理;(c) 拼接光斑图;(d) 光束拼接实物图;(e) 典型合成效果。

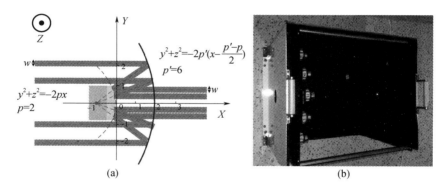

图 8-9 类卡塞格林型光束拼接方案原理与实物图
(a) 光束拼接原理;(b) 光束拼接系统实物图。

在上述各种光束拼接方案中,为了得到较高的占空比,都需要针对实际光束大小,对反射镜和相邻光束中心距离进行精心设计。此外,上述的方案设计中都是按照高斯光束进行设计的,由于高斯光束的光斑中心强、边缘弱,如果要进一步提高输出光束质量,需要考虑光束截断和光束整形等措施[20,21]。

8.1.3 共孔径相干合成

共孔径相干合成的本质是获得具有良好相干性的单路稳定的激光输出,典型结构主要包括基于衍射光学元件(DOE)的相干合成、相干偏振合成、基于光波导的光束合成等。

1. 基于衍射光学元件的光束合成

基于衍射光学元件的光束合成的原理如图 8 – 10 所示[22],其本质是利用光路可逆原理,将衍射光学元件反向使用,使得不同入射角的光束合成一束输出:阵列光束在保持特定相位的情况下,沿着衍射光学元件不同衍射级的反方向入射,衍射元件将各路光束合为一束共口径输出。这一方案在 20 世纪 80 年代就得到了深入研究[23,24],并用于半导体激光器、固体激光器或气体激光器的相干合成。2012 年,美国 Northrop Grumman 公司实现了 5 路 500W 光纤激光的相干合成[22],总输出功率为 1900W,合成效率为 79%。2014 年,该公司实现了 3 路千瓦级光纤激光相干合成,总输出功率为 2400W,合成效率为 80%[25];同年,中国科学院上海光机所采用 DOE 元件选模,实现了 3 路光纤放大器相干合成[26]。

图 8 – 10 DOE 光束合成原理

基于 DOE 元件的光束合成已实现千瓦级光纤激光的相干合成,理论上,DOE 的合成通道可以扩展至 100 路左右,且效率可以保持在 97%[27,28]。另外,反射式的 DOE 表面吸收为 17×10^{-6}[22],对于 100kW 的激光功率,吸收功率小于 1W。

2. 相干偏振合成

相干偏振合成的原理如图 8 – 11 所示[29]。其基本原理是利用偏振合束器将两个相位差为 π 的整数倍($\Delta\varphi = m\pi(m = 0, \pm 1, \pm 2, \cdots)$)、偏振态正交的线偏光合为一束,通过调节 2 路光束的位置,保证 2 路光束共孔径输出。理论上,如果严格保证合成光束的相位差为 $m\pi$,那么合成束光束也为线偏光,能够用于后续的相干偏振合成。如此,理论上可以将合成级数无限扩展下去,实现甚多路光纤激光的共孔径相干合成。2010 年,美国洛克希德·马丁公司利用该方案实现了 4 路光纤激光的相干合成[30],总输出总功率为 25W。

2013 年以来,德国耶拿大学先后实现 4 路超短脉冲相干偏振合成吉瓦级峰值功率和 22GW 峰值功率输出[31,32],是光纤激光相干合成领域极具代表性的成果。笔者课题组自 2011 年起对该方案进行了详细研究[33-37],建立了较为系统的理论分析模型[33,34],并相继实现了 8 路低功率[35]、4 路高功率[36]和短脉冲激光相干合成[37]。图 8 – 12 是 4 路 200W 级激光相干偏振合成实验结果,输出功率为 680W。

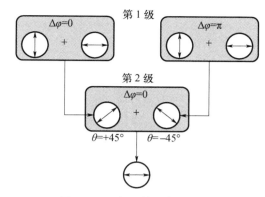

图 8-11 相干偏振合成原理

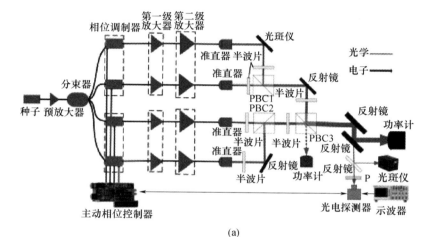

(a)

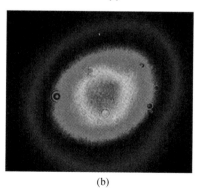

(b)

图 8-12 4路200W级相干偏振合成实验结果
(a) 实验系统;(b) 输出光斑图样。

与基于DOE的相干合成相同,相干偏振合成也可以实现合成光束的共孔径输出,实现较高的合成效率。但是对PBC的功率承受能力要求较高,尤其是最后一级PBC,必须承受所有光束的输出功率。因此,PBC的吸收系数、热膨胀系数和损伤阈值成为相干合成成败的关键。目前,PBC 可以承受 MW/cm² 的功率辐照,而采用熔融石英材料制作 PBC,其热膨胀系数为 $0.5 \times 10^{-6}\ K^{-1}$,吸收系数为 $5 \times 10^{-5}\ cm^{-1}$。若 PBC 厚度为 2cm,则 100kW 激光通过 PBC,吸收功率为 10W。

3. 基于光波导的光束合成

基于光波导的光束合成原理如图 8-13 所示[38],激光器输出光束按照图 8-13 中所示方式排列在波导的输出平面上(类似于泰伯效应),阵列光束在波导中传输时会多次成像。当阵列光束的相位和波导的尺寸满足特定值时,将会在波导的输出端出现单一的近衍射光斑,从而实现光束阵列的有效合成。这一方法是美国洛克希德·马丁公司于 2007 年首次提出,并于 2010 年实现了 4 路光纤激光的相干合成[39],总功率大于 100W,合成效率达到 80%。

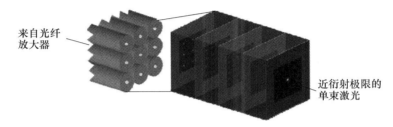

图 8-13 基于光波导的光束合成原理

在理论上,这一方案可以将 99% 以上的发射能量包含在单一主瓣内[39]。该方案中使用的波导尺寸由公式 $L_s = 4nh^2/\lambda$ 决定,其中 L_s 为波导的长度,n 为波导内部折射率,h 为波导的横截面尺寸,λ 为光波波长。若假设波导长度 $L_s = 200mm$,$n = 1$,$\lambda = 1\mu m$,那么波导横截面的边长 $h = 0.45mm$,即光束阵列的边长仅为 0.45mm,可见,光束排列的空间十分有限。若要增大波导的截面尺寸,则必须增加波导长度,而且波导内表面的平整度和截面形状对合成效率的影响也较大,因此该方案在向高功率和大数量光束合成扩展时将会遇到较大困难[40,41]。

在共孔径相干合成中,各个合成方案的合束元件都具有低通滤波器的作用,在合成后能够获得非常好的光束质量。但是,当单元光束质量较差甚至存在明显高阶模式时,部分激光功率将会损失到合成元件上,使合成效率降低、合成元件温度上升。因此,共孔径相干合成不仅对单路光束质量要求较高,而且对合束器件的功率承受能力提出了严格的要求。

8.2 锁相控制技术

相干合成系统中形成稳定干涉的一个基本条件是各路光束的相位差恒定。

然而,在光纤激光放大器中,热效应、外界环境的温度、振动等变化都会引起光纤中的相位变化。当各路光纤都存在时变的相位时,参与合成光束之间的相位差也是时变的,不可能获得稳定的干涉效果。因此,必须对各路光束的相位进行有效的控制,使各路光束的相位差恒定为 $2n\pi$(n 为整数),才能实现稳定高效的相干合成。因此,在相干合成的前期研究中,研究人员将主要精力集中在锁相控制上。

本节主要介绍相位噪声的特性与控制方法:首先分析光纤放大器中相位噪声的特性;其次介绍连续激光锁相控制的三种典型控制方法(外差法、抖动法、优化算法),并在此基础上专门介绍脉冲激光相干合成的锁相控制方法;最后分析大阵元激光的相位控制、集成化算法控制器设计等具体问题。

8.2.1 光纤放大器的相位噪声特性

本书中光纤放大器的相位指的是光束沿光纤长度方向的整体相移,可利用下式表示:

$$\varphi(t) = 2\pi n(t) L(t) / \lambda \tag{8-4}$$

式中:n 为光在介质中的折射率;L 为光束传输的几何距离;λ 为真空中波长。由于波长为常数,因此,光纤激光的相位噪声(简称相位噪声)主要与光纤折射率和光纤长度变化有关。在实际系统中,影响光纤折射率和长度的因素主要有光纤激光增益介质的热效应和外界环境扰动两部分。在光纤放大器中,泵浦功率的变化将引起光纤温度的变化,进而使光纤的折射率和长度发生变化,导致信号光的相位发生变化。其中温度引起的光纤折射率变化对相位噪声起主要作用,长度造成的相位变化一般情况下小于温度引起的相位变化的 2%[42]。外界扰动,主要指一切能够使光纤产生机械抖动的扰动,包括所有的机械振动、声源振动、地震波等,这些扰动都会转换为光纤的抖动、弯曲,从而导致相位噪声的变化。由于外界扰动的形式多种多样,且没有统一的规律可循。因此,这里主要介绍泵浦光对折射率影响所导致的相位噪声变化特性。

在光纤激光中,温度变化引起的折射率变化为[43-45]

$$\Delta n = \frac{\partial n}{\partial T} \int_0^b \Delta T(r,t) f_s(r) 2\pi r dr \tag{8-5}$$

式中:ΔT 为光纤的温度变化;$f_s(r)$ 为信号光归一化能量密度;b 为裸光纤包层半径。对式(8-5)沿光纤长度方向(z 方向)积分,可得折射率的变化引起的相位变化为

$$\Delta \phi(t) = \frac{2\pi}{\lambda} \frac{\partial n}{\partial T} \int_0^l \int_0^b \Delta T(r,t) f_s(r) 2\pi r dr dz \tag{8-6}$$

对式(8-6)进行积分,光纤的热相移可以写为[43-45]

$$\Delta\phi(t) = \frac{2\pi}{\lambda}\frac{\partial n}{\partial T}\frac{1}{\rho c_v}\frac{\eta E_{\text{abs}}}{A_{\text{eff}}} \qquad (8-7)$$

式中：ρ 为光纤的密度；c_v 为光纤的比热；η 为光纤吸收的泵浦能量转换为热量的比例系数；E_{abs} 为掺杂光纤吸收的泵浦能量；A_{eff} 为掺杂光纤和泵浦光的有效相互作用面积。式(8-7)说明，在其他参数不变的情况下，光纤放大器的相位噪声只与吸收的泵浦能量有关。因此，理论上，放大器输出功率越高，相位噪声越强。

Minden 等从理论上预测了光纤中相位变化的时间尺度，光纤的热响应时间（相位噪声变化时间）近似等于为[46]

$$\tau = a^2/D \qquad (8-8)$$

式中：a 为光纤纤芯直径；D 为热扩散系数。常规单模光纤纤芯直径约为 5μm，热扩散系数 $D = 8.46 \times 10^{-7} \text{m}^2/\text{s}$，光纤相位噪声的响应时间和频率分别为 30μs 和 33kHz[46]；对于高功率单模大模场硅光纤，纤芯直径为 10~25μm，光纤相位噪声频率为 1.35~8.25kHz。

Minden 等通过实验验证了上述理论。实验中，固定泵浦光改变的幅度，改变其抖动频率，测试光纤放大器输出激光相位变化的幅度与泵浦抖动频率的关系。实验结果如图 8-14 所示，结果表明，当泵浦光抖动频率低于 20kHz 时，相位变化的幅度不随泵浦抖动频率的变化而变化；当泵浦抖动频率大于 20kHz 时，相位变化的幅度线性下降，表明光纤放大器的相位已不能跟随泵浦频率的变化而变化。实验结果和理论预测的光纤相位变化的响应频率接近 33kHz。

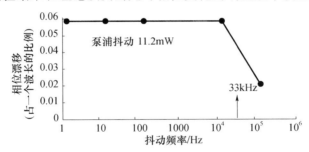

图 8-14 相位噪声与泵浦频率的变化关系

2007 年，英国 QinetiQ 公司 Jones[47] 测量了 1μm 波段百瓦级光纤放大器的相位噪声。图 8-15(a)是 Jones 等测试的 30W 和 260W 放大器的噪声的时域特性，从图可知，相位噪声变化的幅度都小于 0.3 个波长。同年，美国 Northrop Grumman 公司的 Goodno 测量了 10kW 级光纤-板条混合相干合成实验中外界环境引入的相位噪声，发现其主要集中在 5kHz 以内[48]，如图 8-15(b)所示。

2009 年，Goodno 等又测量了 608W 掺铱光纤放大器的相位噪声[49]。结果表明，实验室环境下均方根值小于 $\lambda/30$ 的相位噪声频率低于 1kHz，如图 8-16 所示。通过对比，发现在泵浦导致的振动存在的情况下，光纤放大器工作在 5W

和608W时的相位噪声分布曲线几乎相同。此外,外界机械振动对相位噪声影响明显,放大器工作在5W时,在水冷系统开启后的相位噪声频率比开启前的相位噪声提高了近5倍。实验表明,2μm高功率光纤放大器方面,机械振动等外界影响对光纤激光的相位噪声有着较强的影响。

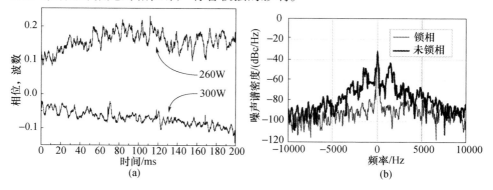

图 8-15　相位噪声特性

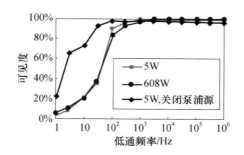

图 8-16　608W掺铥光纤激光器的相位噪声特性

在国内,笔者课题组对有无明显机械振动情况下1μm高功率放大器进行了相位噪声测试。在实验中,采用了三级放大器,主放输出功率为150W。在主放水冷机制冷未启动时,测得噪声相位频谱如图8-17(a)所示。测试结果表明,噪声频率集中在50Hz以下,由于各级放大器的电源风扇都会带来一定程度的振动,在240Hz左右存在一个较小的峰值。当主放水箱制冷启动时,其风扇转动导致的强烈振动通过光学平台耦合到光纤放大器中。该振动一方面导致低频相位噪声幅度增加;另一方面导致240Hz的相位噪声幅度明显增强,测试结果如图8-17(b)所示。此外,课题组还对无放大器情况光纤的相位噪声进行了测量[50],结果表明,外界扰动对相位噪声有重要影响。

综上分析可知,在实际实验环境,热效应对光纤相位噪声的影响远远小于外界扰动的影响。对光纤放大器进行合理封装设计,减小外界扰动耦合到光纤,可以极大地降低外界扰动对光纤激光相位噪声的影响。

第8章 阵列光束控制技术

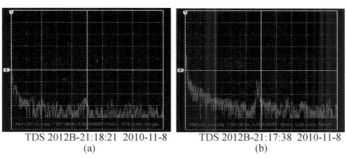

TDS 2012B-21:18:21 2010-11-8   TDS 2012B-21:17:38 2010-11-8
(a)   (b)

图 8-17 150W 放大器相位噪声特性

(a) 水箱振动关闭；(b) 水箱振动开启。

8.2.2 锁相控制方法

1. 外差法

由第 3 章的内容可知，在外差法相干合成系统中，探测器响应电流经电流放大器放大 A 倍后可以记为

$$V(t) = 2ARI_0[1 + 2\cos[\Delta\omega t + \varphi_N(t)]] \quad (8-9)$$

下面从式(8-9)出发，给出外差法实现相位噪声检测和补偿的原理和具体流程：

(1) 将施加到声光移频器上的正弦信号 $V_m(t) = V_0\cos(\Delta\omega t)$ 整形成方波。用过零比较器将调制信号转换成方波信号 $X_R(t)$。对于标准正弦型的相位调制信号整形得到的方波，方波的高电平起始表示正弦信号的 $2n\pi$ 相位点(n 为整数)。

(2) 将检测到的光强信号整形成矩形波。首先将光强信号 $V(t)$ 隔直滤波为交流信号 $V_{ac}(t) = 4ARI_0\cos[\Delta\omega t + \varphi_p(t)]$；然后利用过零比较器将滤波后的光强信号整形为矩形波信号 $X_S(t)$，该信号的高电平起始点表征探测到光强的某一相位点。

(3) 将 $X_R(t)$ 与 $X_S(t)$ 进行异或、滤波，得到噪声相位信号。理想情况下，信号光与参考光的噪声差为 0($\varphi_N(t) = 0$)，那么 $X_R(t)$ 和 $X_S(t)$ 周期相同，仅仅存在一个相位的平移，将二者异或输出为均匀的脉冲，低通滤波后为一个固定的直流偏置电压。实际上，相位的噪声存在($\varphi_N(t) \neq 0$)，会导致 $X_S(t)$ 的高电平起始点随着噪声大小移动，异或后得到的是不均匀的脉冲输出，脉冲的占空比代表了相位变化的大小，对异或后的脉冲低通滤波，得到的电压大小代表了相位噪声的大小。

实际应用中可以使用图 8-18 所示的外差信号处理器来实现上述相位噪声的检测[51]。

经过过零比较器后，施加在声光移频器和式(8-9)滤波得到的正弦信号被整形成方波，如图 8-19 所示。

经过后续逻辑电路后，各个器件输出信号的时序逻辑如图 8-20 所示。控制逻辑中，利用异或门(XOR)、或门(OR)、D 触发器、非门(NOT)、与门(AND)

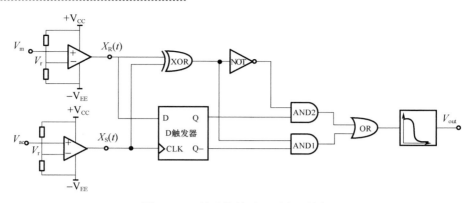

图 8-18 外差信号处理器主要结构

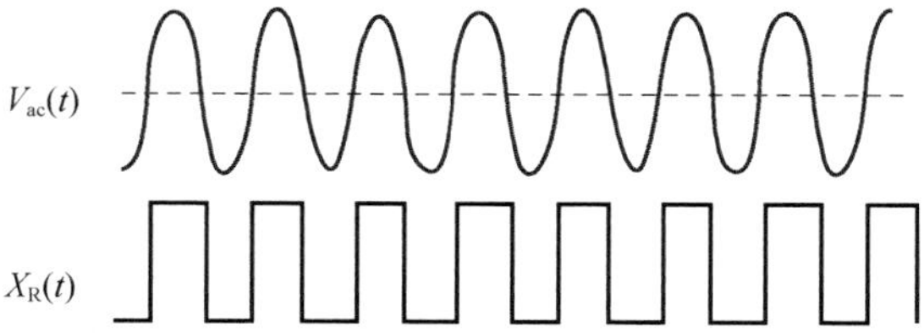

图 8-19 过零比较器对正弦信号整形的示意图

等逻辑电路对输出信号的类型进行控制:当噪声 $X_S(t)$ 超前参考信号 $X_R(t)$ 时,输出 $X_R(t)$ 和 $X_S(t)$ 同或信号,如图 8-20(a) 所示;当噪声信号 $X_S(t)$ 超前参考信号 $X_R(t)$ 时,输出 $X_R(t)$ 和 $X_S(t)$ 异或信号,如图 8-20(b) 所示。

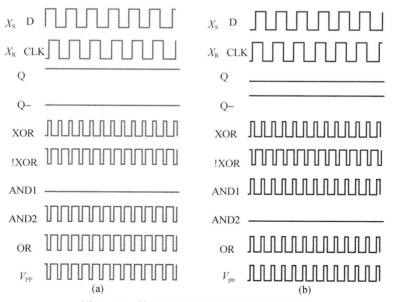

图 8-20 外差法检测相位噪声的时序逻辑

(a) 噪声超前参考信号,同或输出;(b) 噪声滞后参考信号,异或输出。

将0输出的脉冲信号利用低通滤波器进行滤波,可以得到随时间变化的相位噪声信号,对应的噪声信号幅度与图8-20中输出脉冲信号占空比之间满足图8-21所示的关系。将这个检测到的噪声相位电压施加到相位调制器上,就能实现相位噪声补偿。对于多路光束的情况,需要同时用参考光与各个合成光进行类似的处理来实现噪声相位的检测和补偿[51,52]。

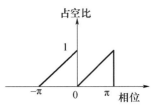

图8-21 输出占空比与相位噪声幅度的关系

2. 抖动法

由第3章的内容可知,在抖动法相干合成系统中,光电探测器输出的光电流可表示为

$$i_{\mathrm{PD}}(t) = R_{\mathrm{PD}} \left(P_1 + \sum_{j=1}^{M} \sum_{\substack{l=1 \\ l \neq j}}^{M} P_{jl} C \right) \quad (8-10)$$

光电探测器的输出电流中含有经相位误差信号调幅过的高频载波信号,若将该项提取出来便可解算出光束间的相位误差。这里采用电学上的相关检测方法进行提取,具体方法是采用与载波信号频率相同的电信号(称为参考信号)与式(8-10)的电信号相乘并积分,具体过程如下式所示:

$$\begin{aligned} S_{nj} &= \frac{1}{\tau} \int_0^\tau i_{\mathrm{PD}}(t) \cdot \alpha \sin(\omega_{jm} t) \mathrm{d}t \\ &= \frac{\alpha R_{\mathrm{PD}} P_1}{\tau} \int_0^\tau \sin(\omega_{jm} t) \mathrm{d}t + \sum_{\substack{l=1 \\ l \neq j}}^{M} \frac{\alpha R_{\mathrm{PD}} P_{jl}}{\tau} \int_0^\tau C \sin(\omega_{jm} t) \mathrm{d}t \\ &= \alpha R_{\mathrm{PD}} \sum_{\substack{l=1 \\ l \neq j}}^{M} \frac{P_{jl}}{\tau} \int_0^\tau C \sin(\omega_{jm} t) \mathrm{d}t \end{aligned} \quad (8-11)$$

式中:α 为参考信号的振幅;τ 为积分电路的积分时间。在式(8-11)中,当 τ 足够大(实验上已经验证 τ 取5倍以上的调制周期即可满足该条件)时,经计算可知 C 中只有含 $\sin(\omega_{jm}t)$(且不含 $\omega_{jm}t$ 的其他三角函数)的项才能保留下来,其余各项都趋于0。于是得

$$\begin{aligned} S_{nj} &= \alpha R_{\mathrm{PD}} \sum_{\substack{l=1 \\ l \neq j}}^{M} \frac{P_{jl}}{\tau} \int_0^\tau C \sin(\omega_{jm} t) \mathrm{d}t \\ &= \alpha R_{\mathrm{PD}} J_1(\alpha_{jm}) \sum_{\substack{l=1 \\ l \neq j}}^{M} P_{jl} J_0(\alpha_{lm}) \sin(\phi_l - \phi_j + \Phi_{jl}) \end{aligned} \quad (8-12)$$

以上便是信号处理电路解算出的光束间的相位差,将该值乘以一个增益系数 g 就可作为相位控制信号,可以实现光束阵列的相位控制。

根据上述基本原理,笔者课题组自行设计了抖动法相位控制系统[50],如

图 8-22 所示。信号处理器主要包含三个部分,中央处理器(CPU)及其之前的输入通道和之后的输出通道。该信号处理器只需要一个输入通道和多个输出通道。

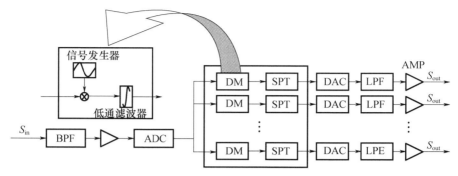

图 8-22　抖动法相位控制系统

输入通道主要是完成输入信号的预处理及其模数转换,将光电探测器输出的模拟信号转换为 CPU 可识别的数字信号。输入通道首先会对输入信号进行带通滤波(BPF),选择出携带相位噪声信息的调制信号,然后经过运算放大器进行调理,使其满足模数转化器(ADC)的输入要求,最后经 ADC 转换为数字信号输入到 CPU。CPU 是信号处理器的核心部分,主要完成前述锁相放大器的解调任务(DM)和计算机的后处理(SPT)任务。CPU 中包含与阵元数量相同的 DM 和 SPT 模块,为每一路光束提供相应的相位调制和控制信号。各路 DM 和 SPT 模块的工作原理相同,只是每一路模块对应一个单独频率的相位调制信号。信号解调的工作原理如图 8-22 左上角的模块所示,采用与调制频率相同的正弦信号与输入信号相乘,然后对其进行积分(即电路中的低通滤波),即可获得加载在相位调制信号上的相位噪声信号。DM 输出的相位噪声信号在 SPT 中经过进一步处理后转换为各路光束的相位控制信号,并加载上相应光束的相位调制信号与输出到输出通道。各路输出通道的结构完全相同,从 CPU 输出的数字信号首先经过数模转换器(DAC)转换为模拟信号。由于高速 DAC 转换可能会出现高频毛刺,其后需要连接低通滤波器(LPF)将其滤除。LPF 输出的信号经过合适的运算放大器和功率放大器后即可驱动相位调制器,实现相位控制。

信号处理器设计时需要注意以下三个参数:控制带宽、控制精度和信号输出范围。相干合成中光束阵列的相位噪声直接决定了相位控制器的控制带宽,由前文的讨论可知,千瓦级光纤激光器或放大器中小于 $\lambda/30$ 的相位噪声低于 1kHz。考虑到以后激光功率的提升和光束路数的增加,本书将相位控制器的控制带宽设置为 10kHz。相位控制器的控制带宽主要受限于积分时间、CPU 的运算速度和信号的传输时间,可表示为

$$10(\mathrm{kHz}) \leqslant f_\mathrm{b} < \frac{1}{\tau_\mathrm{s} + \tau_\mathrm{c} + \tau_\mathrm{t}} \tag{8-13}$$

式中：f_b 为控制带宽；τ_s、τ_c、τ_t 分别为积分时间、运算时间和传输时间。积分时间一般为调制信号周期的 5 倍以上，本书设置为 10 倍。CPU 的运算速度和所选 CPU 的种类及其程序效率有关，但是根据当前主流信号处理芯片的速度，10μs 时间可以满足程序运算。通过计算，可得积分时间应小于 90μs，考虑到多抖动法需要多个不同的调制频率，将最短的积分时间压缩到 10μs，此时对应的相位调制信号频率为 1MHz。

相干合成对锁相系统的控制精度一般要求优于 $\lambda/20$，那么相位调制信号的幅度应小于 $\lambda/20$，为了采用数字电路获得波形良好的调制信号，将 CPU 输出的数字信号的步长取为 $\lambda/200$。由多抖动法的基本原理可知，探测模块对相位噪声信号的探测精度应该与执行模块输出的相位调制信号的精度基本相同，才能获得良好的解调效果，因此要求信号处理器的信号输入通道的采样精度和信号输出通道的量化精度基本相同。一般来说，相干合成中只要能补偿一个波长内的光程差即可，但是信号处理器输出相位控制信号的能力在大于一个波长时才能获得更高的控制精度和更好的稳定性。将信号处理器输出信号的能力设置为 2λ，那么 CPU 输出的数字信号需要 9 位以上，按 9 位计算。当步长取为 $\lambda/200$ 时，可输出信号能力为 $\lambda/200 \times 2^9 = 2.56\lambda$；若设置其信号输出能力为 2λ，则信号控制精度可达 $2\lambda/2^9 = \lambda/256$。

相位控制器的输出信号幅度范围取决于相位调制器的半波电压，当前常用的光纤耦合铌酸锂相位调制器和 PZT 相位调制器的半波电压一般在 5V 以下。如上所述，若要使控制信号的输出范围为 2λ，则其电压值幅度为 20V，我们将其设置为 $-10 \sim 10V$。

根据上述系统参数，可以进行下面电子器件选择和电路设计。首先看 CPU，目前可以作为 CPU 的主流器件主要有单片机、数字信号处理器(DSP)和现场可编程门阵列(FPGA)。单片机工作频率低、运算能力差，不适合作为抖动法信号处理器的 CPU。DSP 和 FPGA 都是高速数字信号处理芯片，只是 DSP 是基于哈佛结构的串行工作模式，而 FPGA 可以实现并行工作，相比之下，FPGA 更适合作为信号处理器的 CPU，其主频设置为 50MHz，经 FPGA 内部锁相环倍频后可达到 200MHz，这一时钟足以满足 1MHz 相位调制信号的生成和 FPGA 的快速运算。

其次是 ADC 和 DAC 的选择，根据前面分析，数字信号需要 9 位以上，本书选择了 10 位的 ADC 和 DAC 芯片，ADC 的采样频率为 75MHz，DAC 的转换速率为 100MHz，以满足相位控制器的控制精度和带宽要求。另外，由于相位调制器的功耗很小，因此在相位控制器的输出通道中并没有加入功率放大器，而是将运算放大器的信号直接输出到负载。

电路设计中主要介绍解调电路的设计。如图 8-22 左上角模块所示，每个

DM 模块由三个部分组成,正弦信号发生器、乘法器和低通滤波器。正弦信号发生器采用直接数字频率合成技术实现,用于产生相位调制信号和解调相位噪声信号。直接数字频率合成技术的原理:首先将一个正弦波形进行数字离散;然后将这些离散数据存储在 FPGA 的存储器中,分时查表输出这些数据,即可产生正弦波。乘法器采用 Quartus Ⅱ 9.0 FPGA 开发平台提供的免费 IP Core 实现。低通滤波器采用过采样技术实现,即采用远大于输入信号频率的采样速率对输入信号采样,然后再对其累加求平均,这样可以在保证滤波效果的同时,节省 FPGA 的逻辑资源。

最终完成的信号处理器实物如图 8-23 所示,包含 2 个信号输入通道和 12 个信号输出通道,即可以同时对 12 路光束进行相位控制,通过对多台控制器并联,可以实现更多路数光束的相干合成。2010 年年底,笔者课题组运用该系统开展 9 路百瓦级光纤放大器相干合成实验,首次实现了光纤激光相干合成千瓦级功率输出[53]。

图 8-23 抖动法信号处理器实物图
(a) 外形图;(b) 内部结构图。

在传统的多抖动法相干合成中,每一路光束均需一个频率不同的相位调制信号,而且两个调制信号之间必须保持一定的频率差,这一差值在理论上必须大于所要校正的相位噪声的频率,否则在解调时会丢失高频相位噪声的信息。实际上,在电路设计时,往往使这一频率差远大于相位噪声频率以避免信号串扰,降低信号解调电路的设计难度,获得更为准确的相位噪声信息。若要进一步增加阵元数量,则必须扩展调制频带或者减小频率差。频率差的减小十分有限,而且还会使电路设计难度迅速增加。扩展调制频带是增加调制频率的较好方法,但是调制频带向下扩展会降低锁相系统的控制带宽,因此只能向上扩展,即提高调制频率,这会增加电路设计难度。为此,笔者课题组提出了单频抖动法[54]和多抖动、单抖动法混合锁相技术[55]。

单频抖动法相干合成原理如图 8-24 所示[54],图中以 4 路光束相干合成为例进行介绍。实验结构与多抖动法完全相同,只是在控制算法上进行了修改。该方法只需要一个调制信号,并按照时分复用的方式分时加载到不同光束的相位调制器上(图中的 MS),信号处理器分时对各路光束的调制信号进行解调,将解调得到的相位控制信号分时加载到各路光束的相位调制器上。

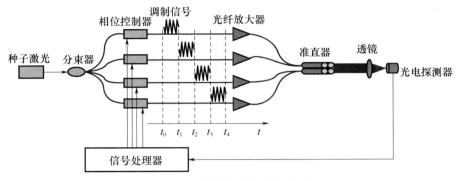

图 8-24 单抖动法相干合成原理

单频抖动法的详细工作过程如下:

(1)如图 8-24 所示,假设 t 代表时间,信号处理器在 t_0 时刻开始工作。当 $t_0 < t < t_1$ 时,正弦相位调制信号被加载到信道 1 的相位调制器上,据此可得到通道 1 和其余各通道相位均值的差,该值可用于生成通道 1 的相位补偿信号。其余各信道的相位调制信号和控制信号均保持为 0。

(2)当 $t_1 < t < t_2$ 时,相位调制信号和相应的相位控制信号加载到信道 2。信道 1 的相位调制信号变为 0,相位控制信号保持 $t = t_1$ 时刻的值不变,其余两通道的相位调制信号和控制信号保持为 0。

(3)当 $t_{i-1} < t \leqslant t_i (i \leqslant 4)$ 时,相位调制信号和控制信号加载到信道 i,其余信道的相位控制信号保持 $t = t_{i-1}$ 时刻值不变。当 $i > 4$,令 $m = i \bmod 4$,相位调制信号和控制信号加载到信道 m,其他信道保持前一时刻的相位控制信号,相位调制信号为 0。

只要 $T = t_{i+1} - t_i$ 足够短,在此段时间内所有通道的相位就没有被明显扰乱。通过重复上述过程,即可实现数组光束的相位锁定。

3. 优化算法

基于优化算法的相干合成将各路光束的相位作为控制变量,通过优化算法对控制变量进行优化,使代表相位误差信息的系统性能评价函数达到极值,从而实现各路激光的相位锁定。第 3 章中已经介绍了 SPGD 算法的基本原理与执行过程,本节简要介绍另外几种优化算法。需要说明的是,本书仅对几种优化算法的基本概念及其在相干合成系统中的实现方式进行介绍,各算法的详细原理请读者参见相关专业书籍。

1)爬山法

爬山法是一类不需要进行梯度估计的优化算法,其单次迭代过程描述如下:

在当前控制参数的工作点上施加一个正向的随机扰动,计算扰动前后系统性能评价函数的变化,如果性能评价函数朝着预期的方向变化(增加或减小),则接受该扰动作为下一次迭代的工作点;否则反向施加一个扰动,计算扰动后的性能评价函数的变化量,并判断性能评价函数是否朝着预期的方向变化,如果性能评价函数朝着预期的方向变化,则接受该扰动作为下一次迭代的工作点。如果正反两个方向扰动都未使性能评价函数向预期的方向变化,则回到原始控制参数点。重复迭代过程,就能使性能评价函数朝着系统极值方向发展。

在相干合成锁相控制中,爬山法执行流程如下:

(1)在相位调制器上施加初始状态向量 $\boldsymbol{u}_0 = \{u_1^{(0)}, u_2^{(0)}, \cdots, u_M^{(0)}\}$,获取初始目标函数值 $J(\boldsymbol{u}_0)$,其中 M 为相位调制器控制通道数目。

(2)生成随机扰动向量并转换为电压信号 $\delta\boldsymbol{u} = \{\delta u_1, \delta u_2, \cdots, \delta u_M\}$,将随机扰动电压 $\delta\boldsymbol{u}$ 施加到相位调制器的各个驱动器上,取得评价函数的值 $J^+ = J(\boldsymbol{u} + \delta\boldsymbol{u})$。

(3)计算评价函数的变化量 $\delta J^+ = J^+ - J_0$,如果 $\delta J^+ > 0$,则更新控制电压为 $\boldsymbol{u}' = (\boldsymbol{u} + \delta\boldsymbol{u})$,并跳转到步骤(2);如果 $\delta J^+ < 0$,则施加反向扰动 $(\boldsymbol{u} - \delta\boldsymbol{u})$ 并获取性能评价函数 $J^- = J(\boldsymbol{u} - \delta\boldsymbol{u})$。

(4)计算评价函数的变化量 $\delta J^- = J^- - J_0$,如果 $\delta J^- > 0$,则更新控制电压为 $\boldsymbol{u}' = (\boldsymbol{u} - \delta\boldsymbol{u})$;如果 $\delta J^- < 0$,则保持 $\boldsymbol{u}' = \boldsymbol{u}$。

重复步骤(2)~(4),直至迭代次数结束或者手动停止算法执行。

2)遗传算法

遗传算法(genetic algorithm)是模拟生物在自然环境中的遗传和进化过程的一种自适应全局优化概率搜索算法。遗传算法将个体的集合(群体作为处理对象,利用遗传操作)进行选择、交叉和变异运算,使群体不断"进化",直到成为满足要求的最优解。与爬山法相比,遗传算法有非常好的全局特性。但是随着控制变量的增加,需要优化的空间呈几何级数增加,其控制带宽显著下降,甚至还不如爬山法。因此在实时性要求较高的场合,其应用受到一定的限制。

3)模拟退火算法

模拟退火算法(simulated annealing algorithm)来源于固体退火原理,也是一种不进行梯度估计的优化算法。在相干合成锁相控制中,模拟退火算法执行流程如下:

(1)设置初始温度 T,每个温度下迭代次数 k,并在相位调制器上施加初始状态向量 $\boldsymbol{u}_0 = \{u_1^{(0)}, u_2^{(0)}, \cdots, u_M^{(0)}\}$,获取初始目标函数值 $J(\boldsymbol{u}_0)$。

(2)生成随机扰动向量并转换为电压信号 $\delta\boldsymbol{u} = \{\delta u_1, \delta u_2, \cdots, \delta u_M\}$,将随机扰动电压 $\delta\boldsymbol{u}$ 施加到相位调制器的各个驱动器上,取得评价函数的值 $J^+ = J(\boldsymbol{u} + \delta\boldsymbol{u})$。

(3)计算 $\delta J = J^+ - J_0$,如果 $\delta J > 0$,则更新控制电压为 $\boldsymbol{u}' = (\boldsymbol{u} + \delta\boldsymbol{u})$,跳转

到第（2）步；如果 $\delta J<0$，则以一定的概率更新控制电压，这里根据 Metropolis 准则：当 $e^{\frac{\delta J}{T(k)}}>R$ 时，更新为控制电压为 $u'=(u+\delta u)$，其中 R 为随机数；否则 $u'=u$。

（4）在当前温度下，重复步骤（2）、（3）共 k 次。

（5）根据一定的退火准则，如 $T=0.95T$，降低温度 T，然后重复步骤（2）～（4）。

重复步骤（2）～（5），直至迭代次数结束或者手动停止算法执行。

笔者课题组根据上述算法的基本执行过程，设计制作了基于优化算法的相位控制器[56,57]，包括数据输入、数据输出和算法处理三个部分。实际设计中，考虑到数据通路选择和电平转换，还需要数据通路选择部分。因此，我们设计的算法控制器结构如图 8-25 所示。为了提算法控制器的控制带宽和简化系统设计，选择 TMS320C6713 型号 DSP 作为算法的核心处理器件。由于 DSP 芯片输入输出为 0～3.3V 的 CMOS 电平，为了与外部电路的电平（TTL 电平）兼容，采用 4 片 12 路 1-2 数据分路/合路器 74CBT16292 和一片 4 路 1-2 数据分路/合路器 74CBT3257 进行电平转换和数据通路选择，74CBT16292 和 74CBT3257 的数据传输延时都小于 10ns。模数转换器（ADC）输入到 DSP 的数据和 DSP 输出到各路数模转换器（DAC）的通过电平转换和通路选择模块进行分时传输。利用 DSP 的多通道缓冲串口（McBSP1）的 FSR1 端口对 74CBT3257 和 74CBT16292 的数据端口进行控制，当数据量 FSR1=0（低电平）时，选择 A/D 数据输入；当 FSR1=1 时，选择 D/A 数据输出。以小孔中的光强（一般包含主瓣能量）为性能评价函数，利用光电探测器探测小孔内光强。光电探测器探测到的光电信号经过放大器（OPA462），4 选 1 模拟开关（TLC4051）和低通滤波器后，进入 A/D 转换器（AD9220）中。模拟开关 TLC4051 的 -3dB 截止频率为 20MHz，数据传输延时约为 0.05μs。滤波器采用高速运算放大器 OP37 设计，为了滤出高频噪声干扰，考虑到实际光纤放大器中的相位噪声一般小于 1kHz，设计滤波器的截止频率为 5kHz。AD9220 为 12 位高速 A/D 转换器，其输入电压范围为 0～5V，采样率为 10MHz，数据传输延时 0.1μs。在数据采集中，设计了 4 路光电探测器信号处理通道，通过 4 选 1 模拟开关进行数据选择。为了对相位调制器上进行相位控制，设计了 16 路 D/A 转换和信号放大通道。设计中使用了 4 片 4 通道 D/A 转换器 AD7305 进行数模转换，利用 4 片 4 通道轨到轨放大器 OPA462 对 D/A 转换的信号进行放大。AD7305 是 AD 公司的 8 位 4 通道输出的 D/A 转换器，其单通道转换速率大于 2MHz，数据传输延时小于 0.5μs。OPA462 内部集成了 4 个放大器，各个放大器的带宽均为 15MHz，数据传输延时小于 70ns。相位调制器采用法国 Photoline 公司的 $LiNbO_3$ 相位调制器（NIR-MPX-LN-0.1-P-P-FA-FA），带宽大于 100MHz，插入损耗小于 3.5dB。半波电压为 2.2V，在算法控制器的允许控制电压范围（-5～5V）内。

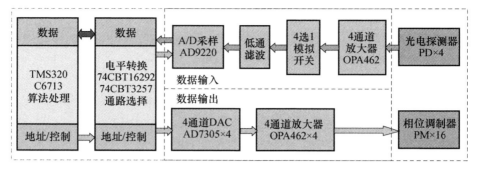

图8-25 相干合成算法控制器结构

根据上述结构,设计了算法控制器,制作电路板,如图8-26所示。在此电路的基础上,基于DSP的C语言设计算法控制程序,实现算法控制器的功能。

图8-26 相干合成算法控制器电路实物

根据上述算法控制器各个器件的参数,以SPGD算法为例,对算法控制器的迭代速率和控制带宽进行分析。

(1) 性能评价函数获取延时 t_1。在相干合成系统中,光电探测器(PDA36A - EC,Thorlabs)的带宽为15 MHz,延时小于 0.1 μs;电压放大器 OPA462 的数据传输延时小于 0.1 μs;模拟开关 TLC4051 传输延时 0.05 μs;低通滤波器中,OP37G 增益带宽积为63MHz,在滤波器的增益为1时,数据传输延时小于0.02μs。A/D转换器AD9220的采样率为10 MHz,延时0.1μs。74CBT16292的传输延时小于0.01μs,考虑到实际系统中经过了2次数据通道选择,数据传输延时计为0.02μs。这样,性能评价函数获取延时为$t_1 = 0.29$μs,考虑其他可能的延时,取$t_1 = 0.5$μs。

(2) 算法控制器数据处理延时t_2。算法处理器数据处理延时指从性能评价函数输入到控制信号输出之间的延时。实验中,对程序进行优化后,测试结果表明16路相干合成中,算法处理数据延时$t_2 < 10$μs。

(3) 扰动输出延时t_3。扰动输出延时指从算法控制芯片输出控制信号到相位调制器产生相应相位响应的时间。控制信号从DSP输出后,先后经过电平转换器件74CBT16292(延时0.02μs),DA转换器AD7305(单通道延时0.5μs),放大器OPA462(延时0.1μs),然后施加到相位调制器(延时小于0.01μs)上。总的延时约为0.63μs,考虑其他延时,取$t_3 = 0.8$μs。

根据上述分析,忽略光束传输延时,改进后的系统的单次迭代所需时间为$T_0 = 2(t_1 + t_2 + Nt_3)$,其中$N$为相干合成路数。对于16路相干合成,$zT_0 = 23.3$μs。这里取$T_0 = 25$μs。那么,理论上16路相干合成的迭代速率为40kHz。在经过参数优化后,系统控制带宽为

$$F_{CB} = \frac{1}{10NT_0} = \frac{1}{10 \times 16 \times 25 \times 10^{-6}} = 250 \quad (8-14)$$

因此,算法控制器的优化控制带宽为250Hz。实际上,由于光束传输延时的存在和外界干扰的影响,实际的控制带宽可能低于该理论值。

接下来分析算法控制器对各路光束相位的控制精度。

(1) A/D转换器的采样精度。所用的A/D转换器(AD9220)为12位A/D转换器,最大输入电压为5V,实际应用中最大输入电压为4V左右,A/D采样精度为

$$d\lambda_{in} = \frac{V_{ADM}}{2V_{max}2^{N_{AD}}}\lambda = \frac{5}{2 \times 4 \times 2^{12}}\lambda = \frac{1}{409}\lambda \quad (8-15)$$

(2) D/A转换器精度。D/A转换器AD7305为8位,输出电压范围(-5V,5V),考虑到相位调制器的半波电压$V_\pi = 2.2$V为。D/A控制精度描述为

$$d\lambda_{DA} = \frac{V_{DAM}}{2V_\pi 2^{N_{DA}-1}}\lambda = \frac{5}{2 \times 2.2 \times 2^7}\lambda = \frac{1}{112}\lambda \quad (8-16)$$

(3) 优化算法的(以SPGD算法为例)的控制参数。

扰动幅度$\delta u(\sigma)$:扰动电压幅度为$\delta u = \sigma$(实际实验中,一般取σ在0.05~0.1之间)时,波长可控精度为

$$\delta\lambda = \frac{\sigma}{2V_\pi}\lambda = \frac{0.1}{2 \times 2.2}\lambda = \frac{1}{44}\lambda \quad (8-17)$$

步进增益γ:实验中,一般选择γ在0.2~3之间,最小步进控制精度值为

$$\mathrm{d}\lambda_c = \frac{\gamma \delta u \delta J}{2V_\pi}\lambda = \frac{3 \times 0.1 \times \delta J}{2 \times 2.2}\lambda \qquad (8-18)$$

当算法接近收敛极限时,$\delta J \to \mathrm{d}V_{AD}$,其中 $\mathrm{d}V_{AD} = \dfrac{V_{ADM}}{2^{N_{AD}}}$,那么理论上,有

$$\mathrm{d}\lambda_c = \frac{\gamma \delta u \delta J V_{ADM}}{2V_\pi 2^{N_{AD}}}\lambda = \frac{3 \times 0.1}{2 \times 2.2} \times \frac{5}{2^{12}}\lambda = \frac{1}{12015}\lambda \qquad (8-19)$$

考虑到 D/A 转换精度,$\mathrm{d}\lambda_c > \dfrac{1}{112}\lambda$。由于实际系统的控制精度由精度最低的参数/器件决定,比较可知,系统的理论控制精度为

$$\delta\lambda = \frac{\delta u}{2V_\pi}\lambda = \frac{1}{44}\lambda \qquad (8-20)$$

由于外界干扰的存在和控制带宽的影响,实际系统的控制精度可能小于理论估计值。

8.2.3 脉冲激光锁相控制方法

在本节前面部分介绍相干合成的相位控制中,一般是通过合成光束的功率起伏来解算各路激光的相位起伏,再对各路激光之间的相位差进行实时矫正,从而实现各路激光的同相输出,达到相干合成的目的。然而,在脉冲激光中,由于激光脉冲本身也是一种光强起伏,这必然对相干合成的相位控制产生影响。为了解决这个问题,研究人员提出了两种锁相控制方法:一种是滤波法;另一种是低功率连续光锁相法。下面首先分析脉冲激光相干合成的频域特性,然后分别介绍两种方法的基本原理。

1. 脉冲激光相干合成的频域特性

设单路脉冲激光的光场可以表示为

$$E_m(x,y,z,t) = A_m(x,y,z)\Gamma_m(t)\mathrm{e}^{-\mathrm{j}[\omega t - \varphi_m(t)]} \qquad (8-21)$$

式中:$A_m(x,y,z)$ 为光束振幅的空间项;$\Gamma_m(t)$ 为第 m 路光束的振幅时间项。式中所描述的光束对应的时间脉冲波形为 $I_m(t) = |\Gamma_m(t)|^2$。假设 $\Gamma_m(t)$ 参与合成的各路激光脉冲波形完全一致,且各路脉冲在时域上完全同步,只考虑脉冲激光周期性振幅变化 $\Gamma_m(t)$ 对相位控制的影响,那么 $\Gamma_m(t) = \Gamma_0(t)$,$I_m(t) = I_0(t)$,则合成激光光束的光强分布为

$$\begin{aligned}I(x,y,z,t) &= I_0(t)\Big(\sum_{m=1}^{M} A_{m_i}(x,y,z,t)\Big)\Big(\sum_{m=1}^{M} A_{n_j}(x,y,z,t)\Big)^* \\ &= I_0(t)\Big[\sum_{m=1}^{M} I_m(x,y,z) + \sum_{m_i \ne m_j} A_{0m_i}(x,y,z)A_{0m_j}^*(x,y,z)\mathrm{e}^{\mathrm{j}(\varphi_{m_i}(t) - \varphi_{m_j}(t))}\Big]\end{aligned}$$

$$(8-22)$$

式中：$I_m(x,y,z)=|A_m(x,y,z)|^2$ 为相干合成光强的空间分布。由于 $I_0(t)$ 是以脉冲重复频率(f_{RR})为周期的函数，可以通过时域上的平移将 $I_0(t)$ 变成偶函数，对其做傅里叶展开，得

$$I_0(t) = \frac{a_0}{2} + \sum_{k=1}^{\infty} a_k \cos(2\pi k f_{RR} t) \qquad (8-23)$$

考虑到余弦函数的傅里叶变换为

$$\mathbb{F}[\cos(2\pi k f_0 t)] = \frac{1}{2}[\delta(f-f_0) + \delta(f+f_0)] \qquad (8-24)$$

那么相干合成光强的时域 $I_0(t)$ 的频谱为

$$F_1 = \mathbb{F}[I_0(t)] = \frac{a_0}{2}\delta(0) + \frac{1}{2}\sum_{k=1}^{\infty}[\delta(f-kf_{RR}) + \delta(f+kf_{RR})] \qquad (8-25)$$

由式(8-25)可知，$I_0(t)$ 的频谱为间隔为 f_{RR} 的分离谱。去掉没有物理意义的负频分量，F_1 在频域上的分布如图 8-27(a)所示。在式(8-22)中，中括号内的表达式包含了各路激光的相位信息，不妨称之为相位项。在 SPGD 算法和抖动算法中，相位项不但包含了外界相位噪声，而且包含了控制算法施加到相位调制器上的小幅扰动。根据前面的分析，相位噪声截止频率(f_N)一般在几千赫。为了能够有效矫正截止频率为 f_N 的相位噪声，SPGD 算法和抖动算法中的小幅扰动频率要大于 f_N，其截止频率(f_D)一般达百千赫量级。因此，相位项的频谱宽度由 f_N 和 f_D 决定，假设其频谱分布(F_1)如图 8-27(b)所示。

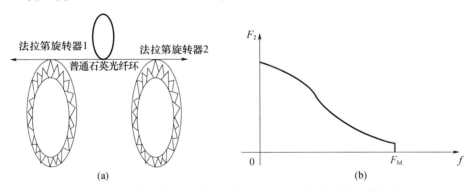

图 8-27 脉冲激光合成光束光强中 $I_0(t)$ (a)和相位项的频谱分布(b)

根据卷积定理，$I(x,y,z,t)$ 的频谱(F)为 $I_0(t)$ 频谱(F_1)与相位项频谱(F_2)的卷积。由于 δ 函数与普通函数的卷积满足：$f(x)*\delta(x-x_0)=f(x-x_0)$，$I(x,y,z,t)$ 的频谱 F 可以表示为

$$F = \frac{a_0}{2}F_2 + \frac{1}{2}\sum_{k=1}^{\infty} a_k[F_2(f-kf_{RR}) + F_2(f+kf_{RR})] \qquad (8-26)$$

去掉没有物理意义的负频分量，当 F_2 的截止频率 f_M 小于 f_{RR} 时，F 的分布如

图 8-28(a)所示，F_2 的信息在频域得以完整的保留。然而，当 F 的截止频率 f_M 大于 f_{RR} 时，F 的分布如图 8-28(b)所示，F_2 的信息在频域上无法完整地保留。

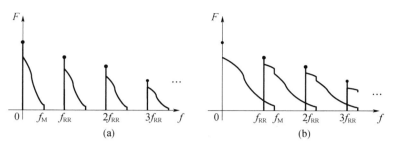

图 8-28 脉冲激光合成光束光强的频谱分布

根据算法扰动截止频率(f_D)和脉冲激光的重频(f_{RR})之间的关系，可以分为以下两种情况：

（1）当 $f_D < f_{RR}$ 时，如图 8-28(a)所示，可以通过一个截止频率在 f_M 和 f_{RR} 之间的低通滤波器将光强变化中频率高于 f_{RR} 的频率成分滤除，经过低通滤波的光强变化则不包含脉冲激光($A(t)^2$)引入的光强起伏，只保留相位噪声和算法扰动引起的光强变化。

（2）当 $f_N \geq f_{RR}$ 时，如图 8-28(b)所示，无法通过低通滤波器提取出相位噪声引起的光强变化。

2. 两类脉冲激光的相位控制方法

在脉冲激光相干合成的相位控制中，可以将上述分类归结为两种情况：①激光脉冲重复频率相对较高时，可以通过低通滤波器滤除激光时域变化导致的光强变化，保留相位噪声引起的光强变化；②对于激光脉冲重复频率相对较低时，不能通过低通滤波器提取出相位噪声引起的光强变化，需要采用脉冲放大器链路中的微弱连续光作为探针光进行锁相控制。

1）低通滤波法

对于第一种情况，当激光脉冲重复频率相对较高时，只要在光电探测器后面加入一个截止频率适当的低通滤波器(LPF)滤除脉冲时域波形起伏导致的光强起伏，就可以按照连续激光相干放大阵列的方法进行相位控制[58-60]，典型实验结构如图 8-29 所示。

2）连续探针光法

对于第二种情况，当激光脉冲重复频率与相位噪声频率相当时，则需要通过连续激光作为探针，提取各路脉冲激光的相位噪声，以实现主动相位控制。例如，可以按照如图 8-30 所示的方案来搭建低重频脉冲激光的相干放大阵列。脉冲种子激光中包含一小部分与脉冲激光波长相同的连续激光，连续光应该在能够实现相位控制的前提下尽可能小，以免影响脉冲激光的特性。如

图 8-30 所示的实现方法中,可以通过与连续种子激光相连接的耦合器的分束比和预放大器的放大倍数控制连续光的成分。在探测反馈信号的过程中,利用声光调制器等器件斩除脉冲激光,只保留脉冲之间的连续光。同时,用一个使能信号让算法控制器只工作在探测器探测到连续光强的时间内,在激光器/放大器输出脉冲时暂停工作,这样就能消除脉冲激光光强起伏对相位控制的影响,利用连续激光中包含的相位信息对脉冲激光的相位差进行实时校正[61,62]。

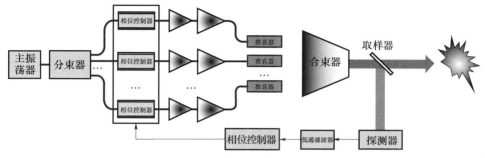

图 8-29 脉冲激光重频相对较高时的相位控制示意图

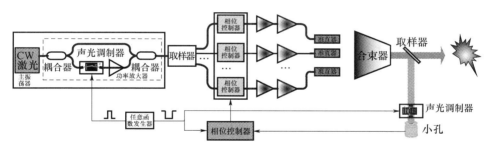

图 8-30 脉冲激光重频相对较低时的相位控制示意图

8.2.4 大阵元激光相干合成中的相位控制

在相干合成相位控制中,随着路数的提高,对算法控制器的迭代速率和探测器的响应度要求越来越高,随着激光阵元数目的增加,单个算法控制器将不能胜任相位控制的任务。

为此,笔者课题组提出了分级相干合成的相位控制方案[60,63,64],如图 8-31 所示。首先,将脉冲种子激光分为 N 路,这 N 路激光为第 1 组激光阵列。然后,将第 1 组激光阵列的每一路激光分为 M 路,分别为第 2 到第 $N+1$ 组激光阵列。这样形成一个包含 $N+1$ 组、$M \times N$ 路的激光阵列。图中 $M=N=3$。在每一组激光阵列中,除了第一路激光,其余每一路激光中插入一个相位调制器。利用 $N+1$ 个算法控制器分别将每一组激光阵列的相位锁定为同相位输出,各算法控制器独立工作,互不干扰,实现了整个阵列激光的同相输出。

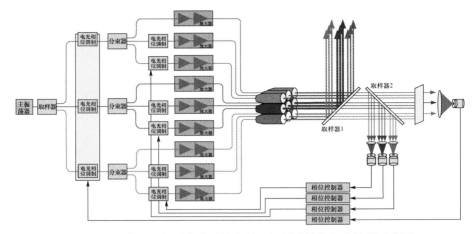

图 8-31　分孔径相干合成系统中的二级树形结构相位控制示意图

当第 2 到第 $N+1$ 组激光为共孔径合束时,如图 8-32 所示。第 2 到第 $M+1$ 组激光阵列的相位控制反馈信号为该组激光阵列光束的光强,第 1 组阵列激光的相位控制反馈信号为整个阵列激光的远场光斑中央主瓣能量或光强。其中,第 2 到第 $N+1$ 组激光阵列的相位控制不受其他组的相位调制器扰动的干扰,可以形成 N 路稳定的合成光束输出。需要注意的是,这 N 路合成光束的光强由于控制算法的运行而存在小幅抖动,抖动频率和幅度取决于控制算法。这将从一定程度上影响第 1 组阵列激光的相位控制。

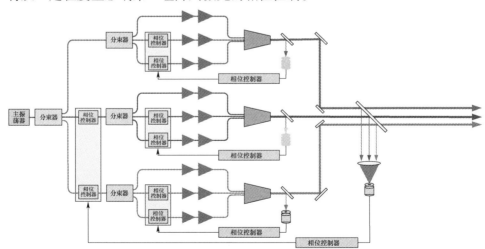

图 8-32　共-分孔径相干放大阵列的分组相位控制示意图

为了克服上述影响,可以通过"时分"和"波分"的方法对第一级(第 1 组)和第二级阵列(第 2 到第 $N+1$ 组)进行相位控制。"时分"的方法就是分时对第一和第二级阵列相位调制器施加控制算法(SPGD 算法和抖动算法等),消除这 N

路共孔径合成光束的小幅抖动对第1组激光阵列相位控制的影响。"波分"的方法是指对第一级和第二级阵列施加不同频率的扰动(例如,第二级采用多抖动算法或SPGD算法进行相位控制,而第一级采用多抖动算法,但调制频率与第二级不同),这样就能滤除第二级合成光束的小幅抖动对第一级相位控制的影响。当然,也可以同时采用"时分"和"波分"的方法。2015年,韩国先进技术研究院采用分组合成的方法实现了16路光纤激光相干合成[65],图8-33给出了系统结构,相位控制残差可小于$\lambda/30$。

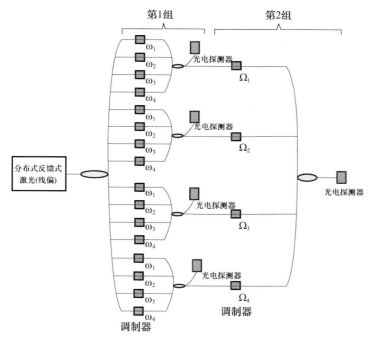

图8-33 16路光纤激光分组相干合成系统结构

参考文献

[1] Optoskand. Collimating Units[OL]. http://www.optoskand.se/products/external-optics/collimating-units/.

[2] Beresnev L A, Vorontsov M A. Design of adaptive fiber optics collimator for free-space communication laser transceiver[J]. Proc. SPIE , 2005:5895, 58950R.

[3] Beresnev L A, Weyrauch T, Vorontsov M A, et al. Development of adaptive fiber collimators for conformal fiber-based beam projection systems [J]. Proc. of SPIE,2008,7090(709008):1-10.

[4] Geng C, Li X, Zhang X, et al. Coherent beam combination of an optical array using adaptive fi ber optics collimators[J]. Optics Communications,2011(284):5531-5536.

[5] Yu C X, Augst S J, Redmond S M, et al. Coherent combining of a 4 kW, eight-element fiber amplifier array

［J］. Optics Letters,2011,36(14):2686－2688.

［6］ Charles X Y,Jan E K,Scot E S,et al. Coherent Beam Combining of a Large Number of PM Fibers in a 2D Fiber array［C］. Optical Society of America,2006.

［7］ Anderegg J,Brosnan S,Cheung E,et al. Coherently coupled high power fiber arrays［J］. Proc. of SPIE,2006,6102(61020U):1－5.

［8］ Fan X,Liu J,Liu J. Coherent combining of a seven－element hexagonal fiber array［J］. Opt. & Laser Technol. 2010(42):274－279.

［9］ 刘泽金,许晓军,陈金宝,等. 多光束高占空比合束器:中国,201514514U［P］. 2010－06－23.

［10］ 许晓军,韩凯,刘泽金,等. 高占空比类卡塞格林型光束合成装置［P］. 201110170853.6. 2011.10.12.

［11］ Weyrauch T,Vorontsov M A,Carhart G W,et al. Experimental demonstration of coherent beam combining over a 7km propagation path［J］. Optics Letters. 2011,36(22):4455－4457.

［12］ Optonicus. Intelligent Fiber Array Laser Beam Transmitter［OL］.［2012－03－07］. http://www. optonicus. com/products/datasheets/infa/Optonicus%20INFA%20Datasheet.

［13］ Weyrauch H,Mikhail A V,Vladimir O,et al. Deep Turbulence Effects Compensation and Coherent Beam Combining over a 7km Propagation Path［Z］. 2013.

［14］ DARPA extends laser weapon range［OL］.(2014－03－11)［2016－11－21］. http://optics. org/news/5/3/13.

［15］ Bourderionnet J,Bellanger C,Primot J,et al. Collective coherent phase combining of 64 fibers［J］. Optics Express, 2011,19(18):17053－17058.

［16］ Jones D C,Turner A J,Scott A M. A multi－channel phase locked fibre bundle laser［J］. Proc. of SPIE,2010,7580(75801V).

［17］ Xue Y,He B,Zhou J,et al. High Power Passive Phase Locking of Four Yb－Doped Fiber Amplifiers by an All－Optical FeedbackLoop［J］. Chinese Physics Letters, 2011,28(5):54211－54212.

［18］ Wang X,Leng J,Zhou P,et al. 1.8kW simultaneous spectral and coherent combining of three－tone nine－channel all－fiber amplifier array［J］. Applied Physics B:Lasers and Optics. ,2012,107(6):785－790.

［19］ 韩凯. 光纤激光的多波长相干合成与光学参量振荡研究［D］. 长沙:国防科学技术大学,2013.

［20］ Lachinova S L,Vorontsov M A. Laser beam projection with adaptive array of fiber collimators. Ⅱ. Analysis of atmospheric compensation efficiency［J］. J. Opt. Soc. Am. A,2008,25(8):1960－1973.

［21］ Zhou P,Wang X,Ma Y,et al. Optimal truncation of element beam in a coherent fiber laser array［J］. Chin. Phys. Lett. ,2009,26(4):44206.

［22］ Redmond S M,Ripin D J,Yu C X,et al. Diffractive coherent combining of a 2.5kW fiber laser array into a 1.9kW Gaussian beam［J］. Optics Letters, 2012,37(14):2832－2834.

［23］ Veldkamp W B,Leger J R,Swanson G J. Coherent summation of laser beams using binary phase gratings［J］. Optics Letters, 1986,11(5):303－305.

［24］ Leger J R,Swanson G J,Veldkamp W B. Coherent laser addition using binary phase gratings［J］. Appl. Opt. ,1987,26(20):4391－4399.

［25］ McNaught S J,Thielen P,Adams L N,et al. Scalable coherent combining of kilowatt fiber amplifiers into a 2.4－kW beam［J］. Selected Topics in Quantum Electronics,IEEE Journal of,2014,20(5):174－181.

［26］ Yang Yifeng,Liu Houkang,Zheng Ye,et al. Dammann－grating－based passive phase locking by an all－optical feedback loop. Optics Letters,2011,39,3:708－710.

［27］ Cheung E C,Ho J G,Goodno G D,et al. Diffractive－optics－based beam combination of a phase－locked fiber laser array[J]. Optics Letters,2008,33(4):354-356.

[28] Goodno G D,Shih C,Rothenberg J E. Perturbative analysis of coherent combining efficiency with mismatched lasers:errata[J]. Optics Express,2012,20(21):23587-23588.

[29] Uberna R,Bratcher A,Tiemann B G. Coherent Polarization Beam Combination[J]. IEEE J. Quantum Electron,2010,46(8):1191-1196.

[30] Uberna R,Bratcher A,Tiemann B G. Power scaling of a fiber master oscillator power amplifier system using a coherent polarization beam combination[J]. Applied Optics,2010,49(35):6762-6765.

[31] Klenke A,Breitkopf S,Kienel M,et al. 530 W,1.3 mJ,four-channel coherently combined femtosecond fiber chirped-pulse amplification system[J]. Opt. Lett.,2013,38:2283-2285.

[32] Arno Klenke,Steffen Hädrich,Tino Eidam. 22 GW peak-power fiber chirped-pulse amplification system [J]. Opt. Lett.,2014,39:6875-6878.

[33] Ma P,Zhou P,Ma Y,et al. Analysis of the effects of aberrations on coherent polarization beam combining of fiber laser beams[J]. Applied Optics,2012,51(16):3546-3551.

[34] Ma P,Lü Y,Zhou P,et al. Investigation of the influence of mode-mismatch errors on active coherent polarization beam combining system[J]. Optics Express,2014,22(22):27321-27338.

[35] Ma P F,Zhou P,Su R T,et al. Coherent polarization beam combining of eight fiber lasers using single-frequency dithering technique[J]. Laser Physics Letters,2012,9(6):456.

[36] Ma P,Zhou P,Wang X,et al. Coherent polarization beam combining of four 200W level fiber amplifiers [J]. Applied Physics Express,2014,7(2):022703.

[37] Ma P,Tao R,Wang X,et al. Coherent polarization beam combination of four mode-locked fiber MOPAs in picosecond regime[J]. Optics Express,2014,22(4):4123-4130.

[38] Scott E C,Olivia K. 2-Dimensional Waveguide Coherent Beam Combiner[C]//Vancourer:Optical Society of America,2007.

[39] Uberna R,Bratcher A,Alley T G,et al. Coherent combination of high power fiber amplifiers in a two-dimensional re-imaging waveguide[J]. Optics Express,2010,18(13):13547-13553.

[40] Tao R,Wang X,Xiao H,et al. Coherent beam combination of fiber lasers with a strongly confined tapered self-imaging waveguide:theoretical modeling and simulation[J]. Photonics Research,2013,1(4): 186-196.

[41] Tao R,Si L,Ma Y,et al. Coherent beam combination of fiber lasers with a strongly confined waveguide:numerical model[J]. Applied Optics,2012,51(24):5826-5833

[42] Davis M K,Digonnet M J F,Pantell R H. Thermal Effects in Doped Fibers[J]. Journal of Lightwave Technol.,1998,16(6):1013-1023.

[43] Tröbs M,Wessels P,Fallnich C. Phase-noise properties of an ytterbium-doped fuber amplifier for the Laser Interferometer Space Antenna[J]. Optics Letters,2005,30(7):789-791.

[44] Tröbs M,Wessels P,Fallnich C. Power-and frequency-noise characteristics of an Yb-doped fiber amplifier and actuators for stabilization[J]. Opt. Express,2005,13(6):2224-2235.

[45] Wanser K H. Fundamental phase noise limit in optical fibers due to temperature fluctuations[J]. Electron. Lett.,1992,28(1):53-54.

[46] Minden M. Phase control mechanism for coherent fiber amplifier arrays:US,6400871[P]. 2002-06-04.

[47] Jones D C,Stacey C D,Scott A M. Phase stabilization of a large-mode-area ytterbium-doped fiber amplifier[J]. Optics Letters,2007,32(5):466-468.

[48] Goodno G D,Asman C P,Anderegg J,et al. Brightness-Scaling Potential of Actively Phase-Locked Solid-

[49] Goodno G D, Book L D, Rothenberg J E. Low – phase – noise, single – frequency, single – mode 608 W thulium fiber amplifier[J]. Opt. Lett. ,2009,34(8):1204 – 1206.

[50] 马阎星. 光纤激光抖动法相干合成技术研究[D]. 长沙:国防科学技术大学,2012.

[51] 肖瑞,侯静,姜宗福. 光纤激光器阵列相干合成中的位相探测与校正方法研究[J]. 物理学报,2006, 55(1):184 – 187.

[52] 肖瑞. 主振荡功率放大器方案光纤激光相干合成技术[D]. 长沙:国防科学技术大学,2007.

[53] Ma Y,Wang X,Leng J,et al. Coherent beam combination of 1.08 kW fiber amplifier array using single frequency dithering technique[J]. Opt. Lett. ,2011,36(6):951 – 953.

[54] Ma Yanxing, Zhou Pu, Wang Xiaolin, et al. Coherent beam combination with single frequency dithering technique [J]. Opt. Lett. ,2010,35(9):1308 – 1310.

[55] Ma Yanxing,Zhou Pu,Wang Xiaolin,et al. Active phase locking of fiber amplifiers using sine – cosine single – frequency dithering technique [J]. Appl. Opt. ,2011,50(19):3330 – 3336.

[56] 王小林,激光相控阵中的优化式自适应光学研究[D]. 长沙:国防科学技术大学,2011.

[57] 王小林,周朴,马阎星,等. 基于随机并行梯度下降算法光纤激光相干合成的高精度相位控制系统[J]. 物理学报, 2010,59(2):973 – 979.

[58] 王小林,周朴,马阎星,等. 基于主动相位控制的脉冲激光相干合成技术[J]. 国防科学技术大学学报. 2012,34(1):33 – 37.

[59] Wang X,Zhou P,Ma Y,et al. Coherent beam combining of pulsed fiber amplifiers with active phase control [J]. Quantum Electronics,2011,41(12):1087 – 1092.

[60] 粟荣涛,窄线宽纳秒脉冲光纤激光相干放大阵列[D]. 长沙:国防科学技术大学,2014.

[61] Lombard L, Azarian A, Cadoret K,et al. Coherent beam combination of narrow – linewidth 1.5 μm fiber amplifiers in a long – pulse regime[J]. Optics Letters, 2011,36(4):523 – 525.

[62] Palese S,Cheung E,Goodno G,et al. Coherent combining of pulsed fiber amplifiers in the nonlinear chirp regime with intra – pulse phase control[J]. Optics Express,2012,20(7):7422 – 7435.

[63] 粟荣涛,周朴,王小林,等. 光纤激光相干合成高速高精度相位控制器[J]. 强激光与粒子束,2012, 24(6):1290 – 1294.

[64] 粟荣涛,周朴,王小林,等. 32路光纤激光相干阵列的相位锁定[J]. 强激光与粒子束, 2014,26(11):110101.

[65] Ahn H K,Kong H J. Cascaded multi – dithering theory for coherent beam combining of multiplexed beam elements[J]. Optics Express,2015,23(9):12407 – 12413.

第 9 章 相干合成阵列光束的大气传输与补偿

前述章节已对各种相干合成方案及其关键技术进行了详细介绍,基于这些技术,目前已可在实验室环境中实现高功率、高效率相干合成。然而,在实际应用中,某些场合要求光束在大气中长距离传输,大气的各种光学效应将会对合成光束造成显著影响,导致相干合成效果变差,甚至失效。为了保证相干合成光束能够在大气中有效传输,科研工作者对其影响机理及补偿方法展开研究,本章将对这些工作进行详细介绍。其中,共孔径相干合成(如相干偏振合成、DOE 相干合成等)大气光学效应的影响及相应解决措施与单光束相同,在相关的自适应光学专著中已有详细介绍,本书不再赘述。分孔径合成光束受大气的影响与传统的单口径光束相比差异较大,并且在补偿方法上也有较大创新,本章将进行重点介绍。

9.1 大气光学效应简介

激光在大气中传播时,会受到折射、吸收、散射、湍流扰动、热晕等效应的影响。其中,大气分层结构引起的折射效应将使光束在大气中沿曲线传播;吸收和散射主要使光信号能量衰减,并引起光波消偏振;湍流造成空气折射率的随机变化而导致光波的振幅和相位随机起伏,结果出现光强闪烁、波面畸变、到达角起伏、光束漂移等现象;热晕可导致光束扩展、畸变、焦距改变、相干性退化等[1-3]。上述作用中,折射、吸收和散射对阵列光束相干合成的影响与单光束基本相同,即造成光束曲线传播、能量衰减等,本书不做详细介绍。大气湍流和热晕对相干合成影响严重,是本章的讨论重点。

9.1.1 大气湍流

大气湍流是指大气中局部温度、压强等参数的随机变化而引起折射率随空间位置和时间的随机变化。这是一种快速不规则的运动,各种物理量都是时间和空间的随机变量,需要用统计方法来描述[4,5]。激光在大气中传输不可避免地要受到湍流的影响,其影响包括激光的波面畸变、到达角起伏、光束质心漂移、光斑扩展和振幅起伏等多方面。这些影响最终导致目标处的光斑特性变差,能量集中度降低。

大气湍流从总体来说是非各向同性的,因为湍流的大尺度成分往往使气象要素场的均匀性和各向同性遭到破坏。但在给定的小区域内可以近似地把它看作均匀各向同性(即局地均匀各向同性),这样的区域称为惯性子区域。针对这种湍流,塔塔尔斯基(Tatarski)根据柯尔莫哥洛夫(Kolmogorov)的关于结构函数的"2/3"定律与谱密度的"-5/3"定律导出了折射率结构函数D_n[1]。

$$D_n(r) = C_n^2 r^{\frac{2}{3}} \quad (l_0 \ll r \ll L_0) \tag{9-1}$$

式中:r 为统计湍流特征的两点间距离;l_0、L_0 分别为湍流的内尺度和外尺度。当所研究的空间尺度小于 l_0 时,黏性耗散对大气起伏影响起主要作用,抑制了湍流的进一步发展。当所研究的空间尺度大于 L_0 时,气流的惯性力对大气起伏特性起主要作用。C_n^2 为大气折射率结构常数,为大气光学基本参数之一,是湍流强度的重要评价参数,C_n^2 越小,则湍流越弱,C_n^2 随地理位置、高度、气象条件、季节和昼夜等条件的不同变化很大[3]。在近地面,大气湍流按其强度可分成强、中、弱三类,其强度分别为 $C_n^2 \geq 10^{-12} \mathrm{m}^{-2/3}$、$C_n^2 \approx 10^{-14} \mathrm{m}^{-2/3}$、$C_n^2 \leq 10^{-16} \mathrm{m}^{-2/3}$。强湍流大致出现在夏秋晴天中午前后(10~15时),弱湍流出现在6~8时和16~18时,其余为中等湍流出现的时间,图9-1给出了一典型近地面湍流强度日变化曲线[4]。

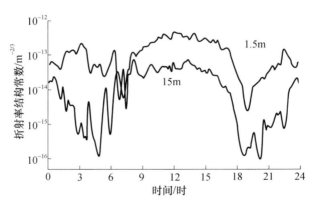

图9-1 近地面两个高度上的折射率结构常数的典型日变化曲线

湍流强度的高度分布比较复杂,如图9-2所示[4],但仍可从图中看出下列几个特点:①C_n^2 随高度的变化不是一个缓变函数,具有明显的跳跃式结构,或者说具有厚度为 100~200m 的分层结构;②湍流强度总的来说是随高度减弱的;③在十几千米的对流层顶处 C_n^2 的数值稍有增大,但总趋势是随高度的增加而减小。

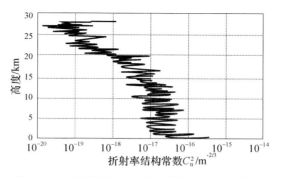

图 9-2 特征折射率结构常数的高度分布特征

综上所述,大气湍流是时间、空间变量的随机函数,只能采用统计方法进行描述。在实际问题处理中,人们普遍采用 C_n^2 作为大气湍流强度的主要特征参数对其进行描述,并采用前述分类方法将其分为强、中、弱三类。本书在后续讨论中,也将采用上述方式来分析大气湍流对分孔径阵列光束相干合成效果的影响。

9.1.2 热晕

随着激光能量(或功率)的提升,在辐射与介质的相互作用过程中不仅是介质单方面地改变辐射的性质,而且介质本身的性质也将改变。例如,由于介质吸收辐射使其自身加热而改变了折射率,折射率的变化反过来又影响激光的性质,如此往返循环的结果就使激光束产生了热散焦、自聚焦、扩展以及弯曲等效应,这些效应统称为热晕(或热畸变)。此外,高功率、大能量辐射与介质作用还可能引发击穿、非线性光谱效应等[1]。由于阵列光束相干合成技术目前仍处在探索研究阶段,功率水平较低,远未达到使大气出现非线性效应的阶段,因此相关研究相对较少。

9.2 大气湍流对阵列光束相干合成的影响

与热晕相比,大气湍流对阵列光束相干合成的影响研究已经较为深入,形成了完善的理论模型,并进行了实验验证,下面进行详细介绍。

9.2.1 阵列光束相干合成的大气传输模型

目前,理论上主要有两种方法用于分析阵列光束的大气传输问题:一种是多相位屏分步数值分析法;另一种是惠更斯-菲涅尔衍射积分法。前一种方法将大气湍流表征为多个相位屏,然后将其加载到光束传输的数值运算中,从而可以获得随时间变化的仿真效果,而且可以将真实的大气湍流数据转换为相位屏进行仿真,使其仿真结果更加可信。该方法已经过多年研究,目前已十分成熟,是大气湍流相关问题处理中的常用方法,但只能进行数值计算,耗时较长。与之相比,惠更斯-菲涅尔衍射积分法可获得严格的解析解,运算快捷方便,但只能针对某些特定光束进行求解,而且大气湍流只能以 C_n^2 进行表征,运算结果为光束传输的时间平均结果,无法给出某一时刻的传输结果。

1. 多相位屏分步数值分析方法

利用抛物线近似,波传输方程可以写成[6]

$$2\mathrm{i}k\frac{\partial A(\boldsymbol{r},z,t)}{\partial z}+\nabla_\perp^2 A(\boldsymbol{r},z,t)+2k^2 n(\boldsymbol{r},z,t)A(\boldsymbol{r},z,t)=0 \quad (9-2)$$

式中:$\boldsymbol{r}=(x,y)$;$A(\boldsymbol{r},z,t)$ 为发射波复振幅;$\nabla_\perp^2=\partial^2/\partial^2 x+\partial^2/\partial^2 y$ 为拉普拉斯算子的横向分量;$k=k_0 n_0$;$k_0=2\pi/\lambda$ 为波数;λ 为波长;n_0 为均匀(未扰动)介质折射率;$n(\boldsymbol{r},z,t)$ 为描述折射率涨落的随机函数。折射率起伏 $n(\boldsymbol{r},z,t)$ 对光传播的影响在数值模拟中的典型模拟方法是分步法(split-step method,也称多相位屏法)[7-10],即通过一系列位于平面 $\{z_j\}$ 的等间距分布的薄相位畸变层(相位屏)来模拟大气湍流,如图9-3所示,$j=1,2,\cdots,M$。在分层的湍流模型中,畸变层之间的波在光学均匀介质中传输,该过程由式(9-2)描述,其中 $n(\boldsymbol{r},z,t)=0$。第 j 个畸变层光场复振幅的影响是通过额外的相位项 $\varphi_j(\boldsymbol{r},t)$ 实现,传输波的相位只在畸变层平面 $z=z_j$ 处改变。

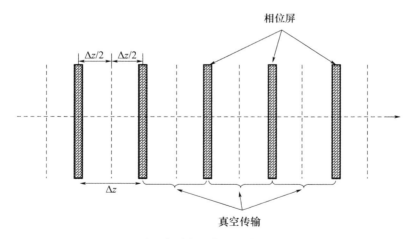

图9-3 随机介质中光传播的多层相位屏模型

在传输方向上从 z_{i-1} 的平面到达 $z_i=z_{i-1}+\Delta z$ 平面的光场复振幅分布可描述为

$$E\left(\boldsymbol{r},z_{i-1}+\frac{\Delta z}{2}\right)=F^{-1}\left\{\mathrm{e}^{-\frac{\mathrm{i}\Delta z}{4k}(K_x^2+K_y^2)}F[E(\boldsymbol{r},z_{i-1})]\right\} \quad (9-3\mathrm{a})$$

$$E(\boldsymbol{r}, z_i) = F^{-1}\left\{ e^{-\frac{i\Delta z}{4k}(K_x^2 + K_y^2)} F\left\{ E\left(\boldsymbol{r}, z_{i-1} + \frac{\Delta z}{2}\right) e^{i\phi(\boldsymbol{r}, z_i)} \right\} \right\} \quad (9-3b)$$

式中：$\phi(\boldsymbol{r}, z_i)$ 为该段路径对应的相位调制；K_x、K_y 分别为空间波数在 x、y 方向的分量；F^{-1}、F 分别为逆傅里叶变换和傅里叶变换。

相位屏之间光传播的计算方法有角谱传播法和衍射积分法：前者利用角谱理论在频域进行光传播模拟，由于可以利用快速傅里叶变换（Fast Fourier Transform,FFT）算法，因而计算速度较快；后者利用广义惠更斯—菲涅尔原理对叠加相位扰动的光场进行积分，得到中间观察面和最终观察面上的光场分布。由于每次真空传播计算都是四重循环，相比角谱传播的 FFT 算法，计算量显著增加。由于湍流大气中光传播具有随机性，对某种条件下的光传播仿真往往需要较大样本量的计算才能得到较为可信的统计量，因而实际计算中，通常采用计算速度较快的角谱传播方法（即采用二维 FFT 算法）。

湍流相位屏的模拟已发展了多种方法，由相位波前的表达方式可将这些方法分为两类[8]：一类是根据大气湍流的功率谱密度函数得到大气扰动相位分布，称为功率谱反演法[11-14]；另一类是用正交的 Zernike 多项式作为展开基函数来表示相位波前，称为 Zernike 多项式展开法[15-17]。谱反演法产生的相位屏结构函数高频部分与实际情况吻合较好，但低空间频率成分较差，通常采用次谐波补偿加以改善，改善程度随叠加次谐波级数的增加而提高，但其计算量也随之增大，一般认为叠加 4 级次谐波即可较好补偿低频不足问题。Zernike 多项式法产生的相位屏结构函数在低频部分与实际情况吻合较好，但存在高频成分不足的问题，通常采用增加多项式的阶数来加以改善。随着阶数的增加，与理论吻合的部分逐渐向高空间频率部分延伸，可缓解高频不足问题，但随之引起了计算量增大问题。在实际计算中，需根据具体情况选择不同的计算方法。

2. 惠更斯－菲涅尔衍射积分方法

针对高斯光束、高斯－谢尔模型光束等特殊光束，除了可采用多相位屏法进行计算，还可以利用惠更斯－菲涅尔衍射积分法进行解析求解。根据该方法，在传输距离 z 后，接收平面处的平均光强分布为[18-20]

$$\langle I(p,q,z) \rangle = \frac{k^2}{(2\pi z)^2} \int_{-\infty}^{\infty} \int_{-\infty}^{\infty} \int_{-\infty}^{\infty} \int_{-\infty}^{\infty} \langle E(x,y,z=0) E^*(\xi,\eta,z=0) \rangle \times$$
$$e^{\frac{ik}{2z}[(p-x)^2 + (q-y)^2 - (p-\xi)^2 - (q-\eta)^2]} \times$$
$$\langle e^{\psi(x,y,p,q) + \psi^*(x,y,p,q)} \rangle dxdyd\xi d\eta \quad (9-4)$$

式中：$E(x,y,z=0)$ 为初始光场分布；$k = 2\pi/\lambda$；λ 为激光波长；(x,y)、(p,q) 分别为初始和接收面的横向坐标。式（9-4）中的系统平均可以表示为

$$\langle e^{\psi(x,y,p,q) + \psi^*(x,y,p,q)} \rangle = e^{-\frac{1}{r_0^2}[(x-\xi)^2 + (y-\eta)^2]} \quad (9-5)$$

式中：$r_0 = (0.545 C_n^2 k^2 z)^{-3/5}$ 为大气相干长度；C_n^2 为折射率结构常数。

下面以基模高斯光束阵列的相干合成为例进行数学推导。单元基模高斯光束的复振幅可表示为

$$E_{\text{single}}(x,y,z=0) = e^{-[(x-a)^2+(y-b)^2]/w_0^2} \tag{9-6}$$

式中：w_0 为光束腰斑半径。发射端总光场复振幅分布为

$$E(x,y,z=0) = \sum_{\alpha=1}^{N} E_\alpha(x,y,z=0) \tag{9-7}$$

将式(9-6)和式(9-7)代入式(9-4)中,得

$$\langle I(p,q,z) \rangle = \sum_{\alpha=1}^{N} \sum_{\beta=1}^{N} \Gamma_{\alpha\beta} \tag{9-8}$$

其中

$$\Gamma_{\alpha\beta} = \frac{k^2}{(2\pi z)^2} \int_{-\infty}^{\infty}\int_{-\infty}^{\infty}\int_{-\infty}^{\infty}\int_{-\infty}^{\infty} e^{-[(x-a_\alpha)^2+(y-b_\alpha)^2]/w_0^2-[(\xi-a_\beta)^2+(\eta-b_\beta)^2]/w_0^2} \times$$
$$e^{\frac{ik}{2z}[(p-x)^2+(q-y)^2-(p-\xi)^2-(q-\eta)^2]} \times$$
$$e^{-\frac{1}{r_0^2}[(x-\xi)^2+(y-\eta)^2]} \mathrm{d}x\mathrm{d}y\mathrm{d}\xi\mathrm{d}\eta \tag{9-9}$$

通过对式(9-9)积分,可以简化为

$$\Gamma_{\alpha\beta} = L_{\alpha\beta}(p,z) L_{\alpha\beta}(q,z) \tag{9-10}$$

其中

$$L_{\alpha\beta}(p,z) = \frac{1}{2z} \frac{k}{\sqrt{\alpha_1\alpha_2 - \frac{1}{r_0^4}}} e^{-\frac{a_\alpha^2+a_\beta^2}{w_0^2} + \frac{L_{1x}^2}{\alpha_1}} e^{\frac{(\alpha_1 L_{2x} \rho_0^2 + L_{1x})^2}{(\alpha_1\alpha_2-\frac{1}{r_0^4})\alpha_1 r_0^4}} \tag{9-11a}$$

$$L_{\alpha\beta}(q,z) = \frac{1}{2z} \frac{k}{\sqrt{\alpha_1\alpha_2 - \frac{1}{r_0^4}}} e^{-\frac{b_\alpha^2+b_\beta^2}{w_0^2} + \frac{L_{1y}^2}{\alpha_1}} e^{\frac{(\alpha_1 L_{2y} \rho_0^2 + L_{1y})^2}{(\alpha_1\alpha_2-\frac{1}{r_0^4})\alpha_1 r_0^4}} \tag{9-11b}$$

式中：$\alpha_1 = (1/w_0^2) + (ik/2z) + (1/r_0^2)$；$\alpha_2 = (1/w_0^2) - (ik/2z) + (1/r_0^2)$；$L_{1x} = (a_\beta/w_0^2) + (ikp/2z)$；$L_{2x} = (a_\alpha/w_0^2) - (ikp/2z)$；$L_{1y} = (b_\beta/w_0^2) + (ikq/2z)$；$L_{2y} = (b_\alpha/w_0^2) - (ikq/2z)$。

式(9-10)即为最终的相干合成远场光强分布的表达式,可对基模高斯光束阵列的远场光强分布情况进行直接计算。对于其他类型的光束,读者可按照上述方法自行推导或参阅相关文献[21-28]。

3. 两种算法比较

前述两种计算方法虽然计算过程不同,但计算结果完全自洽。下面给出一算例,对两种计算方法进行比较。该算例分析 7 路光纤激光相干合成阵列在湍流大气中的传输,如图 9-4 所示。准直后的单路光纤激光口径为 $d = 3\text{cm}(d = 3w_0)$,激光阵列外接圆直径为 $D = 9\text{cm}$,传输距离为 $z = 5\text{km}$,$C_n^2 = 1 \times 10^{-14}\text{m}^{-2/3}$。利用多相位屏分步数值分析方法计算时,在传输路径上设置 5 个相位屏,相位屏间隔

Δz = 1km。垂直于传播方向上光场的复振幅分布用大小为 256×256 的网格来描述,为了防止传输过程中由于随机散射作用造成的能量逸出,计算平面始终大于光场分布范围。在多相位屏计算法中,湍流相位屏采用功率谱反演法产生,由于该方法计算结果的随机性,本算例将对 10000 次计算结果取平均作为最终的光强分布。

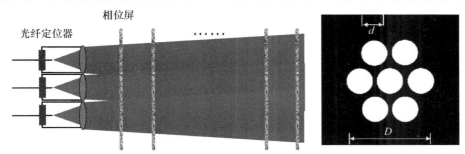

图 9-4　利用多相位屏法分析自适应锁相光纤激光阵列的大气传输

分别采用多相位屏数值分析法和惠更斯-菲涅尔衍射积分法计算得到的远场光强分布如图 9-5 所示,其中图 9-5(a)、(b) 分别为两种方法计算得到的远场光斑,图 9-5(c) 为两光斑 x 方向的剖面图。由图可见,两种方法计算得到的光强分布结果十分相近。方法 1 和方法 2 计算得到的 BPF 分别为 0.28 和 0.29,在误差范围内可认为两种方法计算结果相同。

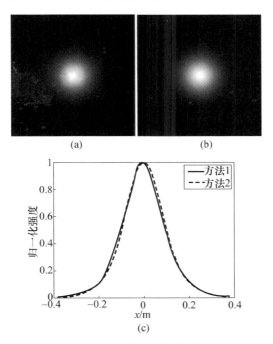

图 9-5　两种方法计算结果比较

(a) 方法 1:多相位屏分步数值分析;(b) 方法 2:惠更斯-菲涅尔衍射积分;(c) 一维强度分布。

通过上述算例分析可见,多相位屏数值分析法与惠更斯-菲涅尔衍射积分法的计算结果相同,都能较好地反映大气湍流对传输光束的影响。但是两种方法的计算过程和适用范围差异较大,多相位屏数值分析法适用范围较广,理论上可以计算任何光束的大气传输问题,但其需要耗费大量计算资源和时间;惠更斯-菲涅尔衍射积分法计算方便、耗时短,但只能计算某些特定模式的光束,普适性较差。因此,需要根据实际情况选择不同的计算方法。

9.2.2 大气湍流对合成光束传输的影响

为了进一步分析大气湍流对相干合成阵列光束造成的影响,下面将采用惠更斯-菲涅尔衍射积分法计算不同强度湍流大气中的传输特性。计算中参数设置同9.2.1节,湍流强度分别选择 $C_n^2 = 1 \times 10^{-16} \text{m}^{-2/3}$、$1 \times 10^{-14} \text{m}^{-2/3}$、$1 \times 10^{-12} \text{m}^{-2/3}$ 等弱、中、强三种情况。计算得到阵列光束传输至 $z = 5\text{km}$ 处的远场光强分布如图9-6所示,其中图9-6(a)为真空传输结果,图9-6(b)、(c)为不同大气湍流强度情况下的传输结果。

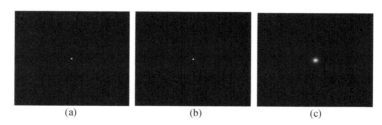

图9-6 相干合成光束在不同强度湍流大气中传输至远场处的光强分布
(a) 真空;(b) $C_n^2 = 1 \times 10^{-16} \text{m}^{-2/3}$;(c) $C_n^2 = 1 \times 10^{-14} \text{m}^{-2/3}$。

表9-1给出了不同情况下远场光斑的BPF因子。由图9-6及表9-1可知,当湍流较弱(如 $C_n^2 = 1 \times 10^{-16} \text{m}^{-2/3}$)时,湍流大气对激光阵列的影响较小;随着湍流强度的增加,远场光斑不断扩展,能量集中度不断下降,对相干合成光束的影响越来越大,在中等强度大气湍流情况下($C_n^2 = 1 \times 10^{-14} \text{m}^{-2/3}$),BPF已下降到理想情况的40%。

表9-1 相干合成光束在不同强度湍流大气中传输至远场处的BPF值

湍流强度 C_n^2	0(真空)	$1 \times 10^{-16} \text{m}^{-2/3}$	$1 \times 10^{-14} \text{m}^{-2/3}$
BPF	0.73	0.72	0.29

基于前述两种理论分析方法,国内外多位学者对阵列光束的大气传输问题进行了理论分析,研究结果均表明,随着湍流强度的增大,阵列光束的合成效果会变差,如果不采取相应的补偿措施,在中等强度湍流情况下,相干合成的优势已经不甚明显[29]。为了补偿大气湍流的影响,研究人员提出了"目标在回路"

相干合成技术(将在下一节予以介绍),并开展了专门的实验验证。

9.3 大气湍流的补偿——目标在回路相干合成技术

为了使相干合成光束在经过大气传输后仍然保持着良好的合成效果,人们提出了目标在回路(Target in the Loop,TIL)相干合成技术。

在自适应光学领域,早在20世纪60年代就对TIL系统进行了研究。当时为了克服大气湍流引起的相位畸变,美国 Hughes 实验室的 T. O'Meara、W. B. Bridges 等基于多抖动法提出了相干光学自适应技术(Coherent Optics Adaptive Technology,COAT),并进行了大量的理论和实验研究,奠定了TIL自适应光学的技术基础[30,31]。TIL自适应光学系统的原理如图 9-7 所示。高能激光系统发射的主激光经大气湍流后传输到目标靶面,经目标表面散射后,一部分光传播到发射系统。通过采集目标表面的散射回光,即可提取目标表面光强的分布信息,由此获得大气湍流造成光束波面畸变信息并产生相应的控制信号驱动变形镜,对发射激光的波前进行实时校正,补偿大气湍流引起的动态波前畸变,从而提高目标靶面的能量集中度。

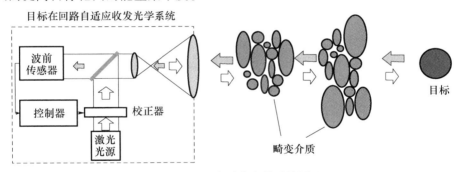

图 9-7 TIL自适应光学系统原理

TIL自适应光学技术在当时取得了一定的效果,但最终因为波前校正器件变形镜的频率响应带宽等技术原因而未能得到实际应用。之后,随着光纤激光相干合成技术发展,TIL技术再次获得重视,此时的波前校正器件不再是机械驱动的变形镜,而是基于电光效应的相位调制器,其频率响应带宽可达到吉赫,完全满足控制需求,因此光纤激光 TIL 相干合成具有了可行性。

9.3.1 目标在回路相干合成技术理论分析

基于光纤激光阵列的 TIL 相干合成技术原理如图 9-8 所示(以 4 路光束相干合成为例),种子激光器输出激光经分束器后分为多束,各路激光经相位调制器、光纤放大器和光纤准直器输出到自由空间。其中,相位调制器用于实现各路光束活塞像差的补偿与校正,光纤放大器用于光纤激光的功率放大,光纤准直器用于实现激光从光纤输出到空间和空间光束的倾斜像差补偿校正。阵列光束经过长距离大气传输后到达靶面,在靶面上形成漫反射。在光源处设置探测装置,对靶面散射光进行探测并据此解算出各阵元间的相位误差,生成活塞像差和倾斜像差的补偿控制信号,从而达到对光源相位噪声和大气湍流相位噪声同时补偿的目的[32]。

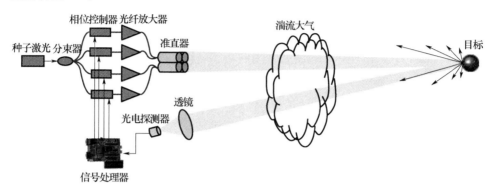

图9-8 TIL相干合成系统结构

与之前合作目标相干合成相比,TIL相干合成主要是在三个方面存在较大差异:①发射光束波前畸变的探测原理;②能否有效提取目标散射光中的相位误差信息;③能否对各路光束的相位误差进行实时高效的补偿,下文将对上述问题进行详细讨论。

1. 发射光束波前畸变的探测原理

TIL相干合成系统中的探测器位于发射端,因此发射光束须在发射端与目标之间往返一次后才能到达探测器。探测器探测到的光信号同时受到了前向光路(由发射端到达目标)和后向光路(由目标返回发射端)中大气湍流的影响,如何只补偿大气湍流在前向光路中造成的影响而不受后向光路中大气湍流的影响成为技术难点。在采用抖动法或SPGD算法等优化算法进行大气湍流补偿时,通常的目标都会起到光信号转换作用,可以自动消除大部分后向湍流的影响,解决了这一技术难点。下面以抖动法为例对这一原理进行介绍。

抖动法相干合成系统的工作原理与调幅收音机的原理非常相似,为了尽可能将前者的工作原理说明清楚,对二者进行比较研究。两者都是基于调制解调原理进行工作,如图9-9所示,由发射端、接收端和信号的传输空间三大部分组成。调制解调技术的原理是使高频信号(载波)的某一个参数(振幅、频率或相位)按照某一个低频信号(调制信号)的规律进行变化。调制后的载波信号经天线发射到传输空间,接收端从传输空间接收到载波信号后对其进行解调,从中分离出调制信号传给用户。使用调制解调技术有多个好处:①采用不同频率的载波信号可以同时传送多路调制信号,而不使其混淆,如收音机上的不同电台,多抖动法中每一路光束的相位噪声;②抗干扰能力更强[33],如无线电信号在发射电台和收音机间经历了大量障碍物,但仍可以还原出清晰的声音;③高频信号更容易发射接收。实际上,调制解调技术更像是一个带宽极窄的带通滤波器,它可以滤除载波信号频率之外的几乎所有噪声,从而获得很高的抗干扰能力,它的前两点优势都是得益于此。在基于合作目标的相干合成中使用这一技术,主要是为了分离各路光束的相位噪声,而在非合作目标相干合成中,强的抗干扰能力也发挥了重要作用。

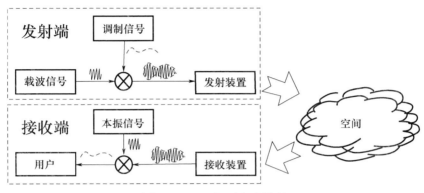

图 9-9 TIL 相干合成原理

图 9-9 中各单元与收音机和相干合成系统中器件的对应关系如表 9-2 所列,表中除了相干合成的调制信号和发射装置比较费解,其他项目都容易理解。下面仅对这两项进行详细解释:首先看发射装置,对于收音机而言,发射装置是将调制后的电信号转换为无线电波的装置,而对于相干合成而言是将相位信号转换为光强信号的装置。在相干合成中,光束的相位信息到光强信息的转换是通过光束叠加实现的。在叠加之前,单路光束的相位信息无法体现在光强上,因此也无法进行检测;在叠加之后,各路光束相位的改变将表现为合成光斑条纹的漂移,但是此时光斑的总光强并不会改变,因此探测整个光斑也是无法获得各路光束的相位信息的。只有在光斑上选取一个小区域,根据这一区域内能量的变化才能判断各路光束的相位变化情况,此时才最终完成了将相位信息转化为光强信息的任务,这也就是之前提到的性能评价函数。在合作目标相干合成中,完成这一任务的是会聚透镜和针孔,因此可以将针孔看作天线。在目标在回路相干合成中,这一任务由目标完成,因为任何一个实际的散射目标既不可能是理想的镜面,也不可能是理想的漫反射体,而是在目标表面存在许多方向不同的微小镜面(当然也存在刚好将光束反射到光电探测器方向的微小镜面)这些微小镜面对于合成光斑而言起到了针孔作用,将此之前的相位信息转换为光强信息,因

此目标起到了天线的作用。那么,在天线之前的相位噪声均起到调制信号的作用就不难理解了。经过天线之后,相位信息(指活塞像差)完全转化成了光强信号,高频相位调制信号转化成了光强的快速变化,相位噪声转化成了光强信号变化幅度的包络,这一信号类似于电台发射的射频无线电波,具有很强的抗干扰能力,因此可以有效避免后向光路中大气湍流造成的影响。另外,探测器的位置也就不会对相干合成造成影响了,只要能够收集到足够的目标散射光,就能实现阵列光束在目标上的相干合成。

表 9-2 相干合成和收音机中各功能模块对应关系

类比项目	收音机	合作目标相干合成	目标在回路相干合成
载波信号	电信号	调制后的光相位	调制后的光相位
调制信号	声音信号	相位噪声(放大器、发射端的机械振动和温度起伏)	相位噪声(放大器、发射端的机械振动和温度起伏、发射光路中的大气湍流)
发射装置	天线	针孔	目标靶面闪斑
传播信号	无线电信号	光强信号	光强信号
接收装置	天线	光电探测器	光电探测器
本振信号	与载波信号同频的电信号	与载波信号同频的电信号	与载波信号同频的电信号
用户	扬声器	相位调制器	相位调制器

通过上述的分析可知,基于优化算法的目标在回路相干合成技术可有效补偿发射光束中的大气湍流影响,而且控制算法不需要进行大规模修改。

2. 目标散射光探测装置灵敏度与目标距离的关系

如图 9-10 所示,在目标在回路相干合成中,相位控制信号的产生主要依据目标的后向散射光。在发射功率一定的情况下,随着光束传输距离的增加,到达发射端的后向散射光将越来越弱,这对目标散射光探测装置的灵敏度提出了较高要求,下面进行详细分析。设光束阵列输出功率为 P_t,损耗因子为 α,则有 $(1-\alpha)P_t$ 的功率到靶。不失一般性,设靶面为朗伯表面,反射率为 ρ,散射立体角为 $d\Omega_s$,则单位立体角内的反射能量为 $(1-\alpha)\rho P_t/d\Omega_s$。若发射平面到靶面距离为 d,探测器入射光阑半径为 r,则探测器可以收集到的能量为

$$P_c = \frac{(1-\alpha)\rho P_t}{d\Omega_s} \cdot \frac{\pi r^2}{d^2} \tag{9-12}$$

如式(9-12)所示,探测器收集到的光能量与距离 d 的平方成反比,与入射光阑半径平方和靶面漫反射率成正比。若探测器的通量阈为 Φ_t,则必须使 $P_c > \Phi_t$,才能使探测器正常工作。因此,在实际情况中,必须根据发射功率、距

离 d、大气透过率情况和目标反射情况选择合适的透镜尺寸和探测器,以满足相干合成的需求。

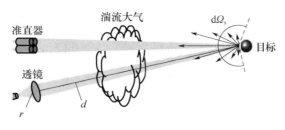

图 9 – 10　目标在回路相干合成信号探测原理

3. 大气湍流对发射距离的影响

在采用主动相位控制相干合成方法进行大气湍流补偿时,并不是在任何距离上都可以进行。假设相干合成系统每执行一次反馈控制的时间为 t_{rt},系统相位噪声的特征频率为 f,f 是指光源相位噪声和大气湍流相位噪声特征频率中的较大值,若补偿一次相位误差平均需要 N 次反馈控制,那么所能补偿的相位噪声频率 f 与执行一次反馈控制的时间 t_{rt} 之间的关系为

$$Nt_{rt} < \frac{1}{f} \tag{9-13}$$

式(9 – 13)表达了这样一个含义,系统补偿一次相位改变所用的时间必须小于相位噪声的周期,否则系统将无法有效校正系统中的相位误差。而反馈控制时间由两部分组成,算法运算时间 t_a 和光束传输时间 $\frac{2d}{c}$。那么,式(9 – 13)变为

$$N\left(t_a + \frac{2d}{c}\right) < \frac{1}{f} \tag{9-14}$$

对式(9 – 14)进行变形,得

$$d < \frac{(1 - Nt_a f)c}{2Nf} \tag{9-15}$$

和

$$f < \frac{c}{N(ct_a + 2d)} \tag{9-16}$$

可见,系统能补偿的相位噪声频率与发射平面到靶面的距离成反比关系,即发射距离越近所能补偿的相位噪声频率越高。根据上述公式,对通常情况下的发射距离进行计算。不失一般性,假设整个系统的相位噪声特征频率为 1kHz,补偿一次误差需要反馈次数 N 取为 5,且不计算法运算时间,得

$$d < \frac{c}{2Nf} = \frac{3 \times 10^8}{2 \times 5 \times 1000} = 3 \times 10^4 \text{m} \tag{9-17}$$

此时,可以计算出激光在发射平面和靶面之间往返一次的时间为2ms,这对于当前电路的运算时间0.01ms而言,运算时间是可以忽略不计的。另外,可以得到如下结论:发射距离越远,所能补偿的相位噪声频率越低。

9.3.2 目标在回路相干合成技术试验研究

由于目标在回路相干合成试验需要进行长距离传输,且系统较为复杂,因此真实场景中的试验较少,公开报道中仅有美国陆军试验室进行了两次7km目标在回路相干合成试验,其他试验均为试验室内的模拟试验,本节主要对美国陆军试验室的两次试验进行详细介绍。

1. 7路目标在回路相干合成试验

2011年,美国陆军实验室Vorontsov等进行了距离长达7km的目标在回路相干合成试验[34]。试验系统主要由五部分组成:①基于单模保偏光纤器件的7通道主振荡功率放大器(MOPA)系统;②可实现电控偏转的光纤准直器阵列;③位于7km靶点处的角锥反射器;④用于测量目标回波的接收望远镜;⑤可同时实现活塞和倾斜像差补偿的控制单元。其中,MOPA系统输出激光波长为1064nm,线宽约为5kHz,输出总功率12mW,并集成有电控相位调制器。MOPA系统输出光纤模场直径为7μm,直接连接光纤准直器阵列。单个光纤准直器的通光孔径尺寸为33mm,焦距为174mm,两孔径间距为37mm,准直器阵列外径尺寸为107mm。每一个光纤准直器的输入光纤均被安装在一个可由压电陶瓷驱动的支架上,可在竖直、水平两个方向上分别移动±35μm,对应于输出激光的偏转范围为±0.2mrad。试验系统的工作原理如图9-11(a)所示,激光器输出激光经光纤分束器后分为7路(图中只给出了3路),之后经相位调制器和光纤准直器阵列后输出到空间。图中的光纤驱动器用于实现光束的偏转控制,补偿倾斜像差,指向望远镜用于试验开始前的目标瞄准。光纤准直器输出的阵列光束在大气中传播7km后到达目标,目标为一角反射器,用于提高目标的后向反射光功率,以便发射端的回光接收望远镜提供足够强的回光信号。靶点相机用于试验时远场光斑的采集,而漫反屏和反射带(retro-tape)用于配合目标处光斑的采集和试验效果诊断。目标反射光经过7km的大气传输到发射端口径约20cm接收望远镜中,聚焦后分别输入到光电探测器和CCD相机中。光电探测器用于将接收的到回光信号转换为电信号,输出到相位控制单元,该单元据此计算出相应的活塞和倾斜相位补偿信号分别输出到相位调制器和光纤驱动器,实现相位误差的实时补偿。CCD相机可用于调节接收望远镜瞄准目标。试验中,发射装置与接收望远镜的实物及相对位置如图9-11(b)所示。

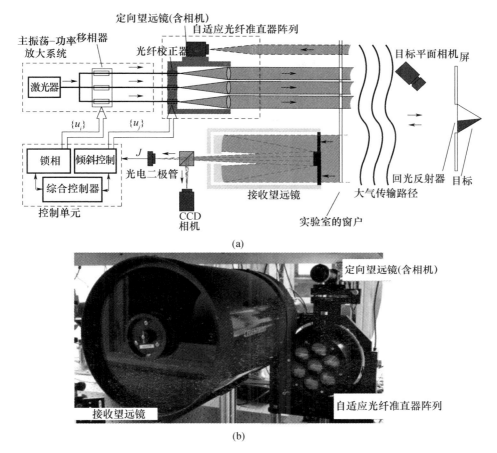

图 9 - 11 7km 目标在回路相干合成试验系统
(a) 试验系统工作原理;(b) 发射装置与接收望远镜的实物及相对位置。

试验中,采用 SPGD 算法实现阵列光束活塞像差和倾斜像差的同时补偿,两像差的补偿采用两个并行工作的控制子系统,它们的迭代速率相差约 48 倍。倾斜控制系统的硬件由一台计算机、一张 24 通道的模拟 I/O 接口卡和一套 ±70V 的高压放大器组成。

试验结果如图 9 - 12 所示,由图 9 - 12(b)、(c) 可见,系统闭环时,远场光斑的能量集中度有明显提高,说明目标在回路相干合成技术可有效补偿大气湍流造成的相位误差。与之对应,发射端接收望远镜输出的光信号功率在开闭环情况下也有明显变化,闭环情况下接收到的光功率较开环时提高了至少 4 倍(采用传统 SPGD 算法)到 7 倍(采用延迟 SPGD 算法)。

2. 21 路目标在回路相干合成试验

在 7 路目标在回路相干合成试验的基础上,美国陆军实验室于 2014 年、

2015年又开展了21路光纤激光的目标在回路相干合成试验[35,36]。如图9-13所示,试验方案与上次实验基本相同,只是在如下方面进行了改进:①光束数量增加到了21路;②每一路光束增加了光纤放大器;③回光接收望远镜由原来的独立大望远镜变为集成到发射装置上的小望远镜;④目标处的反射装置由原来的角反射器变为图示的猫眼反射器。猫眼反射器由一面凸透镜和一面分光镜组成,分光镜位于透镜的焦点处,将90%的光反射回去,10%的光透过。其余设备参数与之前试验基本相同。

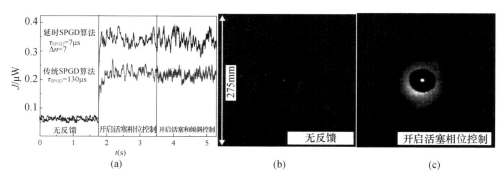

图9-12 美国陆军试验室7km目标在回路试验结果

(a)开闭环时域曲线;(b)开环远场光斑;(c)闭环远场光斑。

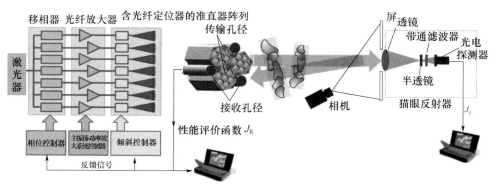

图9-13 21路目标在回路相干合成试验系统

试验结果如图9-14和图9-15所示。图9-14为相位控制系统开闭环情况下目标处的桶中功率曲线。系统闭环时将目标处的桶中功率提高到了开环时的16.3倍,已经十分接近理想值18.5(理想值18.5倍是完全相干阵列光束在真空中传播7km后,目标处23mm内的桶中功率与非相干合成时的桶中功率的比值)。

图9-15为相位控制系统开闭环情况下远场光斑250帧长曝光图。当系统开环时,长曝光光斑尺寸已经超过图片尺寸17.8cm,而且在图中基本无法看到

光斑。当系统闭环时,光能量基本聚集在猫眼目标附近,光束宽度接近衍射极限 6cm。图 9-15(c)给出了两种情况下光斑的截面图,可清晰看到,闭环时的能量集中度获得了明显提高。

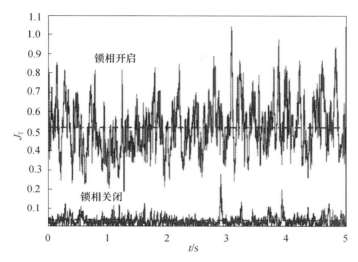

图 9-14　相位控制系统开闭环情况下目标处的桶中功率曲线

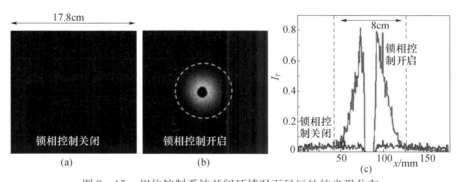

图 9-15　相位控制系统开闭环情况下目标处的光强分布
（a）系统开环时目标处的光强分布；（b）系统闭环时目标处的光强分布；
（c）系统开/闭环时目标处的光斑截面图。

在国内,中国科学院光电所以及笔者课题组分别开展了实验室环境内模拟目标在回路的相干合成试验[37-39]。图 9-16 是笔者课题组开展的 9 路 10W 级目标在回路相干合成试验装置示意图[39]。经准直器输出的光束传输 10m 后经高反镜反射到目标上,高反镜透射的微弱光束被分为两部分:一部分进入 CCD,用于诊断合成后光束远场光斑的空间分布形态;另一部分进入带针孔的光电探测器,用于诊断合成光束远场光斑上光强极大值点的光强随时间的变化关系。在光纤准直器附近设置会聚透镜和光电探测器(PD1)用以收集目标的散射光,从中提取相位控制信号。试验中目标为一个直径约 30mm、高 20mm,表面粗糙的铝质圆柱体。

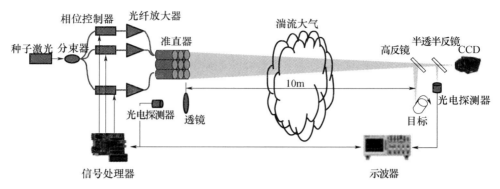

图 9-16　9 路 10W 级目标在回路相干合成试验装置

采用单频抖动法进行相位控制,获得了如图 9-17 所示的试验效果。当系统开环时,远场长曝光光斑如图 9-17(a)所示,条纹对比度为 0,当系统闭环时,远场长曝光光斑如图 9-17(b)所示,条纹对比度达到 75%。

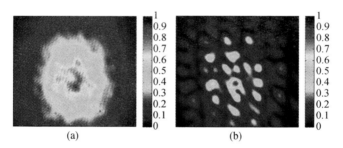

图 9-17　9 路光束目标在回路相干合成远场光斑
(a) 开环;(b) 闭环。

综上所述,目标在回路相干合成技术可有效补偿大气湍流造成的相位误差,使相干合成阵列光束在目标上获得良好的能量集中度。目前,这一技术的相关研究仍处在起步阶段,是阵列光束相干合成技术下一步研究的重点之一。

9.4　热晕对阵列光束相干合成的影响

关于热晕对光束传输效果的影响,国内外研究人员已经建立了较为完整的理论模型和数值计算方法,并获得了大量的重要成果,但大多是针对单光束完成的,对于光纤激光相干合成方面的研究并不多见。美国海军研究实验室和笔者课题组分析研究了单束激光准直发射系统的热效应对激光光束质量的影响[40,41]。美国空军技术研究所开展了热晕对光纤激光阵列传输影响的理论研究:为了评估预期定向能系统的性能,他们开发了多个模型程序以适应不同的使用环境,高能激光点对点操作仿真(high energy laser end-to-end operational simulation)模型就是其中之一,模型中包含了典型的气候学数据库,从而可以有效仿真高能激光在大气中的传输。基于上述模型,美国科研人员计算了6路相干合成光束在大气传输中的热晕效应[42,43]。仿真中的参数设置如下:

激光波长:1.06μm;子孔径排列:6路圆形子光束六角密积排列(图9-18),填充因子为53%;气候条件:1976美国标准大气、MODTRAN定义的热带气候;MODTRAN定义的洁净的乡村海洋型气溶胶;0.5倍Hufnagel Valley 5/7光学湍流;Bufton型风,表面速度为4m/s和10m/s,在所有情况中风自西向东吹;传输场景(空地);发射平台高度:3000m;目标高度:10m;斜程:10000m;平台速度:100m/s;平台真航向:090;目标速度:10m/s;目标真航向:090;目标相对方位角:0°。

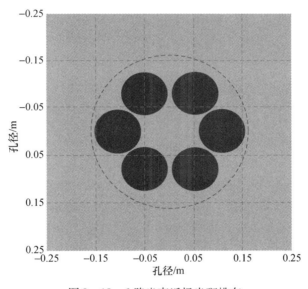

图9-18 6路光束近场光斑排布

图9-18中单光束尺寸约为10cm,阵列光束尺寸约为30cm。仿真结果如图9-19~图9-22所示,图中远场光斑均为仿真开始后10~125ms的平均结果,去掉前10ms的数据是为了避免瞬态影响,取长时间平均结果是为了消除误差影响,使仿真结果更加可靠。其中,图9-19为相干度为1、倾斜误差为0时的仿真结果;图9-20为相干度为0、倾斜误差为0时的仿真结果;图9-21为相干度为0.5、倾斜误差为0.5时的仿真结果;图9-22为相干度为0、倾斜误差为1时的仿真结果。在图9-19~图9-22中,图(a)均为理想情况下的远场相干

合成光斑,作为其他情况的对比标准;图(b)为引入相位误差时的仿真结果,引入的相位误差由相干度和倾斜误差表征;图(c)为在图(b)的基础上引入中等强度大气湍流和消光效应时的仿真结果;图(d)为在图(c)的基础上引入热晕的仿真结果。

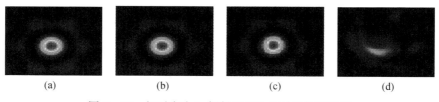

图 9 – 19　相干度为 1、倾斜误差为 0 时的仿真结果

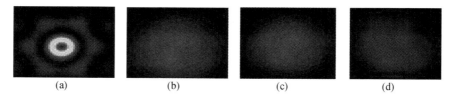

图 9 – 20　相干度为 0、倾斜误差为 0 时的仿真结果

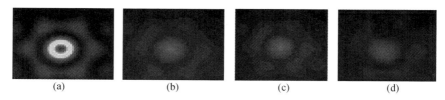

图 9 – 21　相干度为 0.5、倾斜误差为 0.5 时的仿真结果

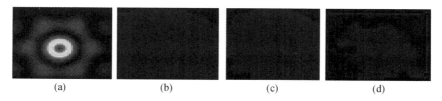

图 9 – 22　相干度为 0、倾斜误差为 1 时的仿真结果

表 9 – 3 给出了图 9 – 19 ~ 图 9 – 22 各种情况下远场光斑桶中功率的定量结果,其中桶中功率定义为理想情况下远场光斑(图 9 – 19(a))中央主瓣尺寸内的功率值。对于图 9 – 19 所示情形,由于相干度为 1、倾斜误差为 0,含相位误差情况(图 9 – 19(b))与理想情况(图 9 – 19(a))相同,在引入大气湍流和消光效应后,合成效果有所下降(图 9 – 19(c)),但由于图片曝光时间较短,此时引入的中等强度

大气湍流和消光效应并未对合成效果造成严重影响,桶中功率仍可达到98.9%,当引入热晕效应后,PIB大幅下降至52.5%,远场光斑明显变差(图9-19(d))。图9-20为完全非相干情况,热晕的引入仍然导致了远场光斑桶中功率的大幅下降,由未引入前的46.7%降至29.4%。对于图9-21和图9-22所示的情形,热晕均对合成效果产生了严重影响。

表9-3 远场光斑桶中功率

相干度	倾斜误差	理想情况/%	仅含相位误差/%	含相位误差、湍流和消光效应/%	含相位误差、湍流、消光效应和热晕/%
1	0	100	100	98.9	52.5
0	0	100	50.8	46.7	29.4
0.5	0.5	100	32.1	31.7	20.7
0	1	100	11.0	9.7	6.2

由计算结果可以看出,如传输过程中产生热晕效应,将会对相干合成效果产生显著影响。目前,关于热晕对相干合成的研究尚不深入,在后续工作中,需进一步完善相关理论和数值算法,并寻找有效的补偿方案。

参考文献

[1] 宋正方. 应用大气光学基础[M]. 北京:气象出版社,1990.
[2] 周仁忠. 自适应光学[M]. 北京:北京理工大学出版社,1996.
[3] 吕百达. 强激光的传输与控制[M]. 北京:国防工业出版社,1999.
[4] Tatarskii V I. Wave Propagation in a Turbulent Medium[M]. New York:McGraw-Hill,1961.
[5] Chernov L A. Wave Propagation in a Random Medium[M]. New York:McGraw-Hill,1960.
[6] Vorontsov M A,Kolosov V. Target-in-the-loop beam control:basic considerations for analysis and wave-front sensing[J]. J. Opt. Soc. Am. A,2005,22(1):126-141.
[7] Piatrou P,Roggemann M. Beaconless stochastic parallel gradient descent laser beam control:numerical experiments[J]. Appl. Optics,2007,(46):27,6831-6842.
[8] Lane R G, Glindemann A, Dainty J C. Simulation of a Kolmogorov phase screen.[J]. Waves Random Media,1992(2):209-224.
[9] Recolons J, Dios F. Accurate calculation of phase screens for the modelling of laser beam propagation through atmospheric turbulence[J]. Proc. of SPIE,2005,5891(589107).
[10] Knepp D L. Multiple phase-screen calculation of the temporal behavior of stochastic waves[J]. Proc. IEEE,1983(71):722-737.
[11] 张慧敏,李新阳. 大气湍流畸变相位屏的数值模拟方法研究[J]. 光电工程,2006,33(1):14-19.
[12] Mcglamery B L. Restoration of turbulence-degraded images[J]. J. Opt. Soc. Am,1967,57:293-297.
[13] Fleck J A,Morris J R,Feit M D. Time-dependent propagation of high energy laser beams through the atmosphere[J]. Appl. Phys,1976,10:129-160.

[14] Yan Haixing. Numerical simulation of an adaptive optics system with laser propagationin the atmosphere [J]. Appl. Optics,2000,39:3023 - 3031.

[15] Noll R J. Zernike polynomials and atmospheric turbulence [J]. J. Opt. Soc. Am,1976,66:207 - 211.

[16] Roddier N. Atmospheric wave - front simulation using Zernike polynomial [J]. Opt. Eng,1990,29: 1174 - 1180.

[17] Roggemann M C,Welsh B M. Imaging through Turbulence [M]. New York:CRC Press,1995.

[18] Andrews L C,hillips R L. Laser Beam Propagation through Random Media[M]. Second Edition:Bellingham:SPIE Press,2005.

[19] Wang S C H,Plonus M A. Optical beam propagation for a partially coherent source in the turbulent atmosphere[J]. J. Opt. Soc. Am. ,1979,69(9):1297 - 1304.

[20] Gbur G,Korotkova O. Angular spectrum representation for the propagation of arbitrary coherent and partially coherent beams through atmospheric turbulence[J]. J. Opt. Soc. Am. A,2007,24:745 - 752.

[21] Arpali Ç, Arpali S A, Baykal Y,et al. Intensity fluctuations of partially coherent laser beam arrays in weak atmospheric turbulence[J]. Appl. Phys. B,2011,103:237 - 244.

[22] Gu Y,Gbur G. Reduction of turbulence - induced scintillation by nonuniformly polarized beam arrays[J]. Opt. Lett. ,2012(37):1553 - 1555.

[23] Cai Y,Chen Y,Eyyuboglu H T,et al. Propagation of laser array beams in a turbulent atmosphere [J]. App. Phy. B,2007,88:467 - 475.

[24] Chu X,Liu Z,Wu Y. Propagation of a general multi - Gaussian beam in turbulent atmosphere in a slant path [J]. J. Opt. Soc. Am. A,2008,25(1):74 - 79.

[25] Zhu Y,Zhao D,Du X. Propagation of stochastic Gaussian - Schell model array beams in turbulent atmosphere [J]. Opt. Express,2008,16,18437 - 18442.

[26] Ji X, Pu Z. Angular spread of Gaussian Schell - model array beams propagating through atmospheric turbulence [J]. Appl. Phys. B,2008,93:915 - 923.

[27] Gu Y,Gbur G. Scintillation of Airy beam arrays in atmospheric turbulence[J]. Opt. Lett. ,2010,35: 3456 - 3458.

[28] Zhou Pu, Ma Yanxing, Wang Xiaolin,et al. Average spreading of a Gaussian beam array in non - Kolmogorov turbulence [J]. Opt. Lett. ,2010,35(7):1043 - 1045.

[29] Nelson W,Sprangle P,Davis C C. Atmospheric propagation and combining of high - power lasers[J]. Applied Optics,2016,55(7):1757 - 1764.

[30] O'Meara T. The multidither principle in adaptive optics [J]. J. Opt. Soc. Am. ,1977,67(3): 306 - 315.

[31] Bridges W B,Brunner P T,Lazzara S P,et al. Coherent optical adaptive techniques [J]. Appl. Optics, 1974,13(2):291 - 300.

[32] 马阎星. 光纤激光抖动法相干合成技术研究[D]. 长沙:国防科学技术大学,2012.

[33] 陈才和. 光纤通信[M]. 北京:电子工业出版社,2004.

[34] Thomas Weyrauch, Vorontsov Mikhail A, Carhart Gary W,et al. Experimental demonstration of coherent beam combining over a 7km propagation path [J]. Opt. Lett. ,2011,36(22):4455 - 4457.

[35] Thomas Weyrauch, Vorontsov Mikhail A,Vladimir Ovchinnikov,et al. Atmospheric Turbulence Compensation and Coherent Beam Combining over a 7km Propagation Path Using a Fiber - Array System with 21 Sub - apertures [C]//Conference of Imaging and Applied Optics of OSA. Arlington,2014.

[36] Weyrauch Thomas, Vorontsov Mikhail A, Manganom Joseph,et al. Experimental deep turbulence effects

mitigation with coherent combining of 21 laser beams over 7 km[J]. Opt. Lett.,2016,41:4.

[37] 耿超,李新阳,张小军,等. 基于目标在回路的三路光纤传输激光相干合成实验[J],物理学报,2012,61(3):034204.

[38] Tao R, Ma Y, Si L, et al. Target-in-the-loop high-power adaptive phase-locked fiber laser array using single-frequency dithering technique[J]. Appl. Phys. B,2011,105:285-291.

[39] Ma Yanxing, Zhou Pu, Tao Rumao, et al. Target-in-the-loop coherent beam combination of 100 W level fiber laser array based on an extended target with a scattering surface[J]. Optics Letters,2013,38:1019-1021.

[40] Penano J, Sprangle P, Ting A, et al. Optical quality of high-power laser beams in lenses[J]. J. Opt. Soc. Am. B,2009,26,3:503-510.

[41] 陶汝茂,司磊,马阎星,等. 高能光纤激光经准直系统后的光束质量研究[J]. 物理学报,2011,60,10:104208.

[42] Leakeas Charles L, Bartell Richard J, Krizo Matthew J, et al. Effects of Thermal Blooming on Systems Comprised of Tiled Subapertures[C]. Proc. of SPIE,2010,7685:76850M.

[43] Spencer Mark F, Hyde Milo W. IVa Phased beam projection from tiled apertures in the presence of turbulence and thermal blooming[C]. Proc. of SPIE,2013,8877:887703.

第 10 章 应用扩展

本书前面章节的内容主要面向高平均功率光纤激光相干合成,参与合成的单元光束主要是掺稀土离子光纤放大器。实际上,相干合成技术还可以广泛应用于其他类型的光纤激光和超短脉冲激光,并与特殊光束产生、激光相控阵等其他技术领域融合,促进了相关交叉学科的发展。本章介绍一些相干合成的其他应用。

10.1 新型激光光源的相干合成

10.1.1 变频激光的相干合成

掺稀土离子光纤激光器输出波长范围有限,不能满足某些对波长有特殊要求的应用场合。非线性效应能够扩展输出激光的波长范围,如二次谐波产生(SHG)、光学参量振荡(OPO)和拉曼放大器等。但是,非线性频率变换激光的输出功率也受到各种因素的限制。例如,二次谐波产生与OPO同属晶体的二阶非线性光学现象,常见的非线性晶体无论是在物理损伤阈值,还是在热性能或力学性能上均远逊于激光介质材料,限制了此类激光器的发展。相干合成技术可以应用于这些场合,提升激光系统的输出功率。

1. 二次谐波激光

二次谐波频率变换中,频率为 ω_1 的基频光入射无损耗非线性介质后,会产生频率为 $\omega_2 = 2\omega_1$ 的基频光。同时,二次谐波(倍频光)相位由基频光完全确定,这可以定性地理解为二次谐波的相位取决于非线性极化过程,而非线性极化过程即是基频光电场矢量与介质间的相互作用,当介质属性保持不变时,二次谐波的相位完全取决于基频光[1],因此可以通过对基频光的相位控制来实现倍频光的同相输出[2-4]。2011 年,笔者所在课题组通过锁定基频光相位实现了二次谐波的相干合成[2]。

2. 光学参量振荡激光

OPO 频率变换中,对于一个由频率为 ν_p 的激光作为泵浦光产生的 OPO。根据光子能量守恒原理有 $\nu_p = \nu_s + \nu_i$,其中 ν_s 和 ν_i 为信号光和闲频光的频率。假设泵浦光、信号光和闲频光的电场分别表示为 $E_p\cos(2\pi\nu_p t+\varphi_p)$，$E_s\cos(2\pi\nu_s t+\varphi_s)$ 和 $E_i\cos(2\pi\nu_i t+\varphi_i)$，则它们的相位满足

$$\varphi_p = \varphi_s + \varphi_i + \pi/2 + 2n\pi \qquad (10-1)$$

式中：n 为整数，信号光和闲频光之间的相位差 $\varphi_s - \varphi_i$ 可以任意取值。对于简并的二分频 OPO，消偏的信号光和闲频光不可区分，使 $\varphi_s = \varphi_i$，因此式（10-1）可以表示为

$$\varphi_p = 2\varphi_{s,i} + \pi/2 + 2n\pi \qquad (10-2)$$

此外，当泵浦光的相位改变 π（符号改变），$\varphi_s - \varphi_i$ 改变 2π，同样满足式（10-2）。需要指出的是，OPO 和泵浦光之间的相位相干性是确定的（自相位锁定），这种相位相干性使 OPO 频率变换激光的相干合成具有可行性[5]。2012 年，美国斯坦福大学实现了两路锁模激光器泵浦 OPO 的相干合成[6]。2014 年，俄罗斯科学院实现两路光学参量放大飞秒激光相干合成，合成后激光脉宽为 49fs，单脉冲能量 50μJ；图 10-1 为单路激光以及相干合成后远场光强分布[7]。

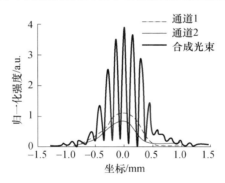

图 10-1　两路光学参量放大飞秒激光相干合成实验结果

10.1.2　拉曼激光的相干合成

在受激拉曼放大器中，拉曼激光同样可以保持信号激光的相位特性，因此可以通过控制各路拉曼放大器的信号光的相位，实现对放大后的拉曼激光的相位锁定。2009 年，欧洲南方天文台等为了提供足够的 1178nm 单频激光以倍频产生纳黄光，对 2 路 1178nm 拉曼放大器进行了相干合成[8]，输出功率分别控制到 29.5W，合成效率大于 95%，合成光束的线宽小于 1.5MHz，实现了高功率单频拉曼激光输出。2010 年，他们将合成路数提高到 3 路，以 95% 的合成效率获得了约 60.6W 的 1178nm 单频拉曼激光[9]。

10.1.3　其他类型激光的相干合成

在 1μm 波段光纤激光相干合成的技术基础上，研究人员还将相干合成技术

运用于多种类型的激光器,用以提升输出功率。

在 2μm 波段,笔者课题组于 2010 年实现了主动相位控制和被动相位控制掺铥光纤激光相干合成[10];近年来,捷克、德国等国家的科研人员也相继实现了掺铥光纤激光高平均/峰值功率相干合成输出[11-13]。量子级联激光器可以实现中红外波段激光输出,是近年来半导体激光技术领域的研究热点。美国麻省理工学院、法国国家科研院已经成功实现多路量子级联激光相干合成[14-16]。2014年,德国科研人员实现了棒状晶体激光相干合成[17]。除此之外,相干合成还被用于频率梳领域,用以提升系统性能[18]。

10.2 超短脉冲激光的相干合成

在相干合成的研究初期,研究人员重点关注的是连续波激光相干合成。随着技术的成熟以及工业、国防等领域对高峰值功率激光需求的不断提升,脉冲激光相干合成近年来成为激光技术领域的热点[19-34]。主要研究单位有德国耶拿大学、法国国家航天航空研究中心、法国巴黎大学、美国 Northrop Grumman 公司、美国密歇根大学等。2014 年,德国耶拿大学报道了 4 路飞秒激光相干合成,输出平均功率 230W,峰值功率达 22GW,脉冲能量 5.7mJ,如图 10-2 所示。这是目前脉冲光纤激光相干合成领域最具代表性的研究成果[29]。

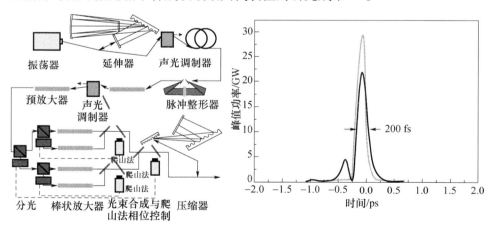

图 10-2 4 路飞秒激光相干合成系统结构及合成后激光时域特性

随着超短脉冲光纤激光及其相干合成技术的发展,国际相干放大网络工程(ICAN)[35-37]计划采用数以千记的光纤激光器进行相干合成,将脉冲峰值功率从目前的吉瓦量级增加到十太瓦或百太瓦量级,作为下一代粒子加速器的驱动源。相干激光放大网络系统的原理如图 10-3 所示。脉冲种子激光①首先进行脉冲展宽②,然后分成多路③,每一路经过多级放大,最后一级产生脉冲能量约

1mJ 的高重频脉冲激光④。所有激光再合为一束,再经过脉冲压缩⑤和聚焦⑥,从而产生重频约 10kHz、脉冲能量大于 10J 的超短脉冲⑦。

图 10-3　加速器中光纤激光系统示意图

ICAN 技术团队包括法国巴黎综合理工学院、德国耶拿大学夫琅禾费学院、英国南安普敦大学应用物理学院和欧洲粒子物理研究所,以及美国费米实验室、美国密歇根大学、英国牛津大学、德国 MPQ、法国 Thales、法国 ONERA、法国光学研究会和日本 KEK 等 13 个顶尖机构的相关专家。近年来,ICAN 团队多次召开研讨会,针对超大光纤激光相干阵列展开广泛讨论,其目的就是利用光纤激光相干阵列为未来激光加速器提供高能、高平均功率的超短激光光源。

除了 ICAN 团队,俄罗斯科学院也启动了基于多路参量放大激光相干合成,产生了 $10^{25}\text{W}/\text{cm}^2$ 超强场激光的研究计划[38-41],其系统设计结构如图 10-4 所示。

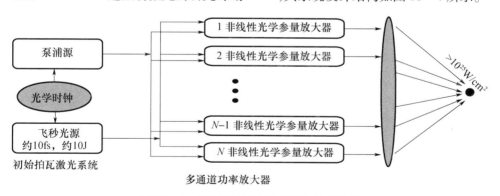

图 10-4　PW 级强场激光系统结构示意图

10.3　特殊光束产生及其他应用

10.3.1　涡旋光束

涡旋光束是指具有连续涡旋状相位分布的光束,光束的波阵面既不是平面,也不是球面,而是呈旋涡状,具有奇异性。涡旋光束的涡旋中心是一个暗核,光强为 0,在传输过程中也保持中心光强为 0。光学涡旋具有广泛的应用潜力,如高分辨率荧光显微镜、量子纠缠、光学微控、光学散斑场、光控开关、信息传递和非线性光学等。涡旋光束可以通过多种方法产生,主要包括利用涡旋相位板、全息光栅、模式转换器和自适应螺旋镜等。

2009 年,浙江大学 Wang 等提出了利用相干合成获得涡旋光束的方法[42]。将高斯光束径向对称排列成环形,各子光束的初始相位锁定到不同值,如图 10-5(a)所示。在传输距离为 0 时,子光束之间是完全分开的,但是随着传输距离的增加,子光束之间发生干涉,相位分布也发生变化,其演化过程揭示了强度演化的物理本质。合成光束的中心处存在一个相位奇点,在其周围相位在 $0 \sim 2\pi$ 之间变化,如图 10-5(c)、(d)所示。

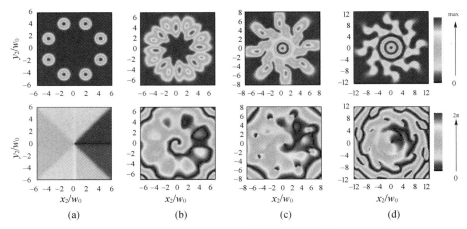

图 10-5 强度(上)和相位(下)随着传输距离的演化($Z_r = k\omega_0^2/2$)

(a) $z=0$;(b) $z=2Z_r$;(c) $z=5Z_r$;(d) $z=10Z_r$。

10.3.2 径向/角向偏振空心光束

径向偏振和角向偏振的空心光束以其特有的对称性和聚焦特性已经用于高分辨率成像、粒子操控、遥感、自由空间光通信等各个领域[43]。目前,研究人员已经提出了很多产生上述两种光束的方法,大体可以分为两类:第一类方法是在激光谐振腔内插入内腔器件,使激光以径向偏振或角向偏振的模式振荡。这种方法能够产生相对稳定的激光输出,但是需要特殊的内腔器件设计,这种内腔器件的设计和制作一般较复杂。另一类方法是在激光腔外插入特殊制作的外腔偏振器件,将激光器产生的线偏振光转化为所需的偏振态分布。

2012 年,笔者所在课题组采用光纤激光相干偏振合成系统产生了径向偏振和角向偏振光束[44]。实验中将一束单模光纤激光注入到少模光纤中,通过偏心熔接和偏振控制产生光斑分布均匀的线偏振 LP_{11} 模,两束 LP_{11} 模进行相干偏振合成,即可产生径向偏振和角向偏振的光束分布。产生径向偏振和角向偏振光束的原理如图 10-6 所示。

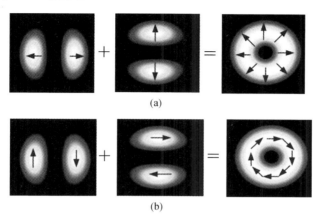

图 10-6　径向偏振和角向偏振光束产生原理图
(a)径向偏振光束产生原理;(b)角向偏振光束产生原理。

实验得到的光斑和偏振态分布如图 10-7 所示,径向和角向偏振光束的偏振纯度高于 97% 和 95%。

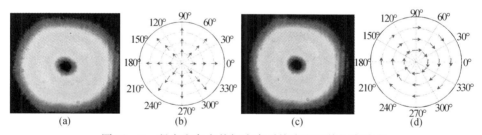

图 10-7　径向和角向偏振光束系统光斑和偏振态分布
(a)径向偏振光束系统光斑;(b)径向偏振态分布;(c)角向偏振光束系统光斑;(d)角向偏振态分布。

10.3.3　光纤激光雷达

光纤激光已广泛应用于测风雷达、慢光雷达等技术领域[45-47]。2015 年,法国航空实验室将 2 路相干合成的光纤激光集成到测风雷达系统,并进行了一系列性能指标测试,结果表明,运用了相干合成技术的雷达系统的精度和量程都得到了大幅提升[45]。2013 年,在 DARPA 相关项目的支持下,美国罗彻斯特大学成功地将相干合成技术运用到多通道光纤慢光雷达系统中[47],图 10-8 为 3 路相位锁定时远场强度分布。

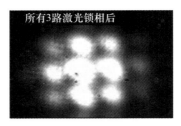

图 10-8 3 路慢光雷达相位锁定时远场光斑强度分布

10.4 光纤激光相控阵

激光相控阵一直是高能激光技术研究人员的梦想。近年来,随着光纤激光相干合成技术的不断成熟,这个梦想正在逐渐走向现实:用相干合成的光纤激光源替代传统的单台高能激光源,用基于光学相控阵的全电光束控制方法取代传统的机械转动控制方式,用优化式自适应光学技术代替传统的基于波前传感的自适应光学技术,这将对高能激光系统的发展带来革命性的影响。2005 年,美国 DARPA 提出了基于上述技术的高能激光系统新结构——自适应光子相位锁定单元(Adaptive Photonic Phase Locked Elements,APPLE)[48,49],并于 2006 年授予雷神公司巨额合同用于前期研发。空军研究实验室、陆军研究实验室、霍普金斯大学、加利福尼亚大学、佛罗里达中央大学等研究单位参与了该项目的研究。

典型的光纤激光相控阵系统结构如图 10-9 所示,种子激光经过预放后被分为多路光束,各光束依次经过控制器件、级联放大器后由分立的阵列发射望远镜发射。控制器件用于对光强、相位、偏振特性进行控制;放大器对各路激光进行功率放大。发射望远镜在发射激光的同时,从目标获取性能评价函数,并送入控制器中。控制器利用优化式自适应光学技术,同时实现光强均衡、相位锁定和偏振锁定,在目标靶面处实现多路光束的相干合成。

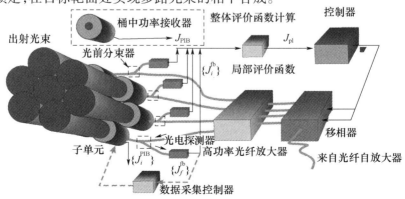

图 10-9 典型的光纤激光相控阵系统结构

图 10-10 为 APPLE 系统单元的内部结构及实物图。这种高能激光系统的光束发射是由若干个小望远镜单元实现,在每个望远镜内部都有大气扰动校正和光束控制的功能,同时各发射单元的激光来自相位锁定的光纤放大器。每个单元内部,自上而下,依次是相干合成模块、自适应光学模块和光束控制模块。其中自适应光学模块摒除了波前传感器。相干合成和自适应光学都利用 SPGD 算法,通过精密控制光纤尾端的三维空间位置和控制施加在液晶片上的电压来实现,而光束控制则由光学相控阵实现。

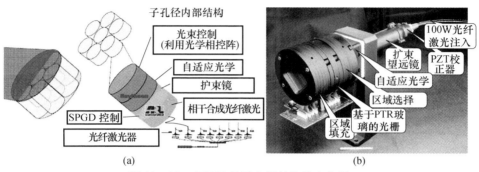

图 10-10 APPLE 单元内部结构及实物图

以 APPLE 系统为代表的高能激光相控阵系统具有以下特性:采用多个中等功率激光阵列相干合成的方法提高激光输出功率,采用全电光束扫描技术提高光束控制速度和精度,利用模块化的结构设计提高系统的稳定性和可维护性。该系统具有可定标放大属性多光束扫描能力,是下一代高能激光系统的有效选择方案[49]。

2011 年 2 月,DARPA 将 APPLE 计划更名为"亚瑟神剑"。"亚瑟神剑"的目标是研发高功率电可控光学相控阵,每个阵元由输出功率大于 3kW 光纤放大器和具备自适应光学补偿能力、大范围光束扫描能力的光束发射准直器阵列构成[50,51]。有媒体报道,在"亚瑟神剑"项目的支持下,万瓦级光纤激光相干合成已经实现[50],但目前未见技术细节披露。

2014 年,DARPA 计划启动 FLASH 计划(Scaling Fiber Arrays at Near Perfect Beam Quality),从任务来看是"亚瑟神剑"前沿研究的延续,其目标是开发输出功率 100kW 量级、近理想光束质量的高效率光学相控阵,使其能够部署在长航时和低空目标观察的飞机上,开发能够用于飞机上的小体积、高功率相控阵和超高带宽 TIL 光束合成技术,补偿大气湍流获得近理想光束,最终使激光系统能够满足不同场合的应用需求。

参考文献

[1] 李霄. 板条激光放大器相干合成技术研究[D]. 长沙:国防科学技术大学,2011.

[2] Li X, Xiao H, Dong X, et al. Coherent Beam Combining of Two Slab Laser Amplifiers and Second – Harmonic Phase Locking Based on a Multi – Dithering Technique[J]. Chin. phys. lett. ,2011,28(9):094210.

[3] Durécu A, Canat G, Le Gouät J, et al. Coherent combining of SHG converters[C]//CLEO:QELS_Fundamental Science. Optical Society of America,2014.

[4] Tradonsky C, Nixon M, Ronen E, et al. Conversion of out – of – phase to in – phase order in coupled laser arrays with second harmonics[J]. Photonics Research,2015,3(3):77 – 81.

[5] Zhang Peiqing, Guan Yefeng, Xie Xiangsheng, et al. Phase controlled beam combining with nonlinear frequency conversion[J]. Opt. Express,2010,18:2995 – 2999.

[6] Marandi A, Leindecker N C, Pervak V, et al. Coherence properties of a broadband femtosecond mid – IR optical parametric oscillator operating at degeneracy[J]. Opt. Express,2012,20(7):7255 – 7262.

[7] Vecheslav Leshchenko, Bagaev S, Trunov V, et al. Coherent combining of femtosecond pulses parametrically amplified in BBO crystals[J]. Opt. Lett. ,2014,39:1517 – 1520.

[8] Feng Y, aylor L RT, Calia D B. 25 W Raman – fiber – amplifier – based 589 nm laser for laser guide star [J]. Opt. Express,2009,17(21):19021 – 19026.

[9] Taylor L R, Feng Y, Calia D B. 50W CW visible laser source at 589nm obtained via frequency doubling of three coherently combined narrow – band Raman fibre amplifiers[J]. Opt. Express, 2010, 18(8): 8540 – 8555.

[10] Zhou P, Wang X, Ma Y, et al. Active and passive coherent beam combining of thulium – doped fiber lasers [C]//Photonics Asia 2010. International Society for Optics and Photonics,2010,784307:784307 – 9.

[11] Wang Xiong, Zhou Pu, Wang Xiaolin, et al. 108 W coherent beam combining of two single – frequency[J]. Laser Phys. Lett. ,2014,11:105101.

[12] Gaida C, Kienel M, Müller M, et al. Coherent combination of two Tm – doped fiber amplifiers[J]. Opt. Lett. ,2015,40:2301 – 2304.

[13] Honzatko P, Baravets Y, Todorov F, et al. Coherently combined power of 20 W at 2000 nm from a pair of thulium – doped fiber lasers[J]. Laser Physics Letters,2013,10(9):095104.

[14] Bloom G, Larat C, Lallier E, et al. Passive coherent beam combining of quantum – cascade lasers with a Dammann grating[J]. Optics Letters,2011,36(19):3810 – 3812.

[15] Saar, Brian G, Creedon Kevin, Missaggia Leo, et al. Coherent Beam – Combining of Quantum Cascade Amplifier Arrays[C]//CLEO:Science and Innovations,2015.

[16] Bloom, Guillaume, Larat Christian, Lallier Eric, et al. Coherent combining of two quantum – cascade lasers in a Michelson cavity[J]. Optics Letters,2010,35(11):1917 – 1919.

[17] Marco Kienel, Michael Müller, Stefan Demmler, et al. Coherent beam combination of Yb:YAG single – crystal rod amplifiers[J]. Opt. Lett. ,2014,39:3278 – 3281.

[18] Yang Kangwen, Li Wenxue, Shen Xuling, et al. Parallel fiber amplifiers with carrier – envelope drift control for coherent combination of optical frequency combs[J]. Laser Phys. ,2014,24:125101.

[19] Limpert J, Klenke A, Kienel M, et al. Performance Scaling of Ultrafast Laser Systems by Coherent Addition of Femtosecond Pulses[J]. IEEE J. Sel. Top. Quantum Electron. ,2014,20(5):1 – 10.

[20] Su R, Zhou P, Wang X, et al. High power narrow – linewidth nanosecond all – fiber lasers and their actively coherent beam combination[J]. IEEE J. Sel. Top. Quantum Electron. ,2014,20(5):0903913.

[21] Guichard Florent, Zaouter Yoann, Hanna Marc, et al. High – energy chirped – and divided – pulse Sagnac femtosecond fiber amplifier[J]. Optics Letters,2015,40(1):89 – 92.

[22] Daniault L, Hanna M, Lombard L, et al. Coherent beam combining of two femtosecond fiber chirped – pulse

amplifiers[J]. Opt Lett,2011,36:621-623.

[23] Zaouter Y,Daniault L,Hanna M,et al. Passive coherent combination of two ultrafast rod type fiber chirped pulse amplifiers[J]. Opt Lett,2012,37:1460-1462.

[24] Seise E,Klenke A,Breitkopf S,et al. 88 W 0.5 mJ femtosecond laser pulses from two coherently combined fiber amplifiers[J]. Opt Lett,2011,36:3858-3860.

[25] Palese S,Cheung E,Goodno G,et al. Coherent combining of pulsed fiber amplifiers in the nonlinear chirp regime with intra-pulse phase control[J]. Opt. Express,2012,20:7422-7435.

[26] Klenke A,Seise E,Demmler S,et al. Coherently-combined two channel femtosecond fiber CPA system producing 3 mJ pulse energy[J]. Opt Express,2011,19:24280.

[27] Palese S, Cheung E, Goodno G,et al. Coherent combining of pulsed fiber amplifiers in the nonlinear chirp regime with intra-pulse phase control[J]. Opt. Express,2012,20:7422-7435.

[28] Klenke A,Breitkopf S,Kienel M,et al. 530 W,1.3 mJ,four-channel coherently combined femtosecond fiber chirped-pulse amplification system[J]. Opt. Lett.,2013,38:2283-2285.

[29] Arno Klenke,Steffen Hädrich,Tino Eidam. 22 GW peak-power fiber chirped-pulse amplification system [J]. Opt. Lett.,2014,39:6875-6878.

[30] Boris Rosenstein,Avry Shirakov,Daniel Belker,et al. 0.7 MW output power from a two-arm coherently combined Q-switched photonic crystal fiber laser[J]. Opt. Express,2014,22:6416-6421.

[31] Chang W, Zhou T, Siiman L,et al. Femtosecond pulse spectral synthesis in coherently-spectrally combined multi-channel fiber chirped pulse amplifiers[J]. Opt. Express,2013,21:3897-3910.

[32] Guichard F, Zaouter Y, Hanna M,et al. Energy scaling of a nonlinear compression setup using passive coherent combining[J]. Opt. Lett.,2013,38:4437-4440.

[33] Su R, Zhou P, Wang X,et al. Active coherent beam combining of a five-element,800 watt nanosecond fiber amplifier array[J]. Opt. Lett.,2012,37(19):3978-3980.

[34] Su R, Zhou P, Ma Y,et al. 1.2 kW average power from coherently combined single-frequency nanosecond all-fiber amplifier array[J]. Appl. Phys. Express,2013,6(12):122702.

[35] Mourou G, Brocklesby B, Tajima T,et al. The future is fibre accelerators[J]. Nat. Photonics,2013,7(4):258-261.

[36] Brocklesby W S, Nilsson J, Schreiber T,et al. ICAN as a new laser paradigm for high energy,high average power femtosecond pulses[J]. Eur. Phys. J. Special Topics,2014,223:1189-1195.

[37] Rémi Soulard, Mark N. Quinn, Gérard Mourou. Design and properties of a Coherent Amplifying Network laser[J]. Appl. Opt. 2015,54:4640-4645.

[38] Leshchenko V E,Trunov V I,Frolov S A,et al. Coherent combining of multimillijoule parametric-amplified femtosecond pulses[J]. Laser Phys. Lett. 2014,11:095301.

[39] Bagayev S N,Trunov V I,Pestryakov E V,et al. Super-intense femtosecond multichannel laser system with coherent beam combining[J]. Laser Phys,2014,24:074016.

[40] Bagayev S N, Trunov V I, Pestryakov E V,et al. Optimisation of wide-band parametric amplification stages of a femtosecond laser system with coherent combining of fields[J]. Quantum Electronics. 2014,44:415-425.

[41] Leshchenko V E, Vasiliev V A, Kvashnin N L,et al. Coherent combining of relativistic-intensity femtosecond laser pulses[J]. Applied Physics B, 2015,118:511-516.

[42] Wang L G, Wang L Q,Zhu S Y. Formation of optical vortices using coherent laser beam arrays[J]. Opt. Commun.,2009,282(6):1088-1094.

[43] Zhan Qiwen. C Cylindrical vector beams:from mathematical concepts to applications[J]. Advances in optics and photonics,2009,1:1-57.

[44] Ma P, Zhou P, Ma Y, et al. Generation of azimuthally and radially polarized beams by coherent polarization beam combination[J]. Opt. Lett. ,2012,37 (13):2658-2660.

[45] Lombard L, Valla M, Planchat C, et al. Eyesafe coherent detection wind lidar based on a beam-combined pulsed laser source[J]. Opt. Lett. ,2015,40(6):1030-1033.

[46] Lombard L, Canat G, Durecu A, et al. Coherent beam combining performance in harsh environment[C]. Proc. of SPIE,2014,8961(896107):1.

[47] Vornehm J E, Schweinsberg A, Shi Z, et al. Phase locking of multiple optical fiber channels for a slow-light-enabled laser radar system[J]. Optics Express,2013,21:13095.

[48] Vorontsov M A. Adaptive photonics phase-locked elements (APPLE):system architecture and wavefront control concept [C]. Proc. of SPIE,2005,5895:589501.

[49] Dorschner T A. Adaptive photonic phase locked elements [C]//MTO Symposium,2007.

[50] DARPA extends laser weapon range. [EB/OL]. (2014-03-11)[2016-11-21]. http://optics.org/news/5/3/13.

[51] Coffey A C. New advances in application of high energy lasers[J]. Optics Photonics News, 2014, 10:28-35.

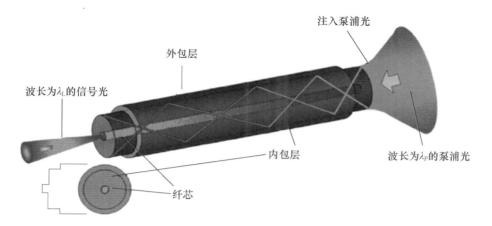

图 1-1 双包层光纤激光示意图

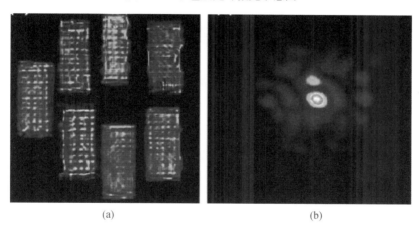

图 2-10 7 路万瓦级相干合成的试验结果

(a)7 路激光近场光强分布;(b)相干合成后的远场光斑。

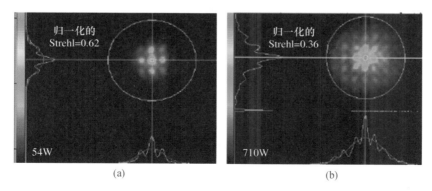

图 3-7 单模光纤滤波环形腔大功率放大器相干合成

(a)4 路 54W 输出;(b)4 路 710W 输出。

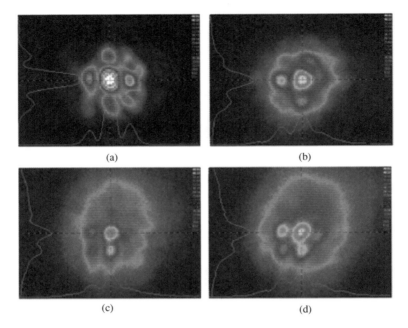

图 3-8 千瓦级单模光纤滤波环形腔大功率放大器相干合成试验结果
(a)100W;(b)500W;(c)800W;(d)1062W。

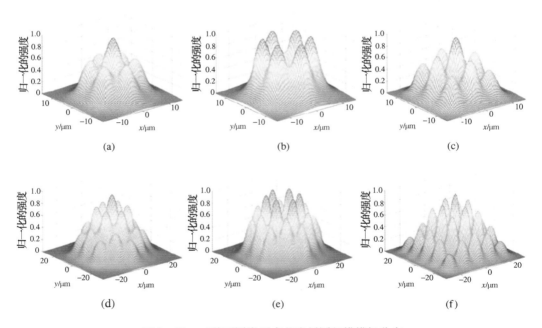

图 3-11 三种不同类型多芯光纤同相模模场分布
(a)类型1,$M=7$;(b)类型2,$M=6$;(c)类型3,$M=9$;
(d)类型1,$M=19$;(e)类型2,$M=18$;(f)类型3,$M=25$。

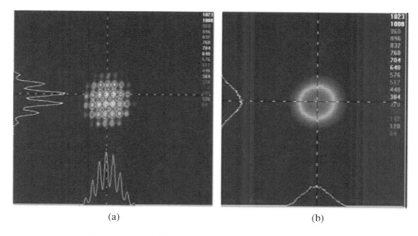

图 3-17　4 路自组织互注入式相干合成试验结果
(a)4 路激光自组织运行时远场光斑；(b)4 路激光自由运行时远场光斑。

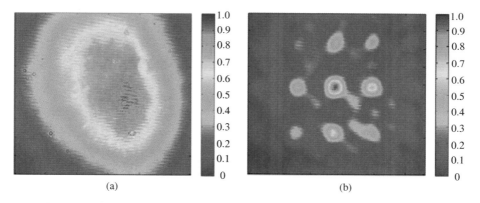

图 3-23　单频抖动法 9 路光纤激光相干合成 1.56kW 功率输出远场光斑形态
(a)开环；(b)闭环。

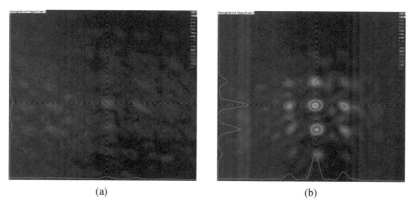

图 3-25　SPGD 法 9 路光纤激光相干合成 1.14kW 功率输出试验结果
(a)开环；(b)闭环。

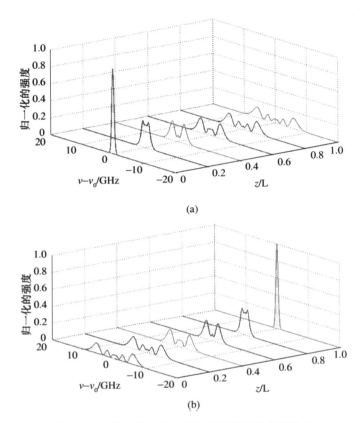

图4-19 脉冲激光在光纤中不同位置的光谱形状
(a) 未进行 SPM 预补偿;(b) 进行 SPM 预补偿。

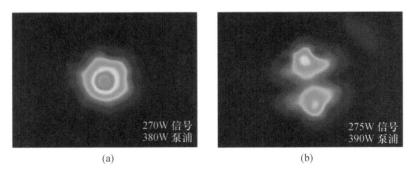

图5-1 模式不稳定现象出现后的近场光斑
(a) 模式不稳定未发生;(b) 模式不稳定发生。

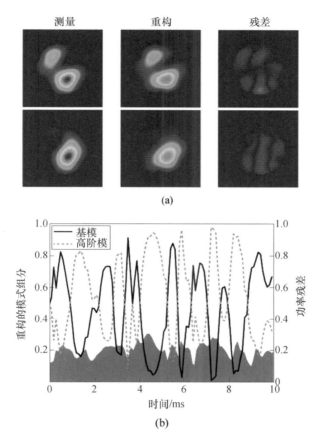

图 5-3 空域探测试验结果

(a) 模式重构结果;(b) 基模(FM)和高阶模(HOM)成分随时间变化。

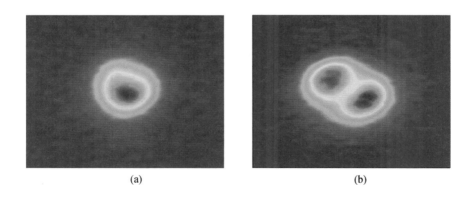

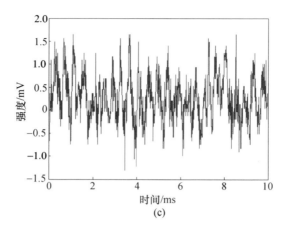

图 5-4 空间取样探测法

(a) 能量耦合到基模;(b) 能量耦合到高阶模;(c) 模式不稳定发生后的典型试验结果。

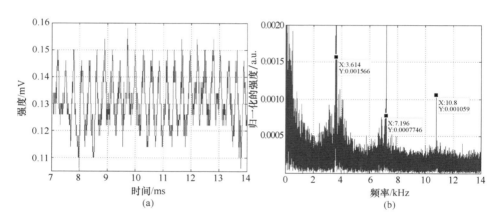

图 5-5 散射光探测的典型试验结果

(a) 时域特性;(b) 频域特性。

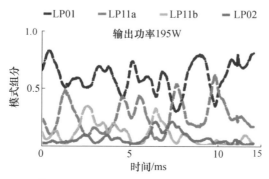

图 5-7 模式不稳定现象发生后输出光束模式成分随时间变化

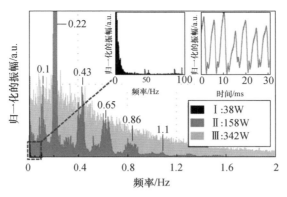

图 5-8 模式不稳定动态能量耦合的频谱分布

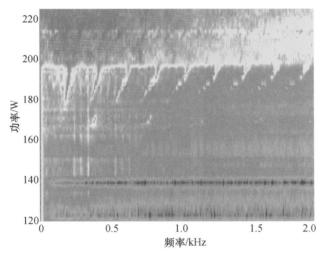

图 5-9 模式不稳定时域频谱分布随输出功率的变化

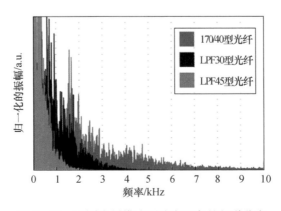

图 5-10 不同光纤模式不稳定现象的频谱分布

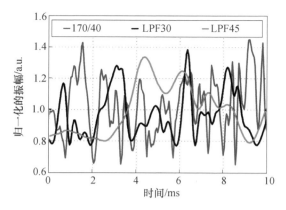

图 5-13 不同模场直径光纤中的模式不稳定时域特性

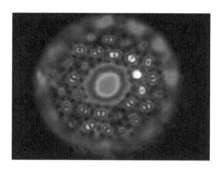

图 5-18 分布式模式过滤光纤近场光斑

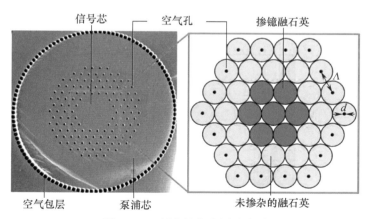

图 5-19 部分掺杂光纤示意图

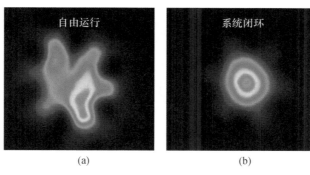

图 5-23 模式不稳定性抑制效果图
（a）控制开环；（b）控制闭环。

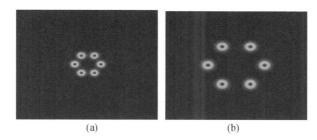

图 6-4 两种近场排布紧凑程度不同的激光阵列

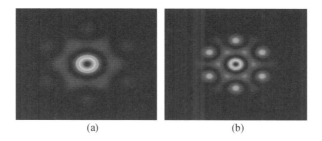

图 6-5 两种近场排布紧凑程度不同的激光阵列远场光强分布

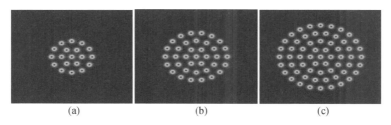

图 6-7 19 路、37 路、61 路激光阵列近场排布
（a）19 路；（b）37 路；（c）61 路。

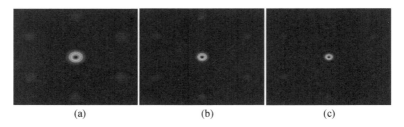

图 6-8 19 路、37 路、61 路激光阵列相干合成远场光强分布
(a) 19 路;(b) 37 路;(c) 61 路。

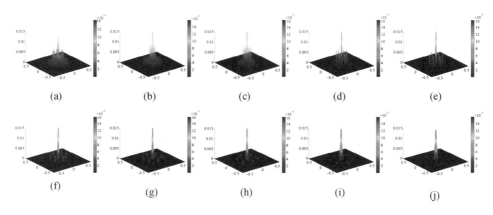

图 6-10 不同占空比对应合成光斑图样
(a) $f=0.1$;(b) $f=0.2$;(c) $f=0.3$;(d) $f=0.4$;(e) $f=0.5$;(f) $f=0.6$;(g) $f=0.7$;
(h) $f=0.8$;(i) $f=0.9$;(j) $f=1.0$。

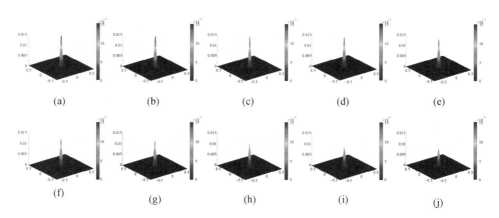

图 6-12 不同偏振误差对应合成光斑图样
(a) $\sigma_\vartheta=0$;(b) $\sigma_\vartheta=5$;(c) $\sigma_\vartheta=10$;(d) $\sigma_\vartheta=15$;(e) $\sigma_\vartheta=20$;
(f) $\sigma_\vartheta=25$;(g) $\sigma_\vartheta=30$;(h) $\sigma_\vartheta=35$;(i) $\sigma_\vartheta=40$;(j) $\sigma_\vartheta=45$。

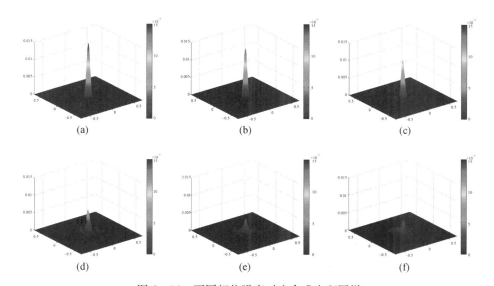

图 6-14　不同相位噪声对应合成光斑图样

（a）$\sigma_p = 0$；（b）$\sigma_p = \pi/10$；（c）$\sigma_p = \pi/5$；（d）$\sigma_p = 3\pi/10$；（e）$\sigma_p = 2\pi/5$；（f）$\sigma_p = \pi/2$。

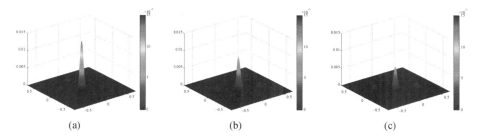

图 6-16　不同倾斜误差对应合成光斑图样

（a）$\sigma_T = 1$；（b）$\sigma_T = 2$；（c）$\sigma_T = 3$。

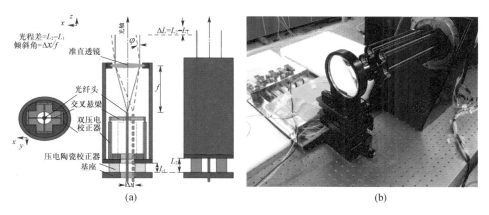

图 7-10　自适应光纤准直器原理与实物

（a）自适应光纤准直器原理；（b）自适应光纤准直器阵列。

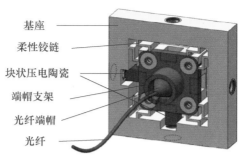

图 7-11　基于块状压电陶瓷和柔性铰链结构的自适应光纤准直器

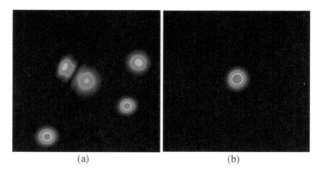

图 7-18　相干偏振控制中的倾斜控制试验结果
（a）无倾斜控制；（b）倾斜控制后。

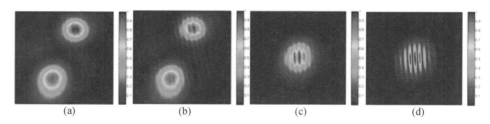

图 7-20　基于柔性铰链结构的自适应光纤准直器的 2 路相干合成

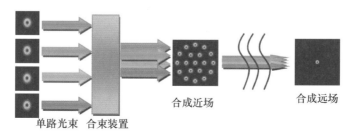

图 8-1　典型的分孔径相干合成结构

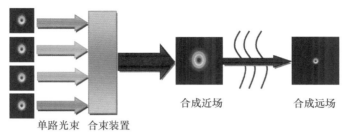

图 8-2 典型的共孔径相干合成系统

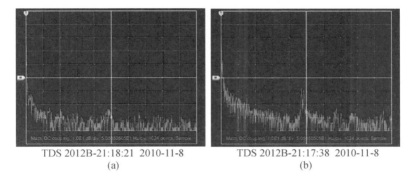

TDS 2012B-21:18:21 2010-11-8　　　TDS 2012B-21:17:38 2010-11-8
(a)　　　　　　　　　　　　　　　(b)

图 8-17 150W 放大器相位噪声特性

(a) 水箱振动关闭；(b) 水箱振动开启。

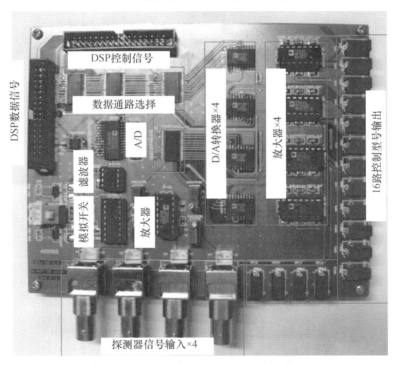

图 8-26 相干合成算法控制器电路实物

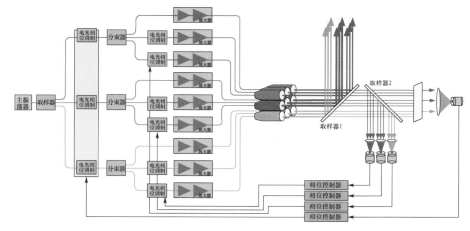

图 8-31　分孔径相干合成系统中的二级树形结构相位控制示意图

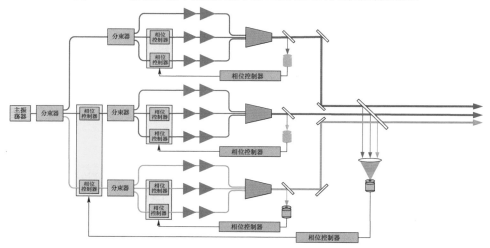

图 8-32　共-分孔径相干放大阵列的分组相位控制示意图

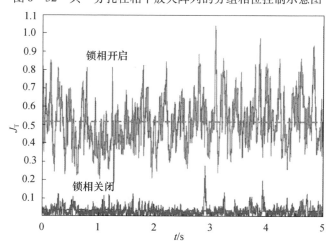

图 9-14　相位控制系统开闭环情况下目标处的桶中功率曲线

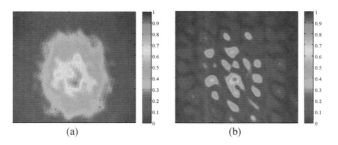

图 9-17　9 路光束目标在回路相干合成远场光斑
(a) 开环;(b) 闭环。

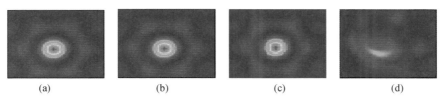

图 9-19　相干度为 1、倾斜误差为 0 时的仿真结果

图 9-20　相干度为 0、倾斜误差为 0 时的仿真结果

图 9-21　相干度为 0.5、倾斜误差为 0.5 时的仿真结果

图 9-22　相干度为 0、倾斜误差为 1 时的仿真结果

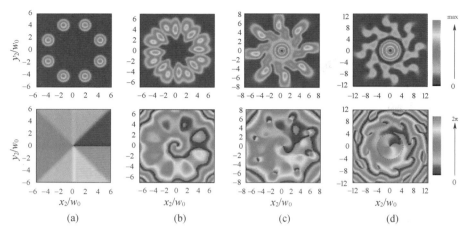

(a)　(b)　(c)　(d)

图 10 - 5　强度(上)和相位(下)随着传输距离的演化($Z_r = k\omega_0^2/2$)
(a) $z = 0$；(b) $z = 2Z_r$；(c) $z = 5Z_r$；(d) $z = 10Z_r$。

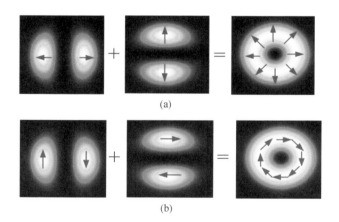

图 10 - 6　径向偏振和角向偏振光束产生原理图
(a) 径向偏振光束产生原理；(b) 角向偏振光束产生原理。

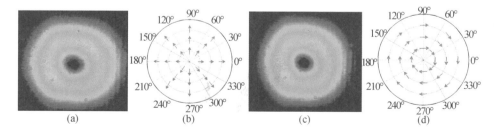

图 10 - 7　径向和角向偏振光束系统光斑和偏振态分布
(a) 径向偏振光束系统光斑；(b) 径向偏振态分布；(c) 角向偏振光束系统光斑；(d) 角向偏振态分布。